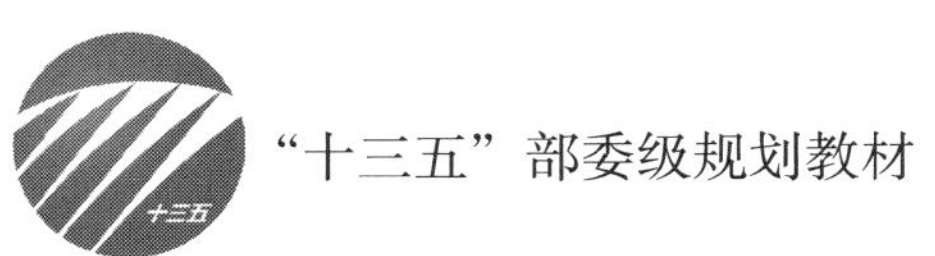

服装结构设计

——女装篇

吴 琼 编著

中国纺织出版社

内 容 提 要

本书是“十三五”部委级规划教材。以日本文化式原型法为基础，加入比例公式进行结构样板制图，强调对原理的灵活运用与创新意识的培养，能掌握不同类型服装的制板原理及方法，合理地设计出新颖的女装结构与款式。服装结构是受流行趋势影响随着款式的变化而不同，在面对多样化的款式结构时，需要运用基本的制板原理与公式进行结构线设计与数据调整，对于新颖的款式则需要多次尝试才能较准确制出板型。本教材图文并茂，实用性强。

本教材可作为高等服装院校、职业技术教育、服装设计裁剪培训学校的教材，也可以作为服装技术人员参考用书。

图书在版编目（CIP）数据

服装结构设计. 女装篇／吴琼编著. -- 北京：中国纺织出版社，2019.6（2024.8 重印）
“十三五”部委级规划教材
ISBN 978-7-5180-5647-7

Ⅰ. ①服… Ⅱ. ①吴… Ⅲ. ①女服—服装结构—结构设计—高等学校—教材 Ⅳ. ① TS941.2

中国版本图书馆 CIP 数据核字（2018）第 262632 号

责任编辑：宗　静　　特约编辑：刘　津
责任校对：楼旭红　　责任印制：何　建

中国纺织出版社出版发行
地址：北京市朝阳区百子湾东里A407号楼　邮政编码：100124
销售电话：010—67004422　传真：010—87155801
http：//www.c-textilep.com
E-mail：faxing@c-textilep.com
中国纺织出版社天猫旗舰店
官方微博 http：//weibo.com/2119887771
三河市宏盛印务有限公司印刷　各地新华书店经销
2019年6月第1版　2024年8月第4次印刷
开本：787 × 1092　1/16　印张：15.5
字数：282千字　定价：59.80元

前 言

服装结构设计是服装设计专业的主干课程，它是从设计的平面效果图、款式图到立体的成品服装的重要中间环节，它需要研究服装各部位形态及其相互之间的关系，其最核心的内容就是依照款式来设计服装的板型，使合体度、结构线的设置、省量的分配、袖片与衣身的融合等方面更科学、美观。此外，服装结构设计与款式设计、工艺设计是相互制约、相互促进、相互补充的。掌握结构设计，会使款式设计更科学、合理，同时也是实现其美观性的必要阶段。

由于女性人体的曲线特征以及女装款式变化多，结构设计复杂，因此本教材共分为十章，第一章至第四章为女装结构设计基础部分，包括基础理论知识、女装衣身、袖子、领子的结构设计；第五章至第十章为成品女装结构部分，包括半身裙、裤子、连衣裙、衬衫、西服、外套的结构设计。本书详细阐述了各类型服装及部件的结构设计原理与方法，在注重服装款式时尚性的前提下，尽量全面地以不同结构服装为例进行讲解，以期读者能掌握精髓，举一反三。

本教材以日本文化式原型为基础，加入一定的比例法中的比例公式。原型法易懂易学，有相对完善、系统的服装结构设计理念，而比例法有方便快捷、尺寸灵活的特点，结合两者优点，能够使初学者更为准确地掌握服装结构制图方法，使结构制图相对简单、易懂，又能满足个体体型需求。

本教材全部文字与图片均由作者吴琼编写、绘制完成，全书内容系统全面、简明突出、通俗易懂、图文并茂、注重理论联系实际，力求做到科学精炼、规范标准。但在编著过程中难免有疏漏之处，敬请专业人士与广大读者批评指正。

天津师范大学美术与设计学院　吴琼

2018年5月

教学内容与课时安排

章/课时	课程性质/课时	节	课程内容
第一章（3课时）	理论基础（3课时）		• 第一章　服装结构基础理论
		一	第一节　服装结构设计基本知识
		二	第二节　人体结构与测量
		三	第三节　女装规格
第二章（7课时）	结构设计基础（27课时）		• 第二章　女装衣身结构设计
		一	第一节　女装衣身原型绘制
		二	第二节　衣身省道设计
		三	第三节　衣身分割线设计
		四	第四节　衣身褶裥设计
第三章（10课时）			• 第三章　袖子结构设计
		一	第一节　袖子原型绘制
		二	第二节　装袖结构设计与应用
		三	第三节　连身袖结构设计与应用
第四章（10课时）			• 第四章　领子结构设计
		一	第一节　无领结构设计
		二	第二节　立领结构设计
		三	第三节　平领结构设计
		四	第四节　企领结构设计
		五	第五节　西服领结构设计
		六	第六节　连帽结构设计
第五章（8课时）	成衣结构设计（38课时）		• 第五章　女裙结构设计
		一	第一节　女裙原型绘制
		二	第二节　女裙造型概述
		三	第三节　基本裙型结构设计
		四	第四节　各类裙子结构设计与应用
第六章（4课时）			• 第六章　女裤结构设计
		一	第一节　女裤概述
		二	第二节　女裤基本样板结构设计
		三	第三节　各类女裤结构设计与应用

续表

章 / 课时	课程性质 / 课时	节	课程内容
第七章 （8 课时）	成衣结构设计 （38 课时）		• 第七章　连衣裙结构设计
		一	第一节　连衣裙概述
		二	第二节　连衣裙结构设计与应用
第八章 （5 课时）			• 第八章　女衬衣结构设计
		一	第一节　女衬衣结构概述
		二	第二节　女衬衣结构设计与应用
第九章 （6 课时）			• 第九章　女西服结构设计
		一	第一节　女西服概述
		二	第二节　女西服结构设计与应用
第十章 （8 课时）			• 第十章　女外套结构设计
		一	第一节　女外套概述
		二	第二节　女外套结构设计与应用

注　各院校可根据自身的教学特点和教学计划对课程时数进行调整。

目录

理论基础——

服装结构基础理论

课题名称： 服装结构基础理论

课题内容： 服装结构设计基本知识
人体结构与测量
女装规格

课题时间： 3学时

教学目的： 了解服装结构基本知识，为以后的设计与制板打基础

教学方法： 讲授

教学要求： 1. 了解结构的定义、制板类别以及与服装相关的人体工学
2. 掌握人体测量的要领和各测量点，能够准确测量人体各部位
3. 掌握绘图符号

课前（后）准备： 准备基本工具

第一章 服装结构基础理论

第一节 服装结构设计基本知识

一、服装结构设计概念与研究内容

结构是指各个组成部分的搭配与排列。服装作为整体分为上衣与下装，上衣由衣身、袖子、领子构成，下装包括裙子与裤子，这些服装部件与服装类型的自身设计、组合及搭配构成服装结构设计。

服装结构设计、款式设计、工艺设计是相互制约、相互促进、相互补充的。掌握结构设计，会使款式设计更科学、合理，同时也是实现其美观性的必要阶段。结构设计与工艺有时是息息相关的，外观相同的服装，由于工艺运用不同，其结构设计也就不同，好的结构设计也能够促进工艺的简化，减少损耗，降低服装成本。

服装结构设计本身是针对与人体、服装及其相关因素之间的研究，具体内容如下。

1. 研究人体结构与服装结构之间的关系

服装结构以人体为中心，为人体服务，因此，对于服装结构的围度、长度的取值，与人体形态、尺寸的关系是其研究的基本。如服装的领口大小、袖窿大小、袖口大小等都要参照人体的颈部、臂根、手腕的围度，袖窿还要考虑手臂与躯干之间的关系。

2. 研究人体运动变化对服装结构的影响关系

人体大部分时间是处于活动状态，因此，人体活动所带来的人体各部位尺寸的变化，在服装中也要有相应变化，例如，人体由站立变成坐下，上下肢的伸屈、回旋运动，躯干的弯曲等，需要服装的相应部位设有满足基本活动的放松量。

3. 研究服装各部件及其相互之间的关系

这是服装结构设计最直接、最核心的内容，即依照款式来设计服装的板型，从合体度、结构线的设置，省量的分配，袖片与衣身的融合等方面更科学、美观。

4. 研究服装材料对服装结构设计的影响

服装材料种类繁多，它们都有不同的外观与性能，不同材质的面料会对服装某些结构的取值有影响，例如，毛料与化纤面料在弹性上是不同的，在没有弹性纤维的参与下，毛料的弹性优于化纤，因此，在放松量上可以酌减。

5. 研究服装结构与工艺设计的关系

服装结构设计是工艺制作的前一道工序，但有时先要决定用什么样的工艺，才能制出合理的板型。例如，衬衣的门襟制作就有三种不同的方法，其结构设计也不同。

服装结构设计可以通过立体裁剪和平面结构制图两种方式实现，两种方式各有长处，下面分别介绍两种方法。

二、服装结构制图方法

1. 立体裁剪

立体裁剪是通过三维空间的概念，将面料直接在人体或人台上塑造服装。其特点是直观、便捷、易理解、易掌握，可以一边裁剪操作，一边进行修改，尤其适合一些造型独特、立体感强的款式，而这些平面结构制图较难实现。

立体裁剪过程一般要经过准备阶段、造型阶段、修正阶段。

（1）准备阶段。首先需要选择好工具，立体裁剪的主要工具为人台，人台为立体裁剪专用工具，人台是按照国家号型标准制作，内部填充可以用针直插入的软质材料。其他工具还包括别样用的针、针插、坯布、黏带等。其次需要在人台上用黏带把主要结构先标记出，如胸围线、腰围线、臀围线、前后中线、肩线、领围线、袖窿线、前后公主线，还要制作出手臂模型。

（2）造型阶段。用黏带先在人台上将重要的服装结构线标记出，再将坯布按裁片大小加上余量的布片，然后用布片在人台上按照服装的标记线直接别样、裁剪。在人体凸起凹陷的地方，如胸部、腰部，将围度余量作省或褶裥，若是断缝则将余量推至断缝处，保证裁片的平整帖服，宽松款式则直接放出余量。需要更多褶裥时，只需在准备的布片上多留余量，然后在人台上折叠或抽缩出褶型。

（3）修正阶段。在人台上别完服装样式后，将裁片取下假缝，制成样衣，然后再穿着在人体或人台上观察样衣是否符合设计需求，有不符之处可以在样衣上做好标记，然后拆开裁片修正，如果是余量过多的问题一般可以直接修正。最后，修正样板，在服装用面料上裁剪，制成成品。

立体裁剪是一项艺术与技术相结合的产物，要求操作者有一定的艺术素养，又要有一定的操作技能，另外，立体裁剪过程较长，工作效率不高，需要投入的人力物力也较多，在大批量生产的成衣设计中使用较少，更适合于高级时装、定制礼服等服装的小批量生产中。

2. 平面结构制图

平面结构制图是在纸或布料上绘制出服装结构样板，然后按照样板轮廓线剪成裁片，若在之上作图，还需按照裁片剪出布片，最后按照布片缝合制成成衣。目前，平面结构制图的方法主要分为比例法与原型法。

（1）比例法。比例法也被称为比例分配制图法，是我国传统的平面结构制图方法。是将人体主要部位尺寸（胸围、腰围、臀围）按一定的比例关系、公式推导来设计结构部位尺寸的制图方法。如上衣的袖窿深、袖宽、袖山高等可以胸围为基数，按比例公式来推算；裤子的前、后横裆宽可以用臀围为基数，按比例公式计算而得。比例法又包括三分法、六分法、八分法、十分法等多种形式。比例法具有低成本、高效率、直接的优点，并且不拘泥于型号规格、尺寸大小、体型胖瘦，都能按照这种比例关系制图，但制图中大部分尺寸都要通过运算得出，制图公式不统一，比较麻烦，并且准确性不高。

（2）原型法。原型法是以人体主要部位的净尺寸为依据，加上基本的松量，用比例分配法计算绘制的基本服装结构板型是人体的归纳概括。起源于日本并一直盛行于日本服装界，对世界各地的服装结构制图均有不同程度的影响。对于款式变化服装、断缝较多的服装，较之比例法操作起来简单，适合初学者。

原型法主要有以下三方面优点。

①准确可靠。服装原型的各部位公式及数据是通过大量调查并经过数据分析，反复实践研究而确定的，符合人体的运动规律，有较好的准确性、可靠性。

②省时易学。原型法是以原型板为基础样板，在具体款式制图时，大的部位参数变动少，如上衣的背长是固定的，对领口、肩部、胸围等尺寸依照原型尺寸，进行加量、收缩、分割等变化即可，能够较大地提高工作效率。

③适应性广。原型可适用于各种季节、各式服装，适应面广泛。

原型法根据国家地域不同可分为日本式原型法、英式原型法、美式原型法。英式原型与美式原型都是基于英、美人体的特点制成，局部的结构比例与日式原型不同，如后裙片，日本式原型因亚洲人臀凸较低，后中线下落 1cm，而美式原型因美洲人臀凸高，后中线抬高 1.3cm。我国人体与日本人体相近，因此，我国采用的是日本式原型。

日本式原型法也有多种，其中文化式原型与登丽美式原型比较典型。文化式原型松量相对较大，更适合大众化标准；登丽美式原型尺寸则相对较小，其号型也分类较细，因此，在我国文化式原型应用更广泛，本书中也以文化式原型为基础。

（3）原型法与比例法的结合。目前，我国采用最普遍的原型是文化式原型，文化式原型适用的人群更为广泛，但也意味着个性不足，针对同一型号中局部体型不同，或是对服装合体度要求较高的人群，文化式原型所制作出的样板就不能完全满足这些个体需求，因此，以具有系统服装结构设计理论的原型法为基础，加入一定的比例法中的比例公式，能够使制图相对简单、易懂，又能满足个体体型需求。如上衣结构制图，根据服装实际需要的胸围为基础，按比例公式计算出袖窿深、胸围实际位置、背宽、胸宽等，在原型上绘制新的结构位置。这样既能省去比例法对每个款式都需要重新绘制的烦琐，也弥补了原型法不能完全满足个体性的缺陷。

本书以原型法为主，结合部分比例法为结构制图的方法，原型法易懂易学、有相对完善、系统的服装结构设计理念，比例法有着方便快捷、尺寸灵活的特点，两者结合其长处使用，能够使初学者更为准确地掌握服装结构制图方法。此外，还可以结合立体裁剪的方式，将平面结构制图的板型制作成样衣，将样衣穿在人台或人体上，检验其是否符合设计需求，不符合之处予以修正。

三、服装结构设计的工具

随着现代社会对服装的质量与更新速度的需求，要求服装结构制图也要准确、快速，服装专业人士根据服装结构的特点开发出多种多样的制图工具，以此来提高制图效率。以下介绍服装结构设计制图中常用的工具，设计者可以根据个人习惯和需要来选择合适的制图工具。

1. 工作台

工作台是指服装结构制图、裁剪的专用桌子。工作台不宜过小，一般长度为 120cm 以上，宽度为90cm以上，高度为80 ~ 85cm，能容纳整张全开普通绘图纸尺寸，并且，台面要平坦、无拼接痕迹。

2. **纸张**

服装结构制图中所用纸张包括牛皮纸、白卡纸、拷贝纸。牛皮纸有厚薄之分，作为学生练习所用，可以选择价格较便宜的薄型牛皮纸。用于工业生产样板制作的牛皮纸都是柔韧性与耐磨性都较好的厚型牛皮纸。对于原型样板和一些常用板型制图，可以选择耐磨性好、质地厚实的白卡纸，保留时间较长。拷贝纸是在制图过程中，用来拷贝某些局部图形的，是辅助纸张。

3. **直尺**

直尺顾名思义是绘制直线的尺，是服装结构设计中使用最频繁的工具之一。直尺有很多种类，包括普通直尺、丁字尺、三角尺、直角尺、放码尺等。根据材质又分为有机玻璃尺、不锈钢尺、木尺。普通直尺或丁字尺一般主要用来画直线的尺，需要一把长尺一把稍短的尺，稍短的尺最好不能短于50cm。三角尺、直角尺一般辅助画直角等有角度的线。放码尺有网格，除了放码时使用，普通制图和放缝份时使用也非常方便，有的多功能放码尺还带有比例尺。

4. **曲线尺**

曲线尺是用来画服装结构的曲线部分的工具。曲线是服装结构制图中比较难绘制的线形，服装专业人士针对各部位的曲线开发了服装结构制图专用的曲线尺。针对部位的不同，曲线尺也不同，还有多功能的曲线尺，可用于多种结构部位的曲线。

5. **软尺**

软尺包括皮尺和自由曲线尺。皮尺是服装结构设计中最为常用的测量工具，用于测量人体、服装的尺寸，一般长度为150cm。自由曲线尺是可以自由弯曲的尺，其内芯为扁形金属条，外层为软塑料，表面有厘米刻度，可以用来测量人体曲线和服装结构制图中弧线长度。

6. **铅笔与划粉**

铅笔是制图的基本工具之一，HB、B、2B是常用的铅笔型号。还有一种油蜡工业铅笔，笔芯是油蜡制成，通常有白色、黑色、红色、蓝色，用于面料之上画出记号，如画扣位，在熨斗熨烫之后，画出的记号遇热融化而消失。划粉主要用于在面料上直接画样。传统划粉形状为扁平，边缘更薄，便于画出细线。现在新型划粉是将划粉制成粉末装入一个类似心形容器中，心形尖角处为出粉口，通过滑动齿轮画出线迹，比传统划粉更洁净方便，线迹更纤细。

7. **剪刀**

在服装结构设计过程中，剪刀有裁布和剪纸两种功能。裁布有专用剪刀，这类剪刀一般保持刀口锋利，不宜用来剪纸或其他材质，规格统一，一般为9 ~ 12英寸（24 ~ 28cm），设计师可以根据个人习惯选择合适的裁布剪刀。剪纸剪刀主要用于修剪样板，与普通的办公用剪相同。

8. **其他辅助工具**

（1）打孔器。主要用于样板上打孔、统一保存，采用普通办公用打孔器。

（2）描线器。也称点线器，主要用于复制样板以及样板上的标识线。

（3）锥子。主要用于样板中间点的定位，如省尖、口袋等位置。

（4）对位器。用于在样板边缘做对位记号，保证在缝制过程中的准确与便利。

（5）圆规。主要用于样板中标准圆形、弧形的绘制，确保样板的精确度，一般办公用圆规适用。

（6）人台。有半身和全身的人体模型，主要用于服装造型设计、立体裁剪、试样矫正。我国人台都是根据国家标准制作，型号多样，常用型号一般为 84A 或 88A。

四、服装结构制图的常用代号

服装纸样是对服装结构设计的实现与表达，为了便于设计者之间能够理解和交流，并使服装结构设计得到更好的发展，服装行业在服装部位名称、代号、制图符号和制图标准方面形成统一的规范。服装制图中，往往会简化服装结构名称的书写，用英文首字母的组合代替，也便于记忆，成为国际通用的服装专业术语（表 1–1）。

表 1–1 服装结构制图的常用代号

部位名称	英文名称	代号	部位名称	英文名称	代号
胸围	Bust girth	*B*	肩宽	Shoulder width	SW
腰围	Waist girth	*W*	肘线	Elbow line	EL
臀围	Hip girth	*H*	膝围线	Knee line	KL
颈围	Neck girth	*N*	前中线	Center front line	CFL
中腰围	Middle hip girth	MH	后中线	Center back line	CBL
下胸围	Under bust girth	UB	袖窿	Arm hole	AH
胸围线	Bust line	BL	袖长	Sleeve	*S*
腰围线	Waist line	WL	乳凸点	Bust point	BP
臀围线	Hip line	HL	肩点	Shoulder point	SP
领围线	Neck line	NL	前颈点	Front neck point	FNP
中腰线	Middle hip line	MHL	后颈点	Back neck point	BNP
头围	Head size	HS	侧颈点	Shoulder neck point	SNP

五、服装常用制图符号

服装常用制图符号及其作用与意义见表 1–2。

表 1–2 服装常用制图符号及其作用与意义

名称	符号	作用与意义
辅助线	————	细实线，在完成样板过程中所作的各种辅助用线
制成线	━━━━	粗实线，表示成品样板的轮廓线或完成线

续表

名称	符号	作用与意义
翻折线		虚线，其一，表示裁片连裁不剪断，一般出现在前中线或后中线，连裁代表前中线或后中线无接缝；其二表示裁片需要按虚线翻折，一般出现在翻驳领、连裁企领等样板上
贴边线		点划线，出现在已经绘制好的样板的轮廓边缘，表示贴边的轮廓，例如门襟、领口、袖窿等部位
等分线		表示将某一部分的线分成若干等份的符号
等量符号		表示将某一部分的线分割后，每一份的长度相等
	○ △ ◎ □ ■ ◇ ◆	几何符号，即标记了同一符号的线段，长度相等
经向符号		又称布丝方向，为双箭头长线，表示服装面料布纹的经纱方向
切展符号	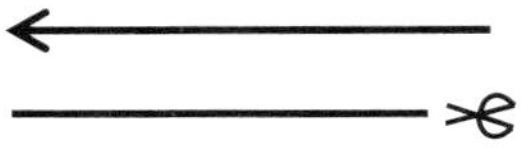	表示在要沿着线的方向进行剪切、展开，有两种符号表示，意义相同，上面一种表示向着箭头方向切展，下面一种表示从剪刀一边开始剪切
距离符号		标识出裁片各部位长度距离的范围，并标注尺寸
明线符号	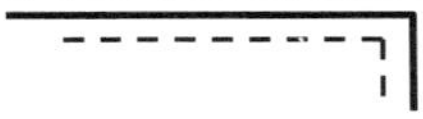	表示在缝制过程中，装饰性缝迹线的位置
直角符号		表示两线相交成直角，一般出现在下摆、前后中线等位置
整形符号	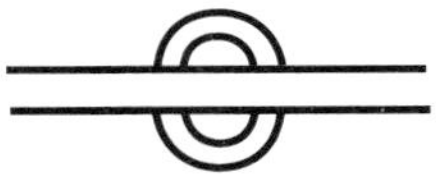	用于两种情况，一是在转省的过程中，表示省道边的合并；一是表示两条直线所在的裁片拼接、整合成一个裁片，只能用于直线的合并，弧线不能用此符号
重叠符号		在两个裁片重叠时，表示各自的轮廓线
省道		表示裁片需要收省道的位置和大小
抽缩符号	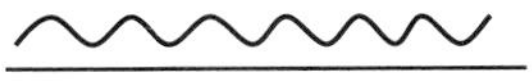	表示缝制工艺抽褶和“吃进”的部位，表示抽褶时，还需要用对位符号标记出抽褶的范围
褶裥符号	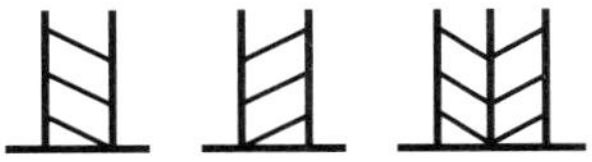	为规律褶的符号，表示裁片需要按褶量折叠，斜线表示由斜向高的一边折向低的一边
归缩符号		表示裁片某部位需要归拢、缩烫的标记
拔开符号		表示在裁片某部位需要拔烫、拉伸的标记

续表

名称	符号	作用与意义
对位符号	 [symbol]	俗称刀眼，表示在缝制过程中需要重合的标记
扣位符号	⊕	表示服装纽扣的位置，交叉线中心为钉扣位置
眼位符号	├─┤	表示服装扣眼的位置
孔位符号	○　×	裁片中的定位标记，如省尖点、口袋等定位

六、制图的基本要求与原则

服装结构制图应该以清晰、整洁、准确为基本要求，具体表现在以下几个方面。

（1）服装结构制图要运用通用的结构专业术语与制图符号。

（2）制图一律采用公制，以“cm”为单位，细小部位准确到小数点后一位。

（3）保持图面整洁，制成线与辅助线要有明显区分，线条要流畅、尺寸要准确。

（4）制图时按照净板制图，分解样板后，再对每片裁片加放缝份。

第二节　人体结构与测量

一、人体结构

1. 人体基本结构

人体的基本结构决定了人的体型特征，不同体型所对应的号型尺寸、制板尺寸都有所不同，要制作适合各种人体特征的服装，就必须先了解人体的基本结构。

（1）人体区域划分。人体可以被划分为头部、躯干、上肢、下肢四大区域，每个区域都有各自的体块，由连接点连接，并且每个体块也有各自的组成部分，如躯干部分包括肩部、胸背部、乳房部、腰腹部、腰臀部等，这些组成部位与连接点共同构成人体的运动规律。

①头部。在服装结构中与头部相关的是连帽设计与套头式服装的领口设计，头围尺寸直接影响连帽的功能性，连帽设计一般应用于风衣、羽绒服、防寒服、休闲类外套等服装类型。

②颈部。颈部是头部与躯干的连接部位，不同于其他部位，是独立的。颈根部的围度影响着服装领口的大小，并且在对具体的人进行定制设计时，其颈部的长短，也会影响领型的设计。

③肩部。肩部在躯干上面，但没有明确的界线，一般以颈根部之下至手臂顶端，是非常重要的人体部位，也是支撑服装造型的关键部位，通过对肩部宽窄度的把握可以设计出 Y 型、A 型等截然不同的外廓型服装。

④胸背部、乳房部。胸背部是位于肩部以下腹部以上的部位，形态为前后向形体，即以腋窝点下垂的肋线为界线，前面为胸部，后面为背部。乳房部是女性人体中的体征，位于前

胸，根据人的年龄不同，其形态差别非常大。这两部分所形成的胸围是女装上衣非常重要的尺寸依据之一，决定了服装上衣的主要造型。

⑤腹部。腹部位于胸背部的下端，上端与胸部肋线相连，前面下缘则从耻骨联合处开始沿着髋骨线，通过髋骨突出点向后背作水平线。腹部的围度随着年龄、个体会有很大不同，如年轻苗条的人腹围较小，中年体型胖的人腹围则较大。

⑥腰部、臀部。腰部上端与腹部相连，下缘以腹股沟为界线与下肢相连，腰线位于腹上部最细处。腰部之下至大腿根部为臀部。胸围、腰围、臀围是服装中重要的三围尺寸，决定了服装的整体造型。

⑦上肢。上肢是由上臂、前臂和手组成。上臂与前臂之间由肘关节连接，前臂与手之间由腕关节连接，上臂的围度、肘部围度、腕围都与袖子的宽松程度相关。

⑧下肢。下肢是前面以腹股沟为界，后面从大腿根部开始以下部分，由大腿、小腿、足三部分组成，大腿与小腿由膝关节连接，小腿与足由踝关节连接。下肢的围度与长度是下装设计的依据。

（2）人体骨骼与肌肉。人体外在体型是由骨骼与肌肉构成。骨骼为支架，成年人体有220多块骨头，骨与骨之间的连接关系形成人体的运动规律。肌肉附着于骨骼之上，人体的骨骼肌总数为500多块，肌肉的结构和形态与骨骼共同形成人体的凹凸关系，而服装则是依据人体的凹凸形态而进行结构设计。下面针对影响服装结构的主要骨骼与肌肉进行介绍（图1–1）。

①颈部骨骼与肌肉。颈部的骨骼是脊柱中的一部分，脊柱是人体躯干主要骨骼之一，由颈椎、胸椎、腰椎组成，其中颈椎则是颈部的骨骼。颈椎共有7块，其中第七颈椎是头部和胸腔的连接点，也被称为后颈点，是测量衣长、背长的起点。颈部肌肉主要是胸锁乳突肌，左右对称生长，上起头部耳根后部的颞骨乳突，下至锁骨内端形成颈窝。

②胸、背部骨骼与肌肉。胸、背部骨骼系统构成了胸廓，主要由锁骨、胸骨、肋骨和肩胛骨组成。锁骨与胸锁乳突肌共同构成锁骨窝，被称为前颈点。肋骨内端会合的中心区骨骼为胸骨，是人体的中线，也是服装前衣片的中线位置。肋骨有12对24根，后端与胸椎相连，前段与胸骨相连，形成内腔中空的蛋形，加之胸大肌、背阔肌与乳房的覆盖形成胸围尺寸依据。胸廓骨骼系统与肌肉共同形成了胸凸与背凸。背部的肩胛骨成倒三角形，上部凸起，是肩部与背部的转折点，与斜方肌一起形成肩胛凸。斜方肌与胸锁乳突肌的会合点形成了肩颈转折点，即侧颈点。

③腰、腹、臀部骨骼与肌肉。人体腰、腹、臀部骨骼是由腰椎和骨盆构成，骨盆又由两侧髋骨、耻骨、坐骨组成。腰椎共有5块，第三块为腰节，是胸部与臀部的交界点，常作为腰围线、背长的测量点。髋骨与下肢股骨连接的关节，称为大转子，是臀围测量的基准点。

腰部和腹部肌肉是相连的，腹外斜肌靠下生长，前身上接前锯肌，后身上接背阔肌，两者的会合处形成躯干中最细的部位，以此作为测量腰围的地方。腹直肌上与胸大肌相连，下与耻骨相连，呈壑状，与大腿的骨直肌会合，称腹股沟，形成腰凹、腹凸形态，分别成为测量腰围与腹围的依据。臀部肌肉主要由臀大肌构成，位于腰背筋膜的下方，在臀部最丰满的部位。

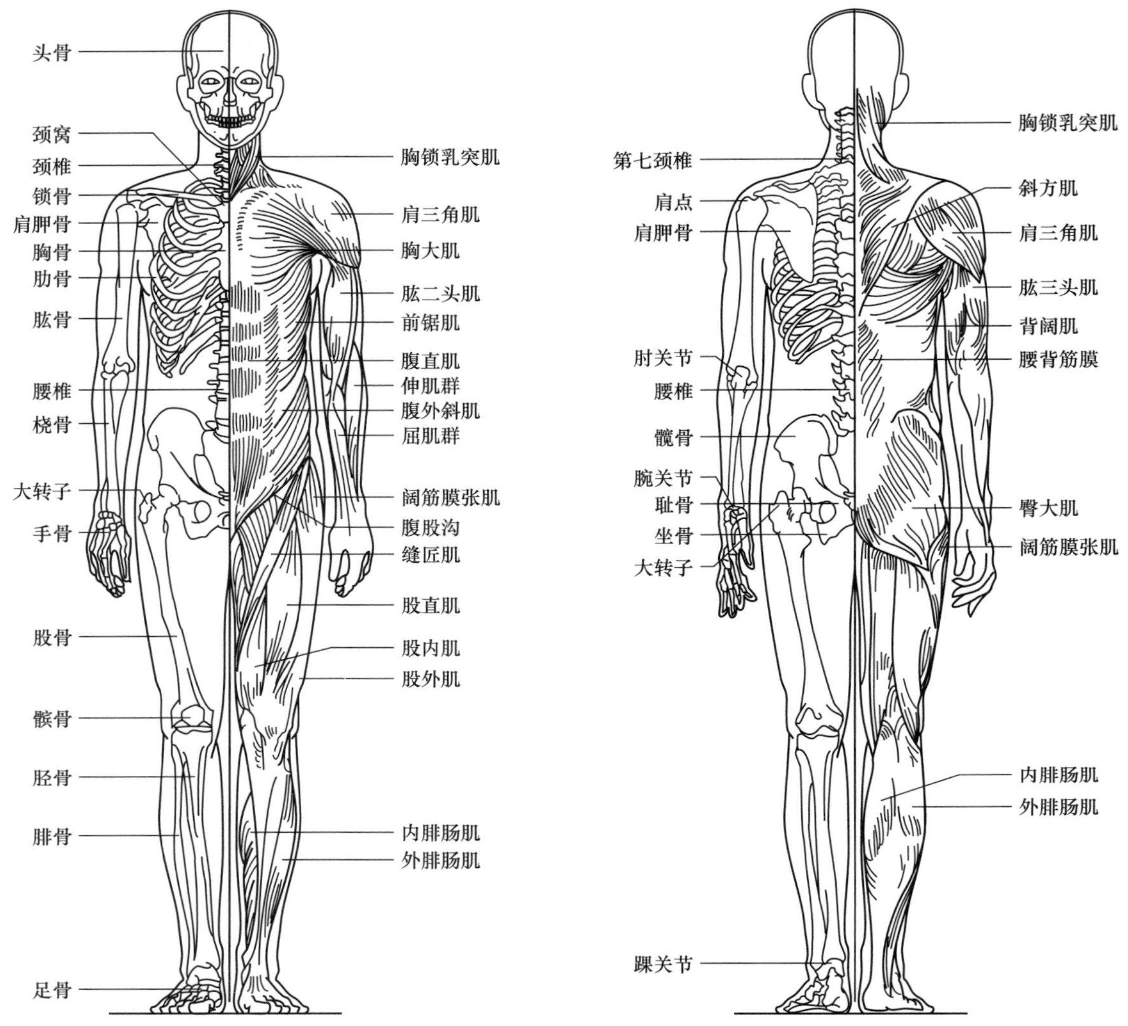

图 1-1 人体骨骼与肌肉

④上肢骨骼与肌肉。上肢骨骼系统由肱骨、尺骨、桡骨、掌骨组成。肱骨与锁骨、肩胛骨相接形成肩关节，并形成肩凸。肱骨与桡骨之间相接形成肘关节，肘关节只能前屈，在自然状态下，人体上肢是微向前屈的，合体袖都有袖弯就是以此为依据的。前臂的伸肌群与屈肌群，尤其是屈肌群，在人体屈臂状态时，手臂围度会发生变化，影响紧身袖的袖肥。

⑤下肢骨骼与肌肉。下肢骨骼系统由股骨、髌骨（膝盖骨）、胫骨、腓骨和足骨组成。髌骨是连接股骨与胫骨、腓骨的膝关节，髌骨位置是中长款的裤、裙、外套长度的参考依据。胫骨、腓骨与足骨会合处为踝关节，突起的腓骨端点是裤长、裙长的基准点。大腿肌肉主要是大转子骨外层的阔筋膜张肌促使大腿前部隆起，对于经常进行跑步运动的人而言，大腿肌都比较发达，服装臀围尺寸就需要考虑适当加大臀围松量。

（3）脂肪与体型。除了骨骼与肌肉能够影响人体外在形态外，还有皮下脂肪也是重要的影响因素。皮下脂肪根据人体的部位、人们的生活习惯、地域、性别、年龄的差异而有所不同，使外部体型发生变化。脂肪容易堆积的部位主要有臀部、腹部、背部、大腿、乳房和上臂等部位。如果体内脂肪超出正常的量值，就会改变原有形体，出现肥胖。肥胖体型一般情况下表现为身体厚度增加大于宽度增加，在腰腹部的增加量非常大。男性与女性脂肪分布有所不同，男性在整个腰腹部堆积脂肪，腰围尺寸比较大；女性则是在脐部以下和臀肌上端聚集脂肪，因此腹围与臀围尺寸较大，腰部还是能够显现出一定的曲线。另外，肌肉发达的体型与肥胖体型也有所区别，肌肉发达体型呈现棱角分明，肥胖体型则表面平滑、圆润。脂肪通常是堆积在肌肉相会处，或无骨处，如腰腹部、上臂等处，因此，肥胖体型整体呈菱形，肌肉发达体型呈 X 型。

2. **人体体型特征**

（1）人体的比例。人体各部分比例关系一般以头高为单位计算，因为种族、性别、年龄的不同而有所差异。亚洲人体一般为 7 个或 7.5 个头高，欧美地区人的体型比亚洲人要高大，其人体比例为 8 个头高。服装的纵向比例是以人体比例为依据，可以完全依照人体比例设计，也可以通过服装结构设计来弥补、改善着装后的人体比例。

①七头高与七头半高的人体比例。如图 1–2（a）所示，七头高的人体比例是亚洲人的最佳比例，但由于地域、种族不同也稍有差异，如日本和我国南方地区的人相对矮小，我国东北地区的人相对较高。

七头高的人体纵向比例划分，从上到下依次为：头部长度；下颏底部到乳头连接线；乳头连接线到肚脐；肚脐到臀股沟；臀股沟至髌骨；髌骨到小腿中部；小腿中部至足底。当人体直立，两臂向两侧水平伸直时，两只手的指尖间的距离约等于身高，即为七头高的距离；而两臂自然下垂时，肘点和腕点正好分别对应腰围线和臀围线的位置。肩宽有两个头高的宽度；肩胛点到中指尖约为 3 个头高的长度；下肢从臀股沟到足底约为 3 个头高的长度。

七头半高的人体，长度主要增长在腿部，从上到下七个半头高依次为：头部长度；下颏底部到乳头连接线；乳头连接线到肚脐；肚脐到臀股沟；臀股沟至大腿的$\frac{3}{4}$处；大腿的$\frac{3}{4}$处到小腿肚：小腿肚至踝骨上端；最后踝骨上端至足底为半个头高。

②八头高的人体比例。如图 1–2（b）所示，八头高的人体比例是欧美人的比例标准，是最理想的人体比例。因为八头高比例接近于黄金比例，黄金比值为 1 ∶ 1.618，约等于 5 ∶ 8 或 3 ∶ 5，是美学上最美的一种比例。所增加的一个头高是增加到腰线以下。

八头高的人体比例划分，从上到下依次为：头部长度；下颏底部到乳头连接线；乳头连接线到肚脐；肚脐到大转子连线；大转子连线到大腿中部；大腿中部到髌骨；髌骨到小腿中部；小腿中部到足底。

如果以肚脐为界线，无论哪种人体比例，肚脐以上为三个头高，上下身比例就可以推出：七头高人体为 3 ∶ 4，七头半高为 3 ∶ 4.5，八头高为 3 ∶ 5，相比之下，八头高属于黄金比例，因此，针对亚洲人体型设计服装结构时，可以通过提高腰线来使上下身比例趋向于黄金比例。

（2）男女体型差异。如图 1–3 所示，男女体型差异本质上是由于骨骼和肌肉组织的差异而产生的。

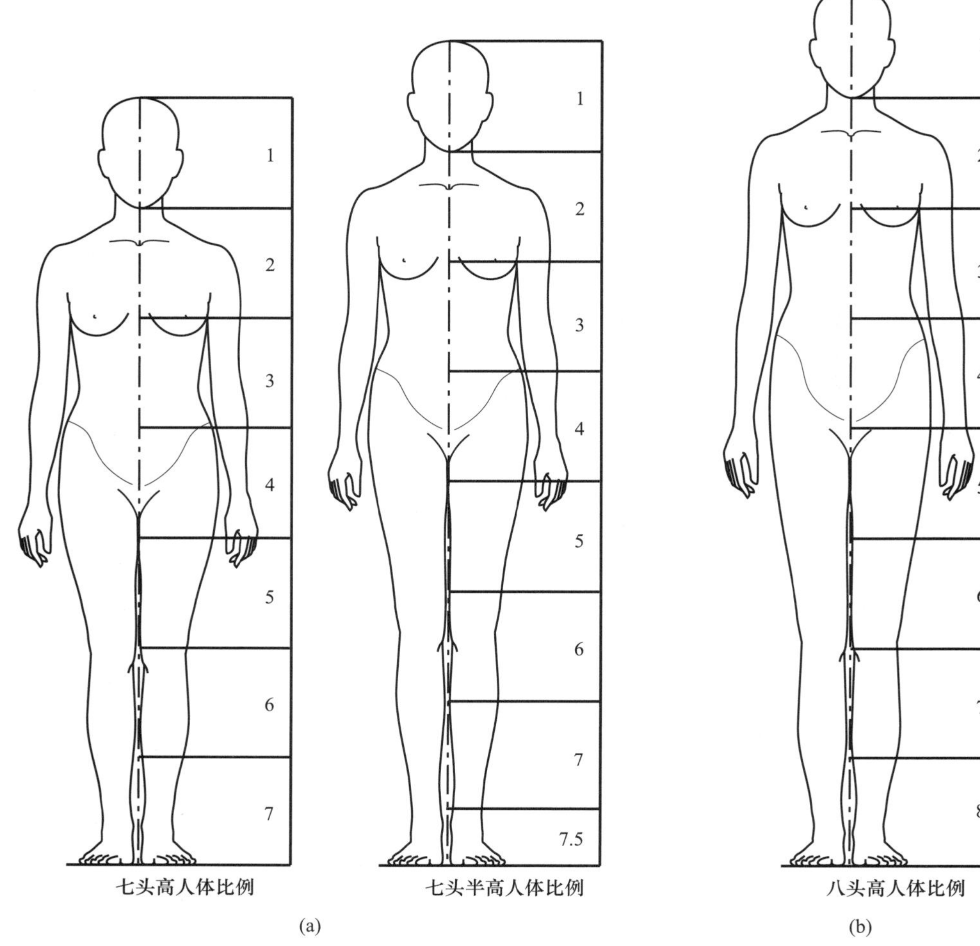

图 1-2 人体比例

一般来说，男性骨骼粗壮而突出，且上身比较发达，骨盆较窄而薄。健壮的男性肌肉发达，肌腱多形成块状，由此男性体型厚实、有棱角，且肩部较宽，胸廓体积大，臀围相对小，呈倒梯形。从整体的线条起伏来看，男性显得平直，起伏相对小。

女性体型则相反，女性骨骼相对细短，皮下脂肪较多，皮肤细腻，肌肉起伏缓和，因此，轮廓线条平滑柔和。胸廓较窄而短小，但女性的乳房隆起使得胸围起伏明显；腰节较高，凹陷明显；骨盆阔而厚，臀部肌肉发达，体表丰满，因此，女性呈现鲜明的“S”型特征，体现曲线美。

由于男女体型的差异，在衣服结构设计上有所区别。女装结构注重省、断缝和褶的运用，由于女性人体的曲线特征，在这些结构中所涉及的省量、褶量相比男装要大。男装结构更需要考虑简洁的廓型与细节的尺寸。

3. **人体形体变化相关的服装尺度**

服装结构设计不仅要适应静态的人体，同样也要符合人体动态的规律。人体运动系统主

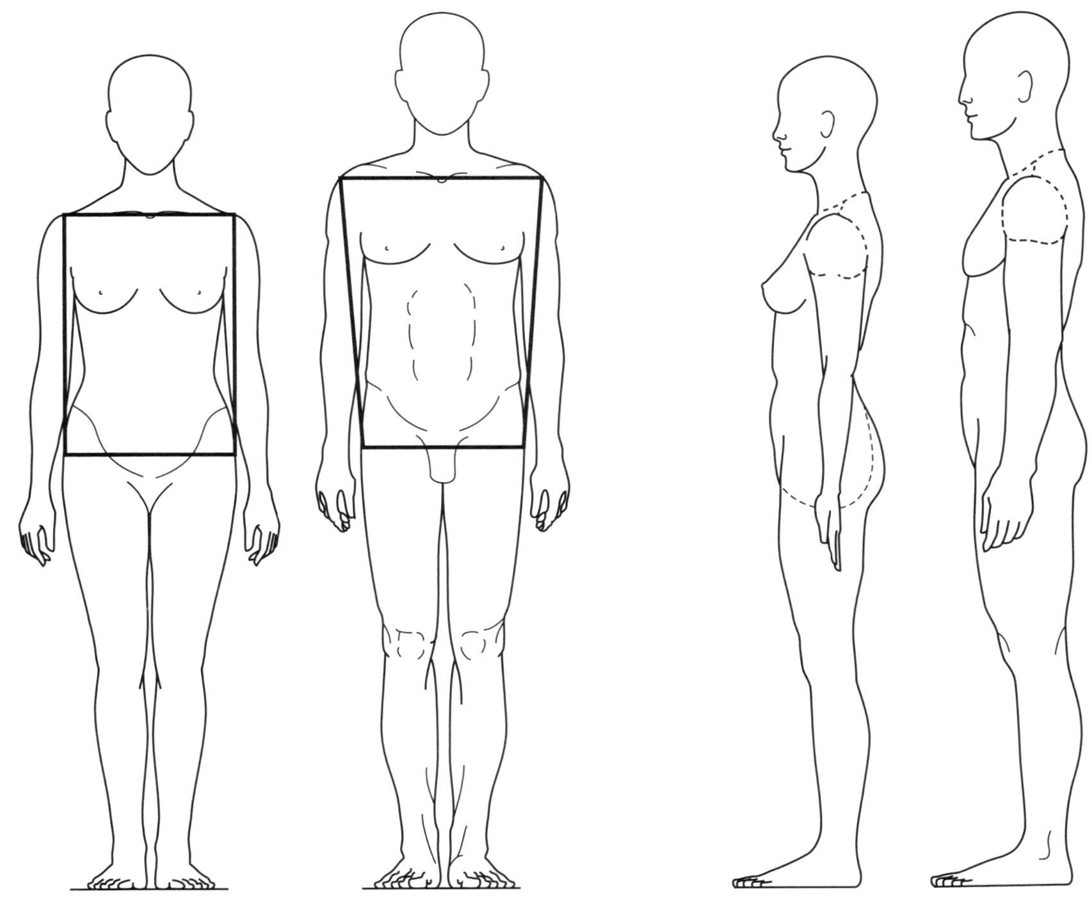

图 1-3　男女体型差异

要是由骨骼、关节、肌肉三个部分组成，骨骼肌收缩产生力量作用于骨骼，骨骼绕着关节进行运动。肌肉组织具有伸展性，即在运动过程中，受外力牵拉而被拉长，因此，当人体形体发生变化时，服装相应部位结构的参数值也要变化。

（1）与静态人体相关的服装尺度。静态人体是指自然垂直站立状态下的人体，在静态中的人体各项体型数据为服装结构的基本数据。

静态时人体的肩部斜度，以肩线与过侧颈点的水平线的角度为准，女性为 20°，男性为 21°。颈部斜度，是指人体的颈部（自然状态下向前倾）与垂直线的夹角，女性为 19°，男性为 17°。女性人体起伏较大的曲线型特征，与男性起伏小的直筒型特征，决定了女装与男装的纸样的衣身、领口、肩线都有所区别。

静态下人体手臂是稍向前弯曲的，弯曲程度方面，男性为 6.8cm，女性为 6cm。由此，合体袖制作完成后也是略为向前弯曲的，相应的袖片结构就要设计袖弯。

由此可见，男、女装的基本服装结构线的确立，很大程度上是根据人体静态特征的数据推算设定的。

（2）与动态人体相关的服装尺度。人在静态和动态下的体型状态是不同的，人体的动作一般有躯体的前屈、后屈、侧弯曲、旋转、呼吸，上肢和下肢的弯曲、伸展等，这些动作会致使人体局部的围度尺寸或长度尺度发生变化。下面介绍与服装尺度的变化相关的主要动作部位。

①腰部。人体经常会做前屈的动作，即弯腰，人体前屈一般可达到 80°，后伸 30°，侧弯 35°，旋转 45°，前屈幅度最大，腰部皮肤比静态时有拉伸，伸长率约为 21%。这一动作要考虑在后腰部增加一定的长度，如裤子的后中线需要向上延长，这一结构尺寸称为后翘。

②背部。人体自然下垂状态下或是手臂水平外展呈 180° 时，背部尺寸属于净尺寸；当手臂向前伸与身体呈 90° 时，背部皮肤有拉伸，伸长率为 12.9%；手臂呈抱臂状态时，背部伸长率达到最大，为 23.4%。因此，要考虑在服装背宽处加上适当的松量。人体静态下，背宽与胸宽尺寸基本一致，但由于人体手臂向前运动的概率比向后运动的概率要大，服装的背宽尺寸一般要大于胸宽。

③臀部。人体臀部由于髋关节的运动与肌肉的拉伸，会导致臀围变化。坐姿的臀围伸长率最大可达到 7.7%，对于下装的臀围需要加松量，在不计算面料弹性的情况下，下装臀围松量一般至少是 4cm。

④手臂。人体手臂经常做上举、屈肘的动作，上举可达 180°，屈肘可达 150°。上举时，手臂略为伸长，对于长袖来说，可以考虑适当加量。屈肘时肘部围度比静态时围度增加，因此，在设计合体袖、紧身袖袖肥时适当加量。

⑤颈部。人体颈部关节的前、后屈伸与左、右侧屈都是 45°，其转动的幅度是 60°。这些动作导致颈部肌肉的形态变化和皮肤的拉伸，但变化量较小，因此，在领口围度上可适当给予较少的松量。领子的高度、领口的深度也要依据头部特征和颈部的活动规律确定。

⑥下肢。人体在正常的行走包括步行和登高时，下肢的足部就会产生前后足距。一般步行足距为 65cm，两膝围度为 82 ~ 109cm。大步行走足距为 73cm，两膝围度为 90 ~ 112cm。一般登高足距为 20cm，两膝围度为 98 ~ 114cm。两级台阶登高为 40cm，两膝围度为 126 ~ 128cm。这些活动影响的是裙子下摆的围度。如果是合体的窄裙，一定要设计开衩来满足最基本的行走。如要大步走或登高，则需要加大裙摆的摆量，尺寸一般不能小于行走和登高的活动尺寸。

二、人体测量

进行服装结构设计必不可少的是尺寸，尺寸获取有两种方式：一是对现有服装的成品规格进行测量，二是人体测量。第一种方法对于相类似的款型服装的结构设计来说方便、快捷，但灵活性不够。而人体测量是以国家制定的标准为依据，符合服装号型的国家标准，在定制服装中则更显现出它的优越性和个性化。

1. 测量要领

人体测量首先要把握以下基本要领。

（1）净尺寸测量。所谓净尺寸是指不含松量的尺寸，以及人体各部位尺寸的最小极限，也称为内限尺寸，因此，被测者要穿着贴身轻薄的服装进行测量。在进行服装结构设计时，根据净尺寸加入松量，获得成品服装的尺寸。

（2）定点测量。定点测量是为了各部位尺寸的准确性，设定人体的一些凹凸点、关节点作为测量的基准点。围度测量是经过测量点水平测量，长度测量则是各测量点间的距离总和。

（3）采用公制测量。公制即厘米制，测量出的数量单位为厘米，因此，测量工具软尺，或称卷尺，勿要使用以尺、寸为单位的市制和以英寸为单位的英制。

2. **人体测量点**

人体测量点示意如图 1–4 所示。

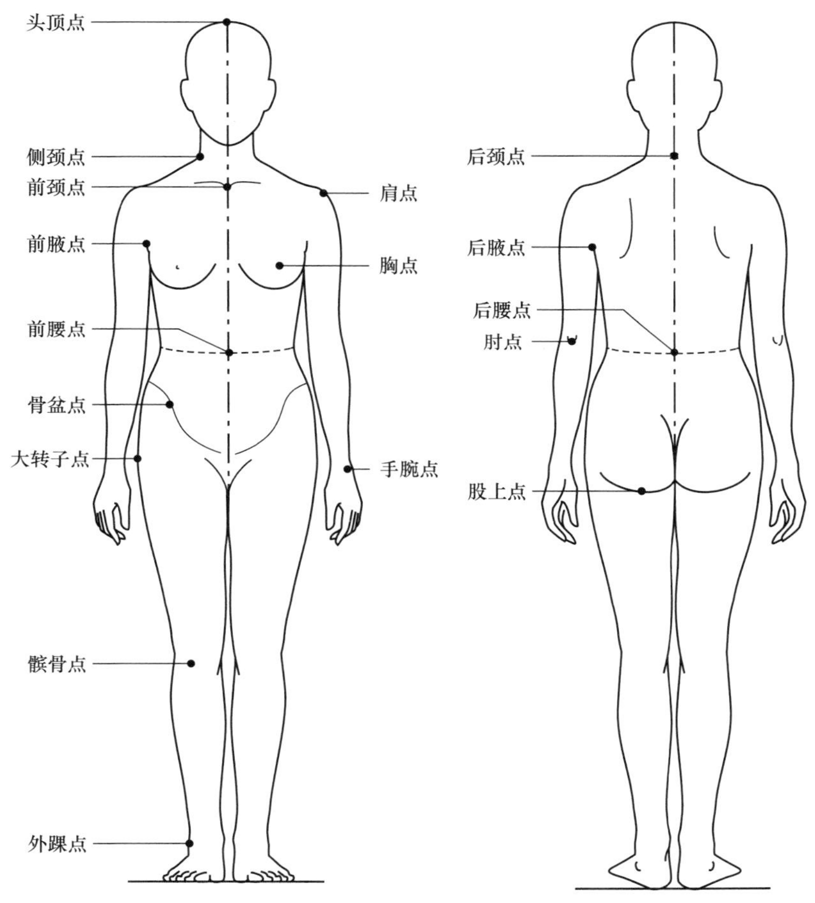

图 1–4　人体测量点

（1）头顶点。头顶部最高点，是测量身高的基准点。

（2）前颈点。是左、右锁骨的胸骨端上缘连线的中点，即锁骨窝，是颈围的基准点。

（3）后颈点。是人体第七颈椎棘突尖端的点。在头部低下时突出明显，是测量颈围、背长、衣长的基准点。

（4）侧颈点。在外侧颈三角上，斜方肌前缘与颈外侧部位上连接颈窝点和颈椎点的曲线的交点。从正侧看，是颈根部中点稍偏后的位置，是颈围的基准点。

（5）肩点。上臂肩端点，位于正侧肩部重点稍前移的位置，是测量肩宽、袖窿围度的基准点。

（6）前腋点。在腋窝前裂上，胸大肌附着处的最下端点，也是手臂自然下垂时，手臂根部与胸部形成的皮肤褶皱的消失点，是测量胸宽、袖窿围度的基准点。

（7）后腋点。在腋窝后裂上，大圆肌附着处的最下端点，也是手臂自然下垂时，手臂根部与背部形成的皮肤褶皱的消失点，是测量背宽、袖窿围度的基准点。

（8）胸点。也称乳点，英文缩写为 BP，是测量胸围的基准点，也是女装结构中非常重要的凸点。

（9）前腰点。前中线与腰部最细处水平线的交点，是测量腰围和前中长度的基准点。

（10）后腰点。后中线与腰部最细处水平线的交点，是测量腰围和背长的基准点。

（11）骨盆点。处于骨盆凹进的位置，处于中臀部位，是测量中腰围（腹围）的基准点。

（12）大转子点。股骨与骨盆连接的最高点，此点正好处于臀部丰满位置的水平线处，是测量臀围的参照点。

（13）股上点。人体后身臀部与大腿的分界处，即臀股沟的位置。这是确定股上长（立裆）与股下长的基准点。

（14）肘点。是桡骨上缘的最高点，也是肘关节的凸起点，是测量肘围、袖长的基准点。

（15）手腕点。尺骨茎突的下端点，凸起明显，是测量袖长、腕围的基准点。

（16）髌骨点。膝关节的髌骨处，是测量裤长、裙长、大衣长度的参考点。

（17）外踝点。在踝部外侧腓骨下端点，凸起明显，是测量裤长、裙长、足围等的基准点。

从以上测量点来看，各部位的测量点都处于运动部位的关键点，或是明显的凸起部位。在实际应用这些测量点时要正确理解其部位，才能准确测量。

3. *人体测量方法*

人体测量方法以我国国家标准 GB/T 16160—2008《服装用人体测量的部位与方法》为依据。在测量时，软尺不能过紧或过松（图 1-5）。

（1）围度测量。

①胸围（Bust）：以乳点（Bust point）为测量点，经肩胛骨、腋窝和乳点，水平围量胸部最丰满处一周。

②腰围（Waist）：经胯骨（髋骨）上端与肋骨下缘之间的自然腰际线，一般为腰部最细处，水平围量一周。

③臀围（Hip）：以大转子点为测量点，围绕臀部最丰满处水平测量一周。

④下胸围（Under bust）：也称为乳下围，紧贴乳房下端的人体水平测量一周。

⑤中腰围（Middle hip）：也称腹围，在腰围线与臀围线的中间位置水平测量一周。

⑥颈围：围绕经前颈点、侧颈点、后颈点测量一周。

⑦头围：经前额、两耳上方，头部最大围长处，水平测量一周。

⑧臂根围：手臂自然下垂，经肩点、前后腋点，围绕一周测量。

⑨上臂围：手臂自然下垂，围绕上臂最丰满处水平测量一周。

⑩腕围：以尺骨点为测量点，围绕腕部测量一周。

⑪掌围：将拇指并入掌心，围绕手掌最丰满处测量一周。

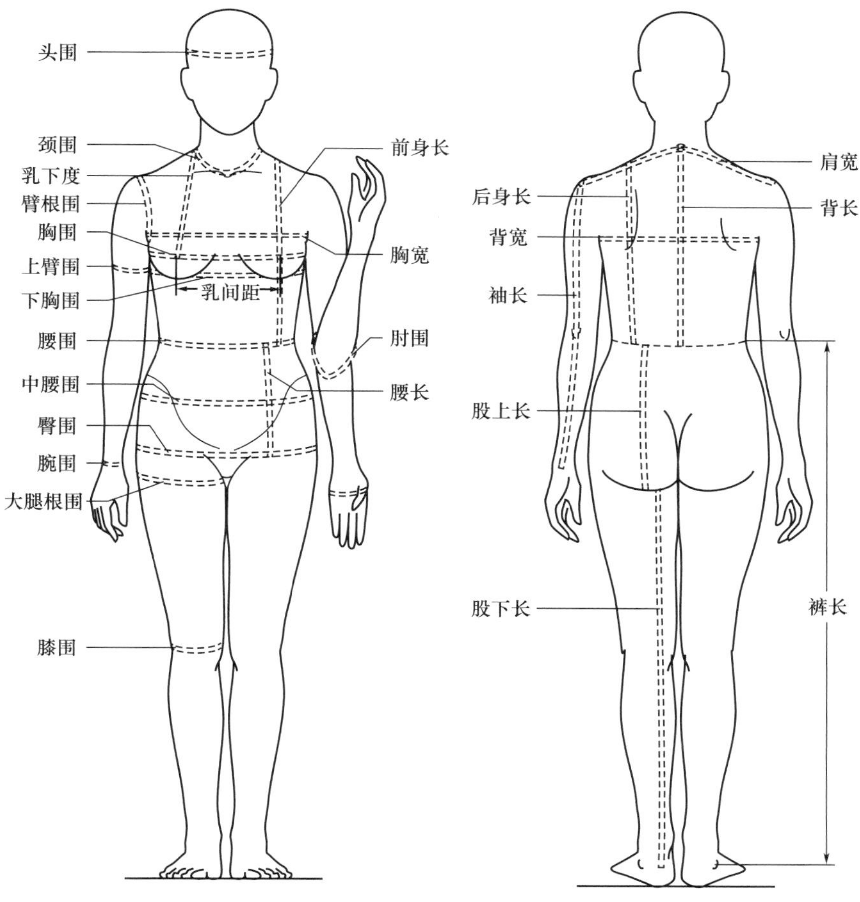

图 1-5　人体测量方法

⑫大腿根围：以股上点为测量点，水平围绕大腿最高部位测量一周。

⑬膝围：被测者直立，经过髌骨点，水平围绕膝部测量一周。

⑭肘围：手臂弯曲约 90°，以肘点为测量点，围绕肘部测量一周。

（2）长度测量。

①背长：从后颈点沿脊柱曲线至腰围线的曲线长度。

②腰长：从腰围线沿体侧臀部曲线至臀围线间的距离。

③前身长：以乳点为基点，向上延伸至肩线，向下延伸至腰围线间的距离。

④后身长：以肩胛骨凸点为基点，向上延伸至肩线，向下延伸至腰围线间的距离。

⑤股上长：从腰围线随臀形至臀股沟之间的距离。由于站立测量有所不便，通常习惯于以坐姿进行测量。被测量者坐在水平木凳上，从腰围线随体型测量至凳面。

⑥股下长：由臀股沟至内踝点之间的距离，也可由裤长尺寸减去股上长尺寸得到。

⑦乳下度：也称为胸高，从侧颈点至乳点的长度。

⑧裤长：在人体正侧面从腰围线开始，至外踝点间的距离为长裤的尺寸，五分裤则测量至髌骨线上下位置，七分裤至小腿肚上下位置。

⑨袖长：从肩点经过肘点至尺骨点为基本装袖袖长，连身袖袖长是从后颈点经过肩点、肘点至尺骨点，根据款式需求可以变化长度。

⑩肩宽：从肩的一端经过后颈点至肩的另一端的距离。

⑪胸宽：两前腋点之间的距离。

⑫背宽：两后腋点之间的距离。

⑬乳间距：左右两个乳点之间的距离。

以上测量的数据都是基于人体的净尺寸，是服装结构设计的基础数据，根据服装类型、款式结构、面料材质的不同，在这些基础数据上的变化是不同的，只有根据具体的需求将数据灵活应用才能设计出满意的服装款型。

第三节 女装规格

在服装结构设计中，工业化的大批量生产的服装需要标准的参考尺寸和规格依据，这是服装具有科学性与普遍适应性的前提，也为后期推板放缩、品质检验与统一化管理提供了保证。

一、我国女装规格与参考尺寸

我国最新颁布的服装号型国家标准是 2008 年 12 月 31 日实施的 GB/T 1335.2—2008，标准规定女子服装号型的定义、号型系列、号型标志、分档数值、控制部位数值等。

1. 号型定义

号：是指人体的身高，以厘米为单位，是设计和选购服装长短的依据。

型：人体的上体胸围或下体腰围，以厘米为单位，是设计和选购服装肥瘦的依据。

体型：以人体的胸围与腰围的差数为依据来划分的人体类型。体型划分为四类，代号分别为 Y、A、B、C，分别表示如下：Y 体型表示胸围与腰围的差数为 19 ~ 24cm；A 体型表示胸围与腰围的差数为 14 ~ 18cm；B 体型表示胸围与腰围的差数为 9 ~ 13cm；C 体型表示胸围与腰围的差数为 4 ~ 8cm。

2. 号型标志

号型表示方法为号与型之间用斜线分开，后接体型分类代号。例如：上装 160/84A，其中 160 代表号，84 代表型，A 代表体型分类。下装 160/68A，其中 160 代表号，68 代表型，A 代表体型分类。

3. 号型系列

号型系列以各体型中间体为中心，向两边依次递增或递减组成。其中，身高以 5cm 分档组成系列，胸围以 4cm 分档组成系列，腰围以 4cm、2cm 分档组成系列。身高与胸围搭配组成 5・4 号型系列，身高与腰围搭配组成 5・4、5・2 号型系列。表 1–3 ~ 表 1–6 是四种体型的号型系列表，例如表 1–3，是 Y 体型的号型系列表，“号”从 145cm 开始，以 5cm 为一档，至 180cm 共 8 档。“型”即胸围或腰围，以 4cm 为一档，胸围 72 ~ 100cm 共分 8 档，腰围每一身高下有两组腰围数据，50 ~ 66cm 为一组，52 ~ 68cm 为一组，两组之间有 2cm 差值。

表 1–3 5·4 和 5·2Y 号型系列　　单位：cm

Y																
胸围	身高															
	145		150		155		160		165		170		175		180	
	腰围															
72	50	52	50	52	50	52	50	52								
76	54	56	54	56	54	56	54	56	54	56						
80	58	60	58	60	58	60	58	60	58	60	58	60				
84	62	64	62	64	62	64	62	64	62	64	62	64	62	64		
88	66	68	66	68	66	68	66	68	66	68	66	68	66	68	66	68
92			70	72	70	72	70	72	70	72	70	72	70	72	70	72
96					74	76	74	76	74	76	74	76	74	76	74	76
100							78	80	78	80	78	80	78	80	78	80

表 1–4 5·4 和 5·2A 号型系列　　单位：cm

A																								
胸围	身高																							
	145			150			155			160			165			170			175			180		
	腰围																							
72				54	56	58	54	56	58	54	56	58												
76	58	60	62	58	60	62	58	60	62	58	60	62	58	60	62									
80	62	64	66	62	64	66	62	64	66	62	64	66	62	64	66	62	64	66						
84	66	68	70	66	68	70	66	68	70	66	68	70	66	68	70	66	68	70	66	68	70			
88	70	72	74	70	72	74	70	72	74	70	72	74	70	72	74	70	72	74	70	72	74	70	72	74
92				74	76	78	74	76	78	74	76	78	74	76	78	74	76	78	74	76	78	74	76	78
96							78	80	82	78	80	82	78	80	82	78	80	82	78	80	82	78	80	82
100										82	84	86	82	84	86	82	84	86	82	84	86	82	84	86

表 1–5 5·4 和 5·2B 号型系列　　单位：cm

B																
胸围	身高															
	145		150		155		160		165		170		175		180	
	腰围															
68			56	58	56	58	56	58								
72	60	62	60	62	60	62	60	62	60	62						
76	64	66	64	66	64	66	64	66	64	66						

续表

B																
胸围	身高															
	145		150		155		160		165		170		175		180	
	腰围															
80	68	70	68	70	68	70	68	70	68	70	68	70				
84	72	74	72	74	72	74	72	74	72	74	72	74	72	74		
88	76	78	76	78	76	78	76	78	76	78	76	78	76	78	76	78
92	80	82	80	82	80	82	80	82	80	82	80	82	80	82	80	82
96			84	86	84	86	84	86	84	86	84	86	84	86	84	86
100					88	90	88	90	88	90	88	90	88	90	88	90
104							92	94	92	94	92	94	92	94	92	94
108									96	98	96	98	96	98	96	98

表 1–6　5·4 和 5·2C 号型系列　　单位：cm

C																
胸围	身高															
	145		150		155		160		165		170		175		180	
	腰围															
68	60	62	60	62	60	62										
72	64	66	64	66	64	66	64	66								
76	68	70	68	70	68	70	68	70								
80	72	74	72	74	72	74	72	74	72	74						
84	76	78	76	78	76	78	76	78	76	78	76	78				
88	80	82	80	82	80	82	80	82	80	82	80	82				
92	84	86	84	86	84	86	84	86	84	86	84	86	84	86		
96			88	90	88	90	88	90	88	90	88	90	88	90	88	90
100			92	94	92	94	92	94	92	94	92	94	92	94	92	94
104					96	98	96	98	96	98	96	98	96	98	96	98
108							100	102	100	102	100	102	100	102	100	102
112									104	106	104	106	104	106	104	106

4. **控制部位数值**

控制部位数值是指人体主要部位的数值（净尺寸），是设计服装规格的依据。表 1–7 ~ 表 1–10 是针对不同体型、不同身高的各部位的尺寸数据。例如，表 1–7 是 5·4 和 5·2Y 号型系列控制部位数值表，列出了 10 个主要部位的长度和围度。身高从 145cm 到 180cm 以

表 1-7 5·4 和 5·2Y 号型系列控制部位数值

单位：cm

Y																
部位	数值															
身高	145		150		155		160		165		170		175		180	
颈椎点高	124.0		128.0		132.0		136.0		140.0		144.0		148.0		152.0	
坐姿颈椎点高	56.5		58.5		60.5		62.5		64.5		66.5		68.5		70.5	
全臂长	46.0		47.5		49.0		50.5		52.0		53.5		55.0		56.5	
腰围高	89.0		92.0		95.0		98.0		101.0		104.0		107.0		110.0	
胸围	72		76		80		84		88		92		96		100	
颈围	31.0		31.8		32.6		33.4		34.2		35.0		35.8		36.6	
总肩宽	37.0		38.0		39.0		40.0		41.0		42.0		43.0		44.0	
腰围	50	52	54	56	58	60	62	64	66	68	70	72	74	76	78	80
臀围	77.4	79.2	81.0	82.8	84.6	86.4	88.2	90.0	91.8	93.6	95.4	97.2	99.0	100.8	102.6	104.4

表 1-8　5·4 和 5·2A 号型系列控制部位数值

单位：cm

A																								
部位	数值																							
身高	145			150			155			160			165			170			175			180		
颈椎点高	124.0			128.0			132.0			136.0			140.0			144.0			148.0			152.0		
坐姿颈椎点高	56.5			58.5			60.5			62.5			64.5			66.5			68.5			70.5		
全臂长	46.0			47.5			49.0			50.5			52.0			53.5			55.0			56.5		
腰围高	89.0			92.0			95.0			98.0			101.0			104.0			107.0			110.0		
胸围	72			76			80			84			88			92			96			100		
颈围	31.2			32.0			32.8			33.6			34.4			35.2			36.0			36.8		
总肩宽	36.4			37.4			38.4			39.4			40.4			41.4.0			42.4			43.4		
腰围	54	56	58	58	60	62	62	64	66	66	68	70	70	72	74	74	76	78	78	80	82	82	84	86
臀围	77.4	79.2	81.0	81.0	82.8	84.6	84.6	86.4	88.2	88.2	90.0	91.8	91.8	93.6	95.4	95.4	97.2	99.0	99.0	100.8	102.6	102.6	104.4	106.2

表 1–9　5・4 和 5・2B 号型系列控制部位数值

单位：cm

B																						
部位	数　值																					
身高	145			150		155			160			165		170			175			180		
颈椎点高	124.5			128.5		132.5			136.5			140.5		144.5			148.5			152.5		
坐姿颈椎点高	57.0			59.0		61.0			63.0			65.0		67.0			68.0			71		
全臂长	46.0			47.5		49.0			50.5			52.0		53.5			55.0			56.5		
腰围高	89.0			92.0		95.0			98.0			101.0		104.0			107.0			110.0		
胸围	68		72		76		80		84		88		92		96		100		104		108	
颈围	30.6		31.4		32.2		33.0		33.8		34.6		35.4		36.2		37.0		37.8		38.6	
总肩宽	34.8		35.8		36.8		37.8		38.8		39.8		40.8		41.8		42.8		43.8		44.8	
腰围	56	58	60	62	64	66	68	70	72	74	76	78	80	82	84	86	88	90	92	94	96	98
臀围	78.4	80.0	81.6	83.2	84.8	86.4	88.0	89.6	91.2	92.8	94.4	96.0	97.6	99.2	100.8	102.4	104.0	105.6	107.2	108.8	110.4	112.0

表 1-10　5·4 和 5·2C 号型系列控制部位数值

单位：cm

<table>
<tr><td colspan="25">C</td></tr>
<tr><td>部位</td><td colspan="24">数　值</td></tr>
<tr><td>身高</td><td colspan="3">145</td><td colspan="3">150</td><td colspan="3">155</td><td colspan="3">160</td><td colspan="3">165</td><td colspan="3">170</td><td colspan="3">175</td><td colspan="3">180</td></tr>
<tr><td>颈椎点高</td><td colspan="3">124.5</td><td colspan="3">128.5</td><td colspan="3">132.5</td><td colspan="3">136.5</td><td colspan="3">140.5</td><td colspan="3">144.5</td><td colspan="3">148.5</td><td colspan="3">152.5</td></tr>
<tr><td>坐姿颈椎点高</td><td colspan="3">56.5</td><td colspan="3">58.5</td><td colspan="3">60.5</td><td colspan="3">62.5</td><td colspan="3">64.5</td><td colspan="3">66.5</td><td colspan="3">68.5</td><td colspan="3">70.5</td></tr>
<tr><td>全臂长</td><td colspan="3">46.0</td><td colspan="3">47.5</td><td colspan="3">49.0</td><td colspan="3">50.5</td><td colspan="3">52.0</td><td colspan="3">53.5</td><td colspan="3">55.0</td><td colspan="3">56.5</td></tr>
<tr><td>腰围高</td><td colspan="3">89.0</td><td colspan="3">92.0</td><td colspan="3">95.0</td><td colspan="3">98.0</td><td colspan="3">101.0</td><td colspan="3">104.0</td><td colspan="3">107.0</td><td colspan="3">110.0</td></tr>
<tr><td>胸围</td><td colspan="2">68</td><td colspan="2">72</td><td colspan="2">76</td><td colspan="2">80</td><td colspan="2">84</td><td colspan="2">88</td><td colspan="2">92</td><td colspan="2">96</td><td colspan="2">100</td><td colspan="2">104</td><td colspan="2">108</td><td colspan="2">112</td></tr>
<tr><td>颈围</td><td colspan="2">30.8</td><td colspan="2">31.6</td><td colspan="2">32.4</td><td colspan="2">33.2</td><td colspan="2">34.8</td><td colspan="2">34.8</td><td colspan="2">35.6</td><td colspan="2">36.4</td><td colspan="2">37.2</td><td colspan="2">38.0</td><td colspan="2">38.8</td><td colspan="2">39.6</td></tr>
<tr><td>总肩宽</td><td colspan="2">34.2</td><td colspan="2">35.2</td><td colspan="2">36.2</td><td colspan="2">37.2</td><td colspan="2">38.2</td><td colspan="2">39.2</td><td colspan="2">40.2</td><td colspan="2">41.2</td><td colspan="2">42.2</td><td colspan="2">43.2</td><td colspan="2">44.2</td><td colspan="2">45.2</td></tr>
<tr><td>腰围</td><td>60</td><td>62</td><td>64</td><td>66</td><td>68</td><td>70</td><td>72</td><td>74</td><td>76</td><td>78</td><td>80</td><td>82</td><td>84</td><td>86</td><td>88</td><td>90</td><td>92</td><td>94</td><td>96</td><td>98</td><td>100</td><td>102</td><td>104</td><td>106</td></tr>
<tr><td>臀围</td><td>78.4</td><td>80.0</td><td>81.6</td><td>83.2</td><td>84.8</td><td>86.4</td><td>88.0</td><td>89.6</td><td>91.2</td><td>92.8</td><td>94.4</td><td>96.0</td><td>97.6</td><td>99.2</td><td>100.8</td><td>102.4</td><td>104.0</td><td>105.6</td><td>107.2</td><td>108.8</td><td>110.4</td><td>112.0</td><td>113.6</td><td>115.2</td></tr>
</table>

5cm 递增；颈椎点高以 4cm 递增；坐姿颈椎点高以 2cm 递增；全臂长以 1.5cm 递增；腰围高以 3cm 递增；胸围以 4cm 递增；颈围以 0.8cm 递增；总肩宽以 1cm 递增；每个身高内腰围分两档，以 2cm 递增；每个身高内臀围分两档，以 1.8cm 递增。

5．我国服装号型的不足

我国从 1974 年至 1975 年首次制定服装号型标准以来，分别在 1989 年、1997 年、2008 年对服装号型标准进行了 3 次更新，指导服装工业生产向国际化靠拢，但我国目前服装号型还存在不足和差距。

（1）缺少在结构设计中常用的重要参数，如背长、股上长等，需要进一步完善。

（2）缺少动态体型的测量和研究，不能给服装运动的松量影响设计提供参考依据。

（3）体型的分类还不能满足市场需求，应该从多个角度进行划分，如同样高度下的肥瘦程度的划分等，以适应越来越细化的市场。

二、日本女装规格与参考尺寸

日本人与我国人的体型相近，而且日本的服装工业起步较早，其女装规格和参考尺寸更科学、更标准化。因此，在进行服装结构设计时也可以参考日本的服装号型标准。

日本工业规格（Japanese Industrial Standard，JIS）中，成人女装规格表示为 S、M、L、LL、EL，身高种类表示为 P、R、T。P 表示矮小，是 Petit 的缩写；R 表示普通，是 Regular 的缩写；T 代表高，是 Tall 的缩写。体型标准表示为 A、Y、B，A 型为普通型，Y 型为偏瘦型，B 型为胖型。在 S 规格下，有两种类型，5YP 和 5AR，5 表示胸围档，Y 表示偏瘦型，P 表示身高矮小（表 1–11）。

表 1–11　日本成人女子规格和参考尺寸表　　单位：cm

部位 \ 规格		S		M			L		LL		EL
相当于 JIS		5YP	5AR	9YB	9AT		13AR	13BT	17AR	17BR	21BR
围度尺寸	胸围	76		82			88		96		10468
	乳下围	68	68	72	72	72	77	80	83	84	92
	腰围	58	58	62	63	63	70	72	80	84	90
	中臀围	78	80	82	86	86	89	92	94	100	106
	臀围	82	86	86	90	90	94	98	98	102	108
	袖窿	35		37			38		40		41
	大臂围	24		26			28		30		32
	肘围	26		28			29		31		31
	腕围	15		16			16		17		17
	掌围	19		20			20		21		21
	头围	54		56			56		57		57
	颈围	35		36			38		39		41

续表

<table>
<tr><td colspan="2" rowspan="2">规格
相当于 JIS
部位</td><td colspan="2">S</td><td colspan="4">M</td><td colspan="2">L</td><td colspan="2">LL</td><td>EL</td></tr>
<tr><td>5YP</td><td>5AR</td><td colspan="2">9YB</td><td colspan="2">9AT</td><td>13AR</td><td>13BT</td><td>17AR</td><td>17BR</td><td>21BR</td></tr>
<tr><td rowspan="17">长度尺寸</td><td>肩宽</td><td colspan="2">38</td><td colspan="4">39</td><td colspan="2">40</td><td colspan="2">41</td><td>41</td></tr>
<tr><td>背宽</td><td colspan="2">34</td><td colspan="4">36</td><td colspan="2">38</td><td colspan="2">40</td><td>41</td></tr>
<tr><td>胸宽</td><td colspan="2">32</td><td colspan="4">34</td><td colspan="2">35</td><td colspan="2">37</td><td>39</td></tr>
<tr><td>乳峰间距</td><td colspan="2">16</td><td colspan="4">17</td><td colspan="2">18</td><td colspan="2">19</td><td>20</td></tr>
<tr><td>身长</td><td>148</td><td>156</td><td colspan="2">156</td><td colspan="2">164</td><td>156</td><td>164</td><td colspan="2">156</td><td>156</td></tr>
<tr><td>总长</td><td>127</td><td>134</td><td colspan="2">134</td><td colspan="2">142</td><td>134</td><td>142</td><td colspan="2">135</td><td>135</td></tr>
<tr><td>背长</td><td>36.5</td><td>37.5</td><td colspan="2">38</td><td colspan="2">39.5</td><td>38</td><td>40</td><td colspan="2">39</td><td>39</td></tr>
<tr><td>后身长</td><td>39</td><td>40</td><td colspan="2">40.5</td><td colspan="2">42</td><td>40.5</td><td>42.5</td><td colspan="2">41.5</td><td>41.5</td></tr>
<tr><td>前身长</td><td>38</td><td>40</td><td colspan="2">40.5</td><td colspan="2">42</td><td>41</td><td>43.5</td><td colspan="2">43</td><td>44.5</td></tr>
<tr><td>乳下度</td><td colspan="2">24</td><td colspan="4">25</td><td colspan="2">27</td><td colspan="2">28</td><td>29</td></tr>
<tr><td>腰长</td><td colspan="2">17</td><td colspan="2">18</td><td colspan="2">19</td><td>18</td><td>19</td><td colspan="2">18</td><td>19</td></tr>
<tr><td>股上长</td><td colspan="2">25</td><td colspan="2">26</td><td colspan="2">27</td><td>27</td><td>28</td><td colspan="2">28</td><td>30</td></tr>
<tr><td>股下长</td><td>63</td><td>68</td><td colspan="2">68</td><td colspan="2">72</td><td>68</td><td>72</td><td colspan="2">68</td><td>67</td></tr>
<tr><td>袖长</td><td colspan="2">50</td><td colspan="2">52</td><td colspan="2">54</td><td>53</td><td>54</td><td colspan="2">54</td><td>53</td></tr>
<tr><td>肘长</td><td colspan="2">28</td><td colspan="2">29</td><td colspan="2">30</td><td>29</td><td>30</td><td colspan="2">29</td><td>29</td></tr>
<tr><td>膝长</td><td>53</td><td>56</td><td colspan="2">56</td><td colspan="2">60</td><td>56</td><td>60</td><td colspan="2">56</td><td>56</td></tr>
<tr><td>体重</td><td>43</td><td>45</td><td>48</td><td colspan="2">50</td><td>52</td><td>54</td><td>58</td><td>62</td><td>66</td><td>72</td></tr>
</table>

表 1–12 和表 1–13 分别为日本女装常用参考尺寸表和日本最新文化式女装参考尺寸表，与表 1–11 都是日本较为典型，并且在我国得到广泛应用的尺寸参考表，部位较多，规格相对简单，适合中小型服装企业应用。通过以上尺寸表，可以看出日本女装规格的多样性、合理性和完善性。所有数据是根据人体测量尺寸的实际情况而得，而并无有档差的规律性，因此，在我国女装号型还不够完善的前提下，可以参考日本的工业规格和一些常用尺寸表，使服装结构设计更加科学、准确。

表 1–12　日本女装常用参考尺寸表

单位：cm

部位 \ 规格		S	M	ML	L	LL
围度	胸围	76	82	88	94	100
	腰围	58	63	69	75	84
	臀围	84	88	94	98	102
	颈根围	36	37	39	39	41
	头围	55	56	57	58	59

续表

部位		S	M	ML	L	LL
围度	大臂围	24	26	28	28	30
	腕围	15	16	16	17	17
	掌围	19	20	20	21	21
长度	背长	36.5	37.5	38	38	39
	腰长	17	18	18	20	20
	全肩宽	38	39	40	40	40
	背宽	34	35	36	37	38
	胸宽	32	34	35	37	38
	全臂长	50	52	53	54	54
	股上长	25	26	27	28	29
	股下长	63	67	67	66	70
	身高	150	155	155	155	160
体重（kg）		45	50	55	63	68

表 1-13　日本最新文化式女装参考尺寸表　　单位：cm

部位		S	M	ML	L	LL	EL
围度	胸围	78	82	88	94	100	106
	腰围	62 ~ 64	66 ~ 68	70 ~ 72	76 ~ 78	80 ~ 82	90 ~ 92
	中腰围	84	86	90	96	100	110
	臀围	88	90	94	98	102	112
	腕围	15	16	17	18	18	18
	头围	54	56	57	58	58	58
长度	背长	37	38	39	40	41	41
	腰长	18	20	21	21	21	22
	全臂长	48	52	53	54	55	56
	股上长	25	26	27	28	29	30
	股下长	60	65	68	68	70	70
	身长	148	154	158	160	162	164

结构设计基础——

女装衣身结构设计

课题名称：女装衣身结构设计

课题内容：女装衣身原型绘制
衣身省道设计
衣身分割线设计
衣身褶裥设计

课题时间：7学时

教学目的：掌握衣身原型的绘制方法以及服装结构设计的三大手法

教学方法：讲授

教学要求：1. 熟悉省的应用原理，应用切展法和旋转法进行单省转移和多省转移
2. 熟练掌握省与分割线的关系，学会断缝设计
3. 熟练掌握省与褶的关系，进行规律褶和不规律褶的设计

课前（后）准备：设计不同的衣身款式并绘制样板

第二章　女装衣身结构设计

第一节　女装衣身原型绘制

本节介绍文化式原型的衣身、袖片、裙片的绘制方法与步骤，皆以人体主要围度尺寸（胸围、腰围、臀围）为基数，按一定比例公式推导计算出相应部位的尺寸。

一、衣身原型结构名称

如图 2–1 所示，文化式原型的左边样片为后衣片，右边样片为前衣片，其主要结构包括结构线、凹凸点、省道。

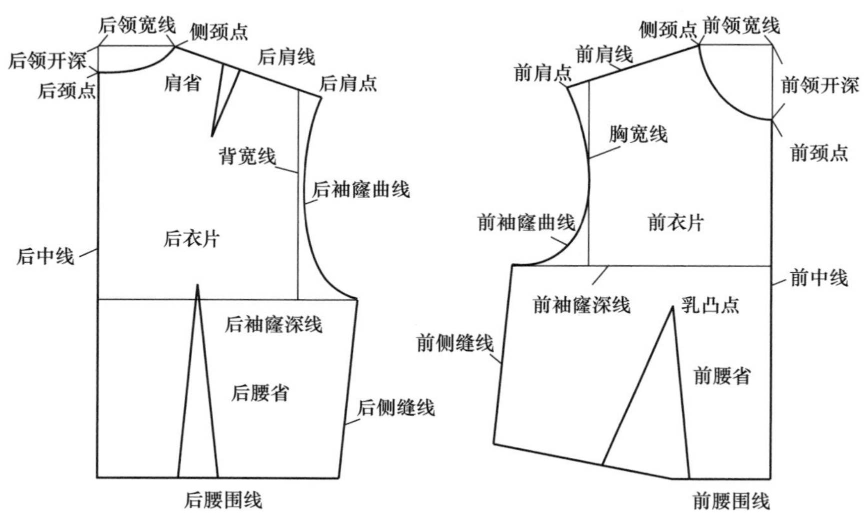

图 2–1　衣身原型结构名称

（1）线。原型的轮廓线包括前后中线（CFL、CBL）、前后领口曲线、前后肩线、前后袖窿曲线（AH）、前后侧缝线、前后腰围线（WL）。内部结构线包括前后袖窿深线（胸围线 BL）、胸宽线、背宽线、领宽线、领开深线。

（2）点。原型中的点都为人体的凹凸点、测量点，包括前后颈点（FNP、BNP）、侧颈点（SNP）、肩点（SP）、乳凸点（BP）。

（3）省道。肩胛省、背省（后腰省）、胸省（前腰省）。

二、衣身原型绘制步骤

在绘制原型衣身之前，首先要了解绘制原型所需的基本数据，按照日本文化式女装参考尺寸的中号型（M）规格，即胸围（B）82cm、背长 38cm、腰围（W）68cm 作为 M 号原型样板的制图尺寸。其他部位尺寸，如背宽、胸宽、袖窿深、领宽等以胸围为基数按比例计算。

衣身原型平面结构制图的步骤如下：

（1）基础线（图 2–2）。

①原型外框。先绘制矩形，长度为背长 38cm，宽度为$\frac{B}{2}$+6cm，6cm 是一半胸围的放松量。

②袖窿深。从后中线顶点，即后颈点开始向下量取$\frac{B}{6}$+7.5cm，作标记点，过标记点作水平线。

③背宽线。在袖窿深线左端点开始量取$\frac{B}{6}$+4.5cm，作标记点，过标记点向上画竖直线，与矩形上边长相交。

④胸宽线。在袖窿深线右端点开始量取$\frac{B}{6}$+3cm，作标记点，过标记点向上画竖直线，与矩形上边长相交。

⑤侧缝辅助线。取袖窿深线的中点，从中点向下画竖直线，与矩形下端边长即腰辅助线相交。

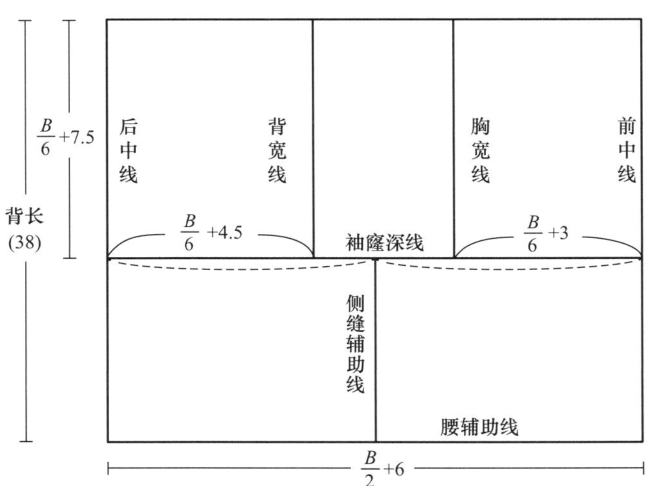

图 2–2　衣身原型基础线

（2）轮廓线（图 2–3）。

①前后中线。矩形的左边竖直线为后中线，右边竖直线为前中线。

②后领口线。从后颈点水平向右量取后领宽$\frac{B}{20}$+2.9cm，作标记点，将后领宽三等分，每

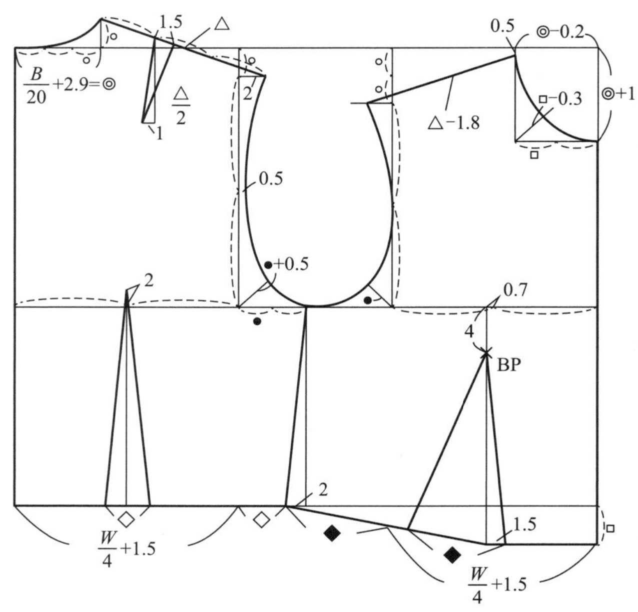

图 2-3 原型衣身

一等分命名为“○”。从标记点向上画竖直线，长度为“○”的距离，即为后领开深，其上端点为后侧颈点。从后颈点开始绘制后领口线，经过第一个等分“○”的长度，从第一个等分点开始缓缓向上画弧形线至侧颈点。

③前领口线。将后领宽命名为“◎”，从前中线顶端水平向左量取◎ –0.2cm，即为前领宽，作标记点；竖直向下量取◎ +1cm，即为前领开深，底点为前颈点；过标记点与前颈点画水平与竖直线成小矩形。将前领宽两等分，每一等分命名为“□”的距离。作矩形左下角的角平分线，在角平分线上量取□ –0.3cm 的长度，作标记点即为曲线辅助点。从小矩形左边长顶端向下量取 0.5cm，即为前侧颈点。将前侧颈点、曲线辅助点、前颈点连接成圆顺曲线。

④后肩线。从背宽线顶点竖直向下量取“○”的长度，作标记点，过标记点向右画水平线 2cm，水平线右边端点为后肩点，连接后侧颈点与后肩点为后肩线。

⑤前肩线。将后肩线长度命名为“△”，前肩线的长度则等于△ –1.8cm，1.8cm 包括肩胛省的省量 1.5cm 和 0.3cm 的缝纫吃量。从胸宽线顶点竖直向下量取 2 个“○”的长度，作标记点，过标记点向左画短的水平线。从前侧颈点量取△ –1.8cm 的长度，并与短水平线相交，交点为前肩点，该点与前侧颈点连接，为前肩线。

⑥袖窿曲线。将前、后肩点水平线之下的胸宽线与背宽线量取中点，背宽线的中点水平向右量取 0.5cm 定点，该点与胸宽线中点为曲线辅助点。将背宽线与后袖窿深线的交点至前袖窿深线的中点的距离两等分，每一等分长度命名为“●”。分别对背宽线、胸宽线与袖窿深线相交的直角作角平分线，在左边角平分线上量取● +0.5cm，右边角平分线上量取●，这两个点也为曲线辅助点。将前后肩点、背宽线与胸宽线上曲线辅助点，两个角平分线上的曲线辅助点，袖窿深线中点连接成圆顺的曲线。

⑦侧缝线。从侧缝辅助线与腰辅助线的交点水平向左量取 2cm，作标记点即为侧缝下端点，将标记点与袖窿深线中点相连。

⑧后腰线。后片腰围线就是后中线下端点至侧缝下端点的连线。

⑨前腰线。前中线向下延长“□”的距离，作标记点，过标记点做短水平线。将胸宽$\frac{B}{6}$+3cm 的长度取中点，中点水平向左量取 0.7cm，作标记点，过标记点向下作竖直线，与前中底端水平线相交。连接交点与侧缝下端点。由此可见，前片的腰围线是斜线与水平线组成的折线。

⑩乳凸点。在前腰线转折点的竖直线上，从上端向下量取 4cm，标记“×”符号，即为 BP 点。

（3）省道。

①背省。在背宽长度上量取中点，过中点作腰围线的垂线，垂线向上延长，距袖窿深线 2cm，作标记点即为背省省尖点。在后腰线上量取$\frac{W}{4}$+1.5cm，剩余的长度命名为“◇”，将“◇”的长度平分在腰线垂线两侧，并将这两点与省尖点相连构成背省，即后腰省。

②肩胛省。将后肩线三等分，过第一个等分点向下作长度为$\frac{\triangle}{2}$的竖直线，底点水平向左量取 1cm，作标记点即为省尖点，连接省尖点与肩线第一个等分点，为一个省道边，沿着肩线量取省量 1.5cm，连接另一省道边。

③胸省。在前腰线上从右至左量取$\frac{W}{4}$+1.5cm，剩余的长度命名为“◆”。从前腰线转折点水平向右量取 1.5cm，将此点与 BP 点相连为一个省道边，从前腰线转折点向线方向量取◆ –1.5cm 的长度，作标记点，并与 BP 点连接，构成完整的胸省，即前腰省。

女装结构设计中衣身的变化是最具典型性、多样性的，衣身的形态既要满足功能性需要，符合人体曲线，又要与款式造型一致，兼备美观，因此，衣身设计在服装设计中有着举足轻重的作用。

将平面的布料制成立体的服装，其技术手段包括三种：省道、分割线、褶裥，其中省道的设计又是最为基本的。这一章主要是以原型衣身为模板，分析省道、分割线、褶裥设计的原理及其运用与变化，为服装成品结构设计打下基础。

第二节　衣身省道设计

省的设计是服装结构设计中最为基本的造型手段，是把握服装造型、合体度的关键。省道的转移是为了配合服装款式设计，而更新颖的服装款式则离不开合理的省道转移与省量分配。

一、省的形成与原理

1. 省的形成

要合理设计省，则首先要了解省道的形成规律以及它是如何作用于服装的，通过原型衣片的试样可以得到直观的答案。

试将原型衣片的前片与后片缝合穿着在人体上。从图 2-4（a）中的前视图、后视图、侧视图中可以看出，肩部与胸部都能很好地吻合，但腰部显得又肥又大。那是由于原型衣片是以胸围为围度基准的适体造型，腰部的围度与胸围一致，因此腰部有很大的松量，呈宽松状态。

将腰部的部分余量收拢，均匀分到前片与后片并缝合，从图 2-4（b）中的前视图、后视图、侧视图中可以看出，与前一种状态相比，虽然腰部还有松量，但已呈收进状态，既不特别宽松，也不十分合体，呈半合体状态。

将腰部的余量全部收拢，均匀分到前片与后片并缝合，从图 2-4（c）中的前视图、后视图中可以看出，腰部非常合体，但从服装功能性角度考虑，腰部要留出人的呼吸量以及运动的补足量，因此，腰部还是要留下少许余量，按照文化式原型的制板方法，腰部共留出约 6cm 的松量。

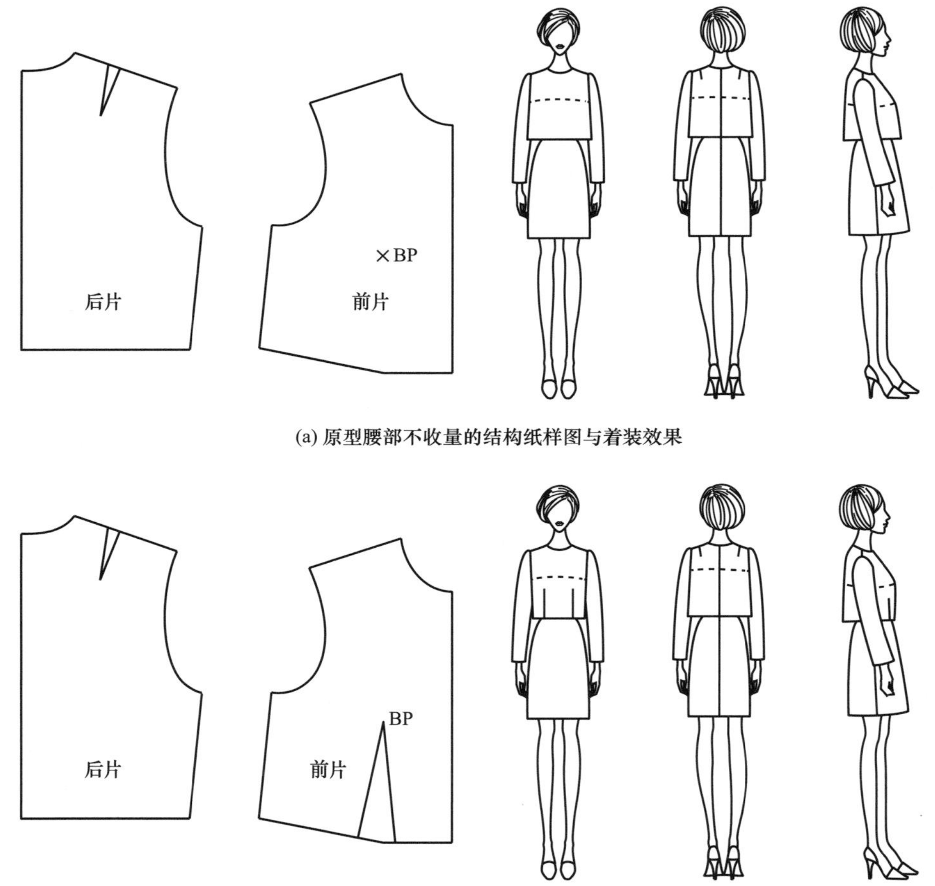

(a) 原型腰部不收量的结构纸样图与着装效果

(b) 原型腰部收部分余量的结构纸样图与着装效果

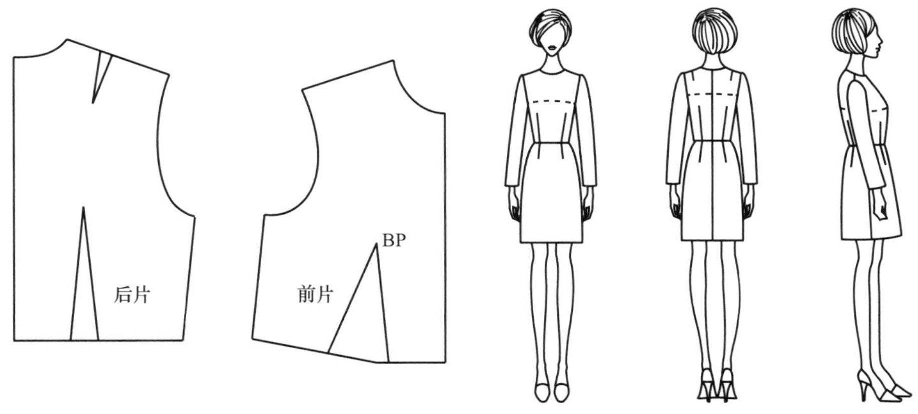

(c) 原型腰部合体状态的结构纸样图与着装效果

图 2-4　腰部收量效果

在衣片试样过程中，腰部收拢的余量就是省量，省量捏合后的褶皱消失点为省尖点，省所在的位置，形成了完整的省，省的三个要素则包括省尖点、省量、省位。

2. **省的原理**

（1）省的指向规律和作用范围。省是为人体凸起部位而服务的，在省的三要素中，省尖点的指向就是人体凸起的部位。人体凸起部位有两种形式：点的凸起和区域落差。点的凸起就是以点的形式凸起，如乳凸、肘凸，这意味着指向凸点的省尖点不能随意改变位置。区域落差指的是一定范围内的围度差值，包括胸凸、背凸、臀凸、腹凸、肩胛凸等，它们都不是具体的点的凸起，如胸凸和背凸是由于人体固有的骨骼结构使得胸廓与腰部本身就存在的围度差值，并且胸部骨骼是以圆周的方式与腰部形成落差，因此，由于这一落差而形成的腰省的省尖点是在凸起部位水平位置的任何一处，臀凸和腹凸同理。肩胛凸是更小范围的凸起，是围绕肩胛骨与肩部形成的小范围内的落差，肩胛省的省尖点可以在肩胛骨凸起的小范围内移动。

按照前文分析可以知道在原型衣身后片上的腰省是可以水平移动的，但前片腰省比较特殊，省尖点为乳凸点，是点的凸起，不能随意改变位置，也就是说不能将整个原型省水平移动。前片腰省省量比较大，这样大的一个省是由两部分组成的，一是和衣身后片腰省一样的由于胸廓与腰部固有差值所形成的省量（以后简称胸腰差）；二是由于女性人体的特点乳凸所形成的省量。这两部分省量共同构成了前衣片的腰省，即前片的腰省不仅仅是为了塑造腰部的纤细造型，也要为胸部凸起留余量。这两部分省量是可以分解的，分解后胸腰差形成的省可以水平移动，而乳凸所形成的省则只能围绕 BP 点做变化如图 2-5 所示。

（2）省道设计原则。省道长度设计：省道长度与人体凸点密切相关，从正侧来观察人体特征可以总结为，以腰围线为参考线，胸凸与腹凸距离腰围线近，背凸与臀凸距离腰围线远，而省是为人体凸起部位服务的，省尖点要指向凸点，因此可以判断，前身衣片中指向胸凸和腹凸的省较短，后身衣片中指向背凸和腹凸的省较长。以此可以分析出省道长度的设计规律，即以腰围线为基准，前身省较短，越向后身省道越长，越是贴体设计，这一规律越明显。

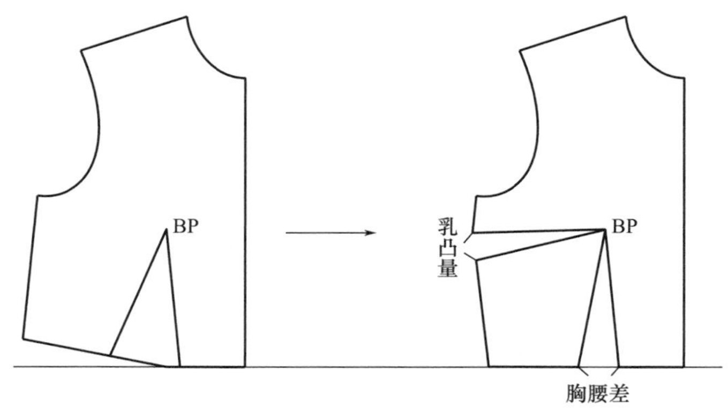

图 2-5 原型前片省量分解

①省量设计：省量大小直接影响服装的合体度与造型。以原型衣片中的省量为基准，衣片中使用了所有原型衣片的省量，即使用了全省量，适合合体款式，服装造型较为立体；使用原型衣片中的部分省量，适合半合体款式，服装造型为立体与平面之间；不使用原型衣片中的省量，甚至加大松量，适合无省的宽松款式，服装造型为平面。单省的省量一般控制在3cm之内为宜，这样省的造型会比较好，省量过大会致使省尖点呈尖端凸起。

②省道数量设计：省道数量是与省量相应的，如是无省，则省道数量为零；如是部分省，省道数量较少；如是全省，省道数量则可以相对较多。使用全省的情况下，省道数量设计比较多样，一般来说至少要设计 4 个，前片两个对称省，后片两个对称省。省道数量在保证了合体度的基础上，数量多少以将平面的纸制作球体的例子做判断（图 2-6）。要做出球体的浑圆造型，则需要多个弧形相对，通过试验橄榄形是制作浑圆造型的最好形态，橄榄形的数量

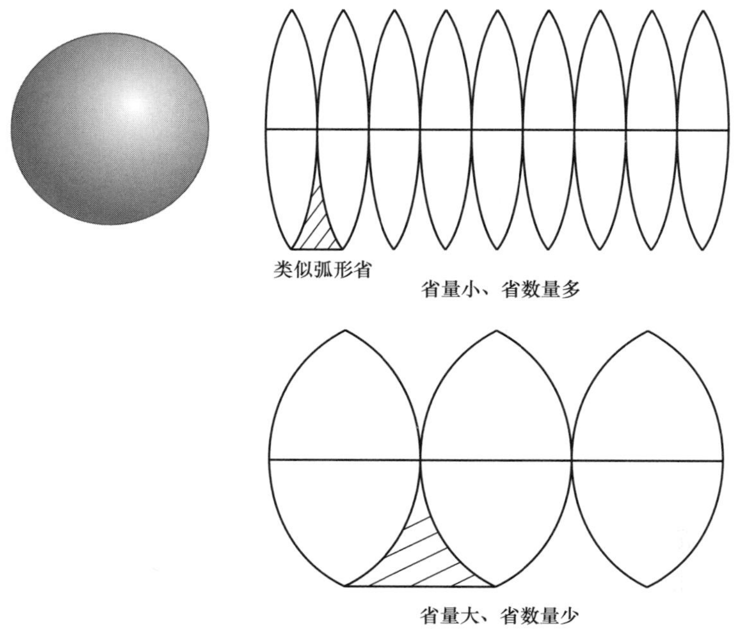

图 2-6 球体平面处理

和大小则决定了做出型体的弧度如何。少数几个宽的橄榄形制作出的是菱角较多的形体，多个窄的橄榄形制作出的形体则更接近球体，而橄榄形之间的接合处就类似于弧形省，当多个小省量接合时，塑造出的型体就越圆顺。由此可以推断出，若将全省量分解成多个省，服装造型就会更符合人体特征，适合造型性较强的合体款型。

③省道位置设计：省道的位置原则上是可以任意选取的，但要设计合体的服装时，省道位置应该围绕凸起部位而设，如前衣片的省道位置设计成指向 BP 点是最为科学的，制作出的服装也最为合体。在满足功能性的前提下，则凭设计者的喜好将省道设计在美观的位置上。

二、省的类型

服装上应用的省道有多种类型，各种不同形态的省道会带来不同的外观立体形态，不同的省道用于服装不同的部位。

1. 按省道的形态分类

（1）钉子省。钉子省上部比较平行，下部呈尖形，类似钉子形状，如图 2-7 所示。这类省道常用于肩部和胸部等复杂形态的曲面，如肩省、领口省等。

（2）锥形省。锥形省的形态是长三角形，类似锥子形态，如图 2-8 所示。是比较常用的省道形态，用于圆台型曲面，如腰省、肘省等。

（3）菱形省。菱形省是两个锥形省对接后的形态，中间宽，两头尖，如图 2-9 所示。这类省常用于无腰节分割的腰部，如连衣裙和上装的腰省。

（4）弧形省。弧形省的整体形态类似于锥形省或菱形省，只不过省道边呈有弧度的曲线，如图 2-10 所示。这类省可以塑造更为合体、更为符合人体曲线的造型，其中内弧曲线可塑造凸起的造型，外弧曲线则塑造内收的造型，常用于贴体服装，如内衣、贴体礼服等。

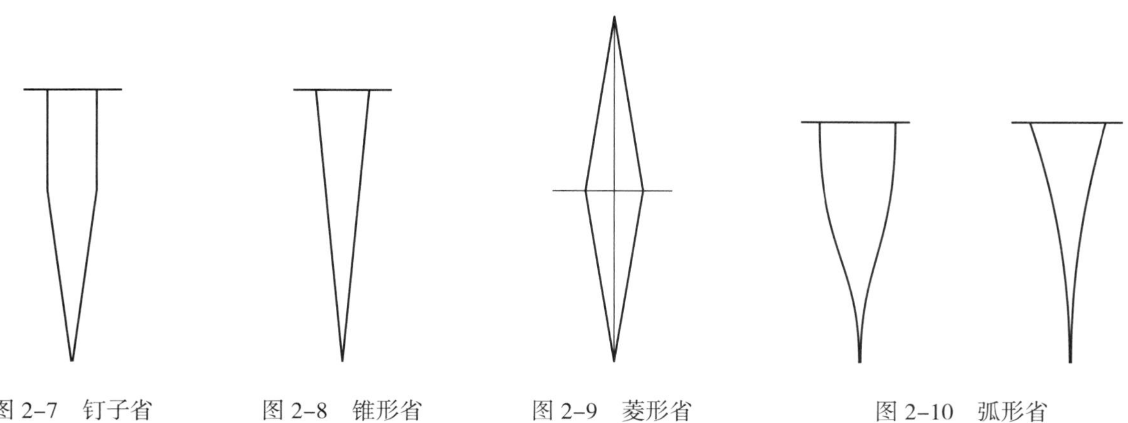

图 2-7　钉子省　　图 2-8　锥形省　　图 2-9　菱形省　　图 2-10　弧形省

2. 按省道的位置分类（图 2-11）

（1）腰省。腰省的底端在腰节部位，如果是成品上装或连衣裙，腰省形态一般为菱形省或弧形省，是最为常见的省，也常与其他省结合形成分割线。

（2）肩省。肩省的底端在肩线部位，前衣片肩省省尖指向胸凸，后衣片省尖指向肩胛凸

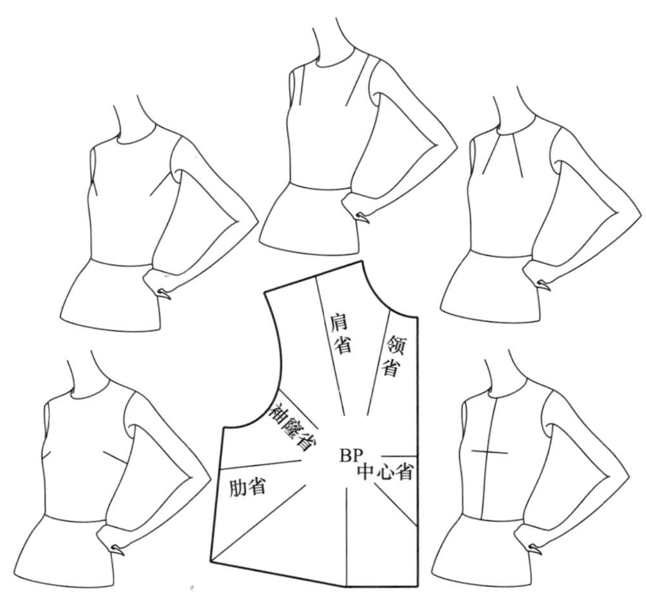

图 2-11　常见省道位置图

或背凸。常常与腰省结合成为经典的公主式分割线。

（3）领省。领省的底端在领口部位，单个领省的省尖点通常指向胸凸点，多个领省则多为发散式排列，也可与其他省结合形成分割线。

（4）袖窿省。袖窿省底端在袖窿部位，前衣片袖窿省是为塑造胸部立体造型，后片为背凸服务。袖窿省常常与腰省结合成为经典的刀背式分割线。

（5）肋省。肋省也被称为腋下省、侧缝省，省的底端在侧缝线上，一般只设计在前衣片上，与袖窿省一样，是塑造胸部立体造型的常用省位，也可与其他省结合形成分割线。

（6）中心省。中心省也被称为门襟省，省的底端在前中线上，中心省的设计通常与前中线的分割或连裁结合在一起，形成不同款式。

三、省道转移的方法

原型衣片的省道位置是在腰部和肩部，即前、后腰省和肩胛省，要实现其他部位省的设计，并能运用原型的省量，则需要将原型的省转移到设计位置，这就是省的转移。实际上，省的转移就是省量的转移，将原型的省量转移到一个或多个部位的省位中，使得每一个省都能起到造型作用。

省道转移有两种方法，即切展法与旋转法，了解它们各自的特点，在不同情况下使用适当的方法，会使制图更快捷。由于原型前片省量的特殊性，在这一章节多以原型前片为例。

1. 切展法

切展法是一个比较直观、易懂的方法，也是制板的常用方法。复制原型衣片，再在复制原型上进行剪切、合并、展开等操作。这种方法不仅可以用于省道转移，也可以用于褶裥的放量、合并裁片等，操作完成后可以得到最终裁片。

下面就以肩省为例，将原型前衣片中的腰省转移至肩省，具体步骤如下（图 2-12）。

（1）在纸上复制原型前衣片作为基本样板，并按轮廓剪下。

（2）在复制型上确定肩省的位置，在此设定为肩线中点，并将省位点与 BP 点相连。

（3）从肩省省位点开始，用剪刀沿着连线剪切至 BP 点，合并原型衣片的省量，即将腰省对折，使两个省道边重合。这样一来，肩省自然张开，腰省的省量就全部转移至肩省。

（4）复制现有基本型，在肩省的中线上重新确定省尖点位置。通常来说，越是合体服装省尖点位置越靠近凸点，可以落在凸点之上或距之 2 ~ 3cm 处。反之越远，一般可以取 5 ~ 6cm。但对于前片围绕胸部的省道，省尖点不会超过以 BP 点为轴心 6 ~ 7cm 圆周范围。之后修顺省道边与腰部曲线。

（5）最后，将新省省量捏合，即两个省道边折叠到一起，剪顺肩线并展开折叠的省，肩省边缘呈菱角，最终裁片完成。

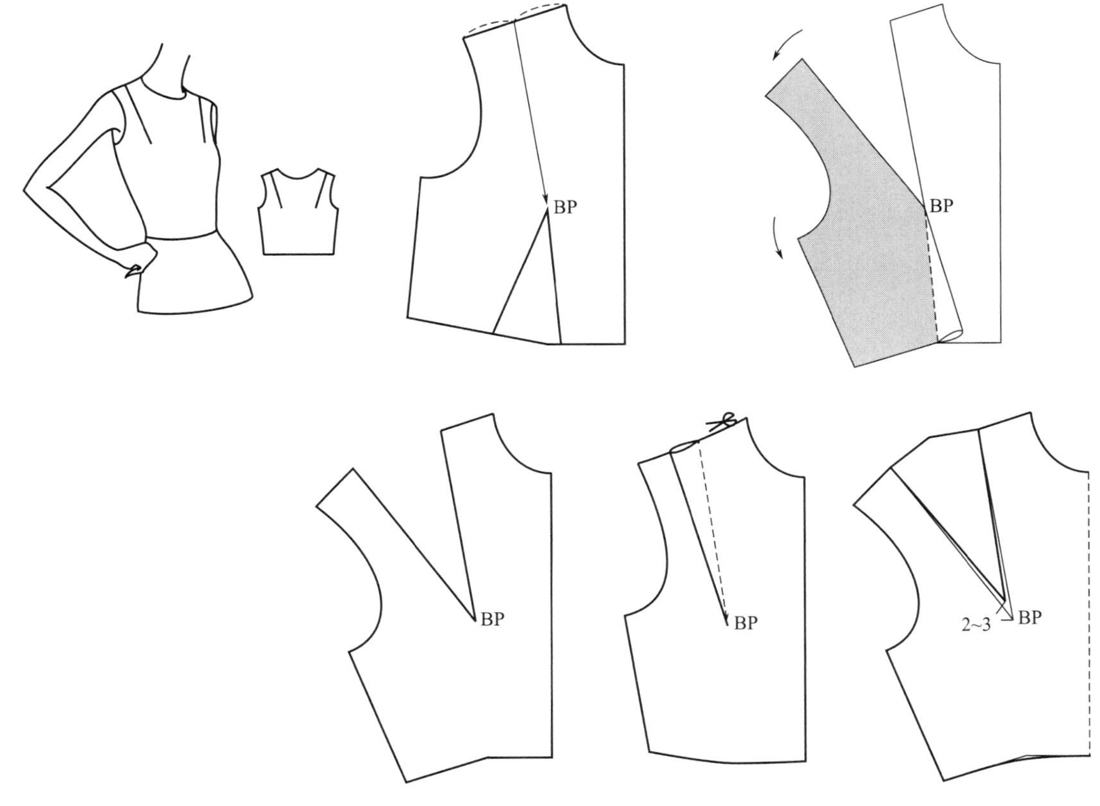

图 2-12 切展法转移肩省

2. 旋转法

旋转法也是要复制原型衣片，但不需要将原型剪切下来，而是继续在纸上通过旋转原型衣片，将原型衣片的省量转移。旋转法只能用于省道转移，就一般款式的省道转移而言，比切展法更为快捷。

下面就以肋省为例，将原型前衣片中的腰省转移至肋省，具体步骤如下（图 2-13）。

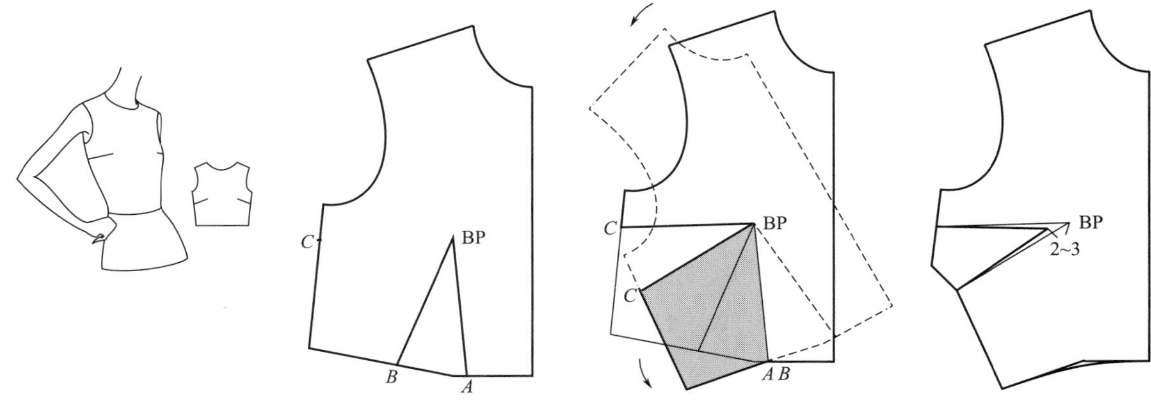

图 2-13　旋转法转移

（1）在纸上复制原型前衣片，在原型与复制型上标出肋省位置 *C* 点。

（2）从原型衣片右边省道边末端 *A* 点开始，用笔描画原型衣片边缘，直至 *C* 点。

（3）按住 BP 点，逆时针旋转原型衣片，直至原型衣片上的左边省道边的 *B* 点与复制型上面的 *A* 点重合，即原型衣片腰省合并。从旋转后的原型衣片肋部 *C* 点开始，描画原型衣片边缘，直至与最初起始点相交。

（4）连接新省省道边，在肋省的中线上重新确定省尖点位置。省尖距凸点取 2 ~ 3cm 或落在凸点之上，修顺省道边与腰部曲线。

四、省的设计与变化

通过切展法和旋转法，可以将原型衣片中的省量转移、分配到一个或多个省位中。将原型衣片中的省量全部分配出去，为全省转移；只分配一部分，为部分省转移。在省量转移过程中，由于省道位置的特殊性使得原型衣片中还存在不能完全合并的省，这种转省方式更适合于一些创意性的省道设计。随着对合体度要求的不同，省道位置的变化，省道转移的方法也会在原有基础上略有改变。

1. 全省量的省道设计

服装结构设计包括对称结构设计和不对称结构设计，当结构对称时，只需绘制出$\frac{1}{2}$的裁片，不对称的结构则需画出整个裁片，省道设计也遵循这一原则。对称省的纸样绘制只需在$\frac{1}{2}$的前片与后片中进行省的转移，省的位置可以设置在肩部、领口、前中线、腰线、侧缝、袖窿的任意一个位置，通过上述的切展法或旋转法进行省量的转移，原型片转移至腰省的省道边完全重合状态，全部的省量被转移至新的省位，这就是全省转移。上文介绍的两种转移方法步骤都是全省转移，现再以袖窿省为例进行全省转移，如图 2-14 所示。

不对称的省道设计往往比对称的设计显得新颖、独特。设计不对称的省道并使得省得到全部省量，则需要将省尖点设在凸点之上。由于款式的独特性，切展法更适合不对称省道转移。以两款不对称结构的前片来说明不对称省道的设计与省量转移。

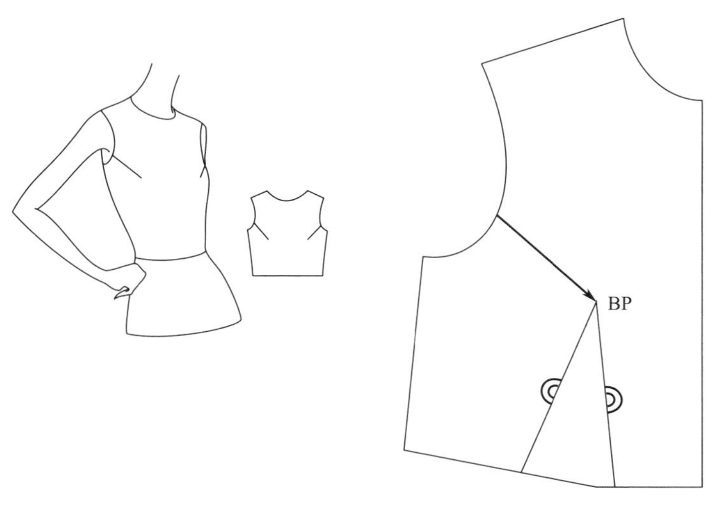

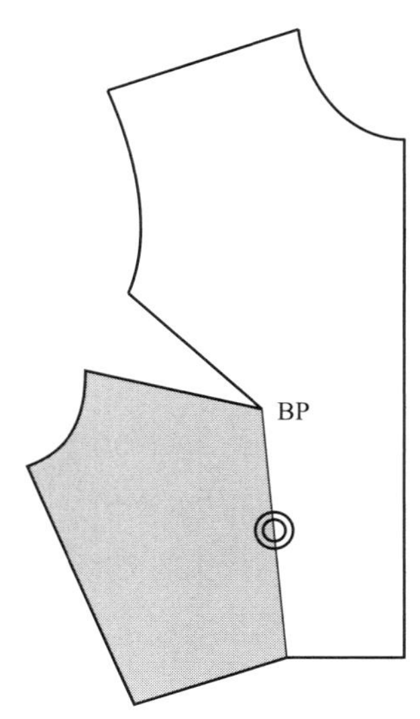

图 2-14　全省量袖窿省设计

（1）A 款不对称全省量省道设计步骤。A 款设计为从左侧缝处的省道指向右边 BP 点，右侧袖窿处的省道指向左边的 BP 点。具体步骤如下（图 2-15）。

①复制整个原型前衣片，为了方便转省，将左右两个腰省全省转移至左右袖窿处，并按照款式图在左侧缝和右袖窿处标出新省位，并连线至 BP 点。

②沿着连线剪切至 BP 点，合并原型省量，新省自然张开。

③重新确定省尖点，设置在距离 BP 点 2 ~ 3cm 处，修顺省道边与腰部曲线。

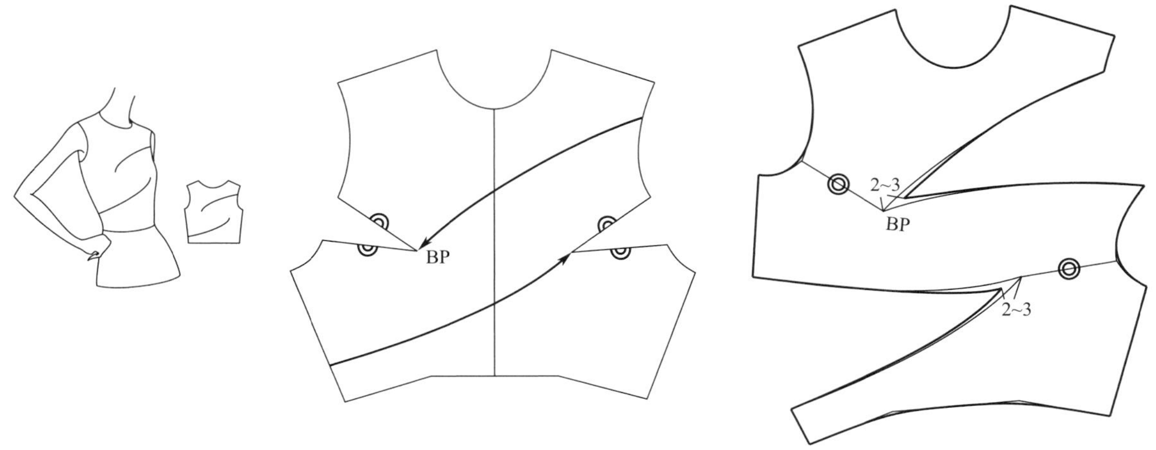

图 2-15　A 款不对称全省量省道设计

（2）B 款不对称全省量省道设计步骤。B 款设计为从左侧缝处的省道指向右边 BP 点，从省道与前中线的交点处，另一省道指向左边的 BP 点。具体步骤如下（图 2-16）。

①复制整个原型前衣片，按照款式图在复制原型前衣片标出左侧缝指向右边胸点的长省与长省之上的短省。

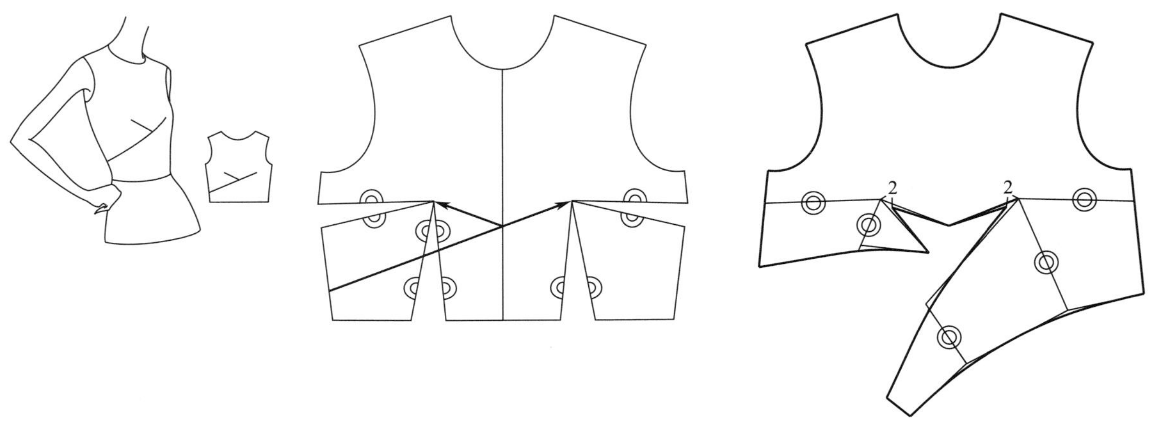

图 2-16　B 款不对称全省量省道设计

②沿着省道连线剪切至 BP 点，合并原型省量，新省自然张开。

③重新在新省的中线确定省尖点，省尖点设置在距离 BP 点 2 ~ 3cm 处，修顺省道边与腰部曲线。

2. 部分省量的省道设计

部分省量指的是原型衣片中全省量的一部分，原则上只要不超过全省量的省都被称为部分省，但在进行省道转移时，为了区分原型前衣片腰省中的胸腰差的省量与由于乳凸所产生的省量（后简称“乳凸量”），也便于以后成品纸样的绘制，所以在进行部分省转移时以分开胸腰差与乳凸量为标准。分开这两个省量之后，腰线得以水平，并且保留转移出去的乳凸量的省道，腰间所剩余的胸腰差的省量则留在腰部作松量。

（1）部分省量肋省设计步骤。以部分省量的肋省为例，以旋转法进行部分省量的转移，具体步骤如下（图 2-17）。

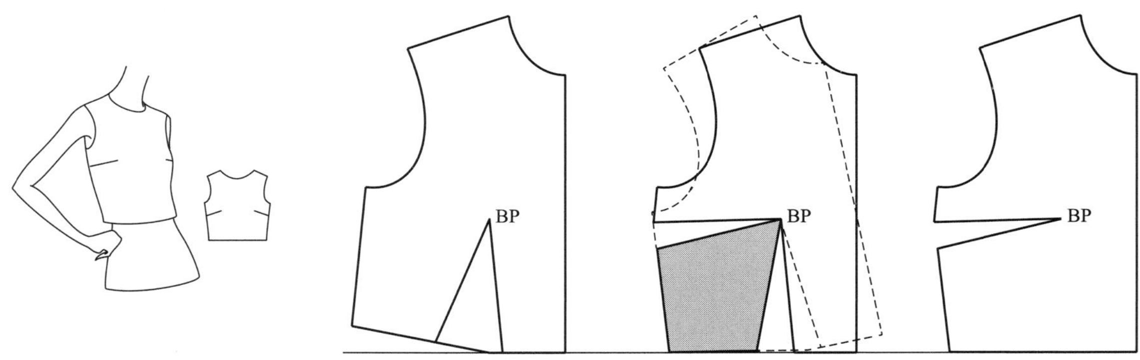

图 2-17　部分省量肋省设计

①在纸上复制原型前衣片，将衣片最底部的水平线延长。

②在原型与复制型上标出肋省位置，从原型衣片右边省道边末端开始，用笔描画原型衣片边缘至肋省标记点。

③按住省尖点逆时针旋转原型衣片，至原型衣片侧缝底端接触底部水平线，从原型片上

的肋省位置绘制剩余的侧缝与水平的腰线。如果将此时原型片左边省道边的位置标记出来就可以明确地看出胸腰差与乳凸量的省量。转移出去的肋省就是乳凸量的省量，留在水平腰线位置的省就是胸腰差的省量，胸腰差的省道与原型后片的性质一样，可以水平移动，而乳凸量的省则要围绕 BP 点而设。当然作为部分省设计，只需要将肋省画出，剩余的腰省不画。

（2）部分省中心省设计步骤。中心省是较之其他部位的省的变化更多，它可以根据前中线是否连裁而变化出不同款式，以中心省为例，进行部分省转移。具体步骤如下（图 2–18）。

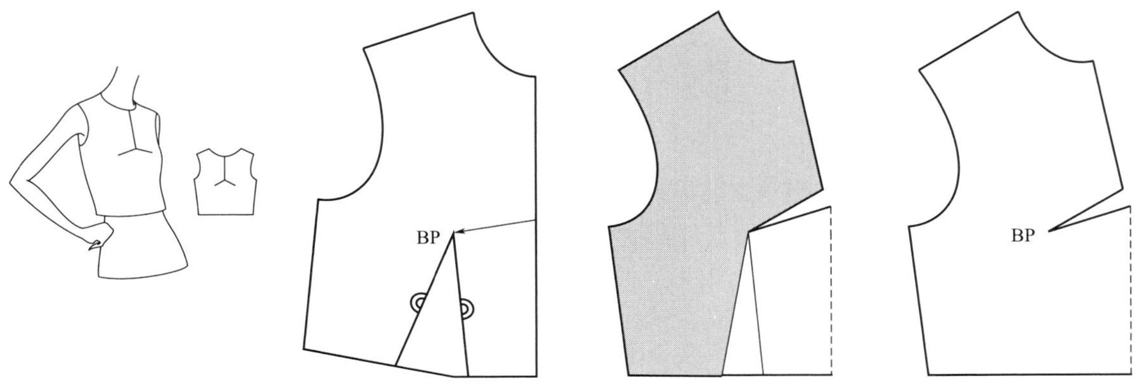

图 2–18 部分省中心省设计

①在纸上复制原型前衣片，将衣片最底部的水平线延长。

②在原型与复制原型前衣片上标出中心省位置，从原型衣片右边省道边末端开始，用笔描画原型衣片边缘至中心省标记点。由于前中线省位点上端是断开的分割线，下端是无分割线，对于$\frac{1}{2}$裁片来说，无分割线处绘制虚线表示连裁。

③按住省尖点逆时针旋转原型衣片，至原型衣片侧缝底端接触底部水平线，从原型片上的肋省位置绘制剩余的侧缝与水平的腰线。

3. **双省或多省道设计**

双省和多省道的设计意味着$\frac{1}{2}$裁片上不止有一个省，原型前片的全省量需要进行合理分配。双省结构时，是以胸腰差和乳凸量两部分省量分开为依据。多省结构则以每个省的省量平均较好。

（1）双省转移应用设计。

①以腰省和领省并存的结构为例。用旋转法进行双省转移，具体步骤如下（图 2–19）。

a. 复制原型前片，将衣片最底部的水平线延长。在原型衣片上标出领省位置，由于腰省位置与原型片腰省一致，则不需要另行标注。

b. 从右边省道边末端开始，用笔描画原型衣片边缘至领省标记点，按住省尖点旋转原型衣片，至侧缝底端接触底部水平线，从原型衣片上的领省位置绘制剩余的侧缝与水平的腰线。

c. 将原型衣片左边省道边的位置标记出来，与右边省道边末端点（描画起始点）一起构成腰省。

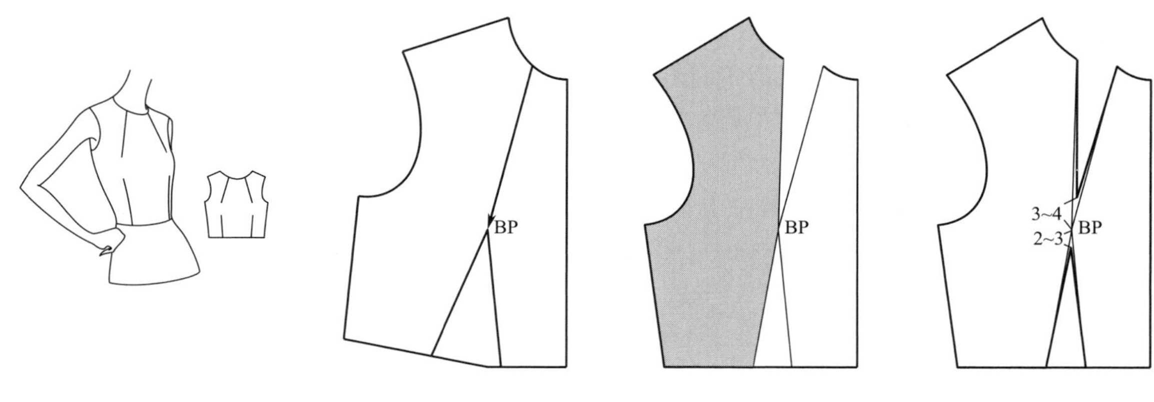

图 2-19　双省设计（领省与腰省）

d. 连接新省省道边。当双省或多省并存时，省尖点的位置一定不能都落在 BP 点上，需要重新在新省的中线上设计省尖点，在这里，领省省尖点距 BP 点 3 ~ 4cm，腰省省尖点距 BP 点 2 ~ 3cm。

②以肩省和肋省并存的结构为例。用旋转法进行双省转移，具体步骤如下（图 2-20）。

a. 复制原型前片，将衣片最底部的水平线延长。在原型衣片上标出肩省与肋省的位置。

b. 从右边省道边末端开始，用笔描画原型衣片边缘至肩省标记点，按住省尖点旋转原

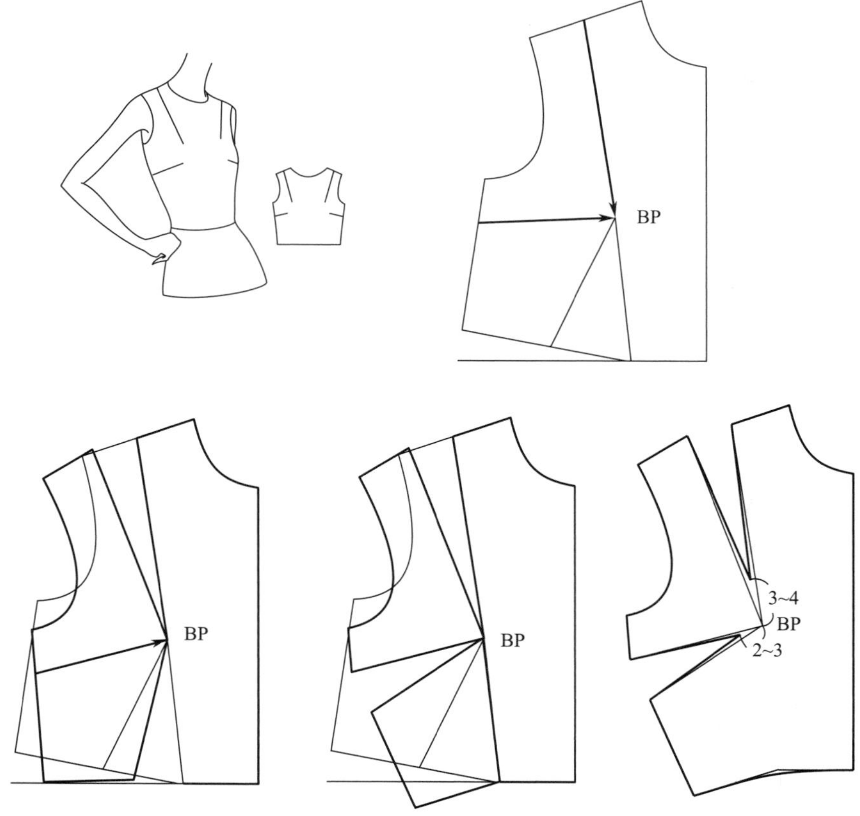

图 2-20　双省设计（肩省与肋省）

型片，至侧缝底端接触底部水平线，从原型衣片上的肩省位置描画原型片至原型片的肋省标记点。

c．继续按住省尖点旋转原型片，至原型省道全部闭合，从原型片上的肋省位置描画原型片边缘至起始点。

d．连接新省省道边，重新在新省的中线上设计省尖点，肩省省尖点距 BP 点 3 ~ 4cm，肋省省尖点距 BP 点 2 ~ 3cm，最后连接省道边，修顺腰部曲线。

（2）多省转移应用设计。以肩部三个省道的结构为例，用旋转法进行多省转移，具体步骤如下（图 2-21）。

①复制原型前片，将原型衣片的肩线四等分，将三个等分点作为三个肩省位置。

②从右边省道边末端开始，用笔描画原型衣片边缘至第一个肩省标记点，按住省尖点旋转原型片，至原型省量的$\frac{1}{3}$处，描画第一个省位点到第二个省位点间的原型边缘。

③继续按住省尖点旋转原型衣片，至原型省量的$\frac{2}{3}$处，描画第二个省位点到第三个省位点间的原型边缘。

④继续按住省尖点旋转原型衣片，至原型省道全部闭合，从第三个省位描画原型片边缘

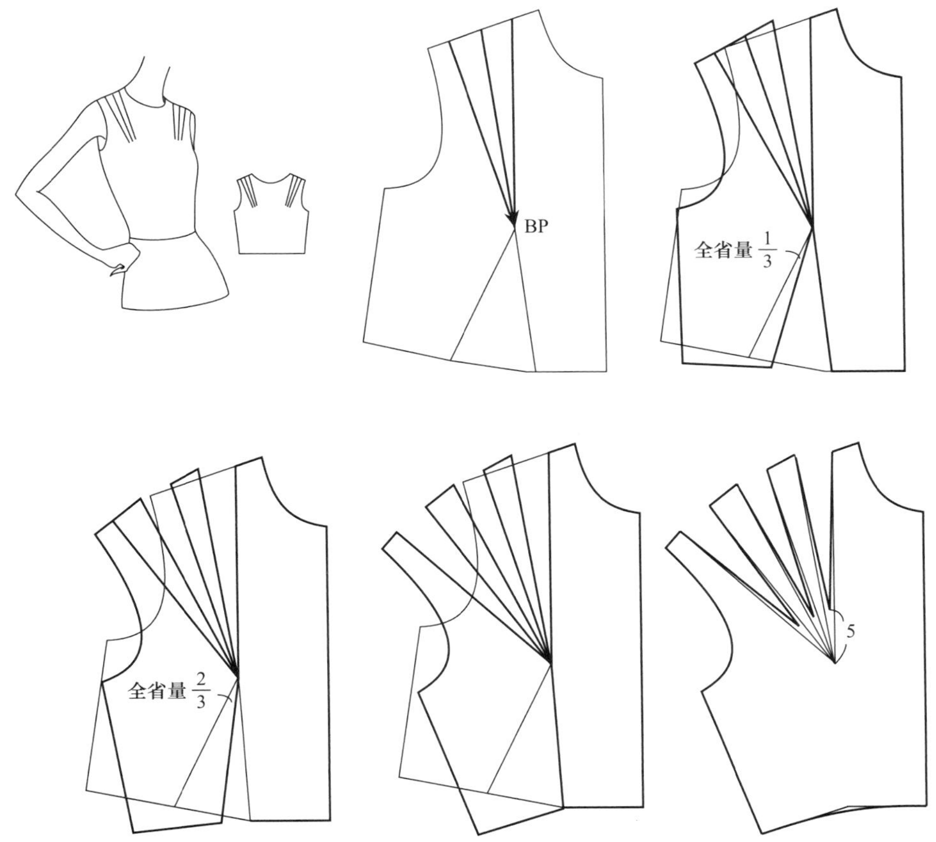

图 2-21　多肩省设计

至起始点。

⑤连接新省省道边，重新在新省的中线上设计省尖点，肩省省尖点距 BP 点 5cm，最后连接省道边，修顺腰部曲线。

4. 创意型省道设计

省道设计中让省尖点指向原型省点的结构为多，要使得款式独特、新颖，则需要打破这一常规，因此，创意型省道设计往往是发散式、多省道、曲线形的设计。发散式的省道方向意味着多个省道不是指向同一凸点，而不指向原型省尖点的省道以普通的省量转移是分配不到省量的，因此，需要通过其他方式来解决。这类省道转移有两种方法：第一种方法是在设置省道方向时，要有一个省道指向原型省尖点，将原型省转移至多个省道省尖点附近，辅助那些不指向原型省尖点的省分配到省量，但这种方法会有部分省量不能完全合并；第二种方法是通过将省道线以折线方式连向原型省尖点，能够使不指向原型省尖点的省分配到省量，但转移的省量会有部分不能作为省量。

以领口发散式锁领省结构设计为例，进行省量分配与转移。

（1）方法一具体步骤如下（图 2-22）。

①将原型前片进行部分省的转移，把乳凸量的省转移至实例领省省尖点附近的袖窿处。

②从领口确定两个省位，并向省道的发射方向连线，其中靠近前中线的领省与 BP 点相连，另一领省的省尖点落在袖窿省道边上。

③将袖窿省与领省线剪开，合并部分袖窿省，使靠近前中线的领省张开。以袖窿省道边与另一省尖点交点为轴心，将剩下袖窿省量合并。但只是省道边末端的两个端点相重合，而第二个领省省尖点处会有一部分不能重合的部分，呈细长的三角形，这部分量就放在衣身作为松量。这时第二个领省张开。作为在同一个部位的省道，省量上要尽量分配均匀，因此可能需要多次尝试转省的角度，最后达到省量的均匀。

④连接新省省道边，重新在新省的中线上设计省尖点，最后连接省道边。

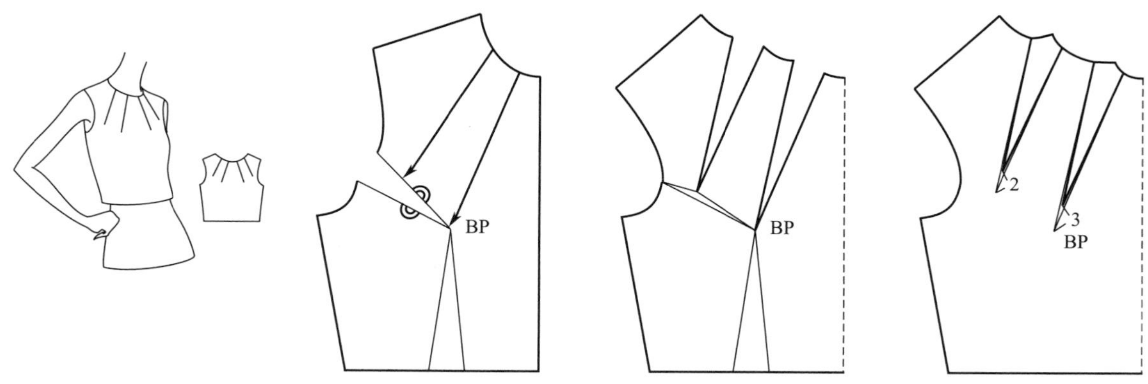

图 2-22 创意领省设计方法一

（2）方法二具体步骤如下（图 2-23）。

①将原型前片进行部分省的转移，把乳凸量的省转移至肋省。

②从领口确定两个省位，并向省道的发射方向连线，其中靠近前中线的领省与 BP 点相

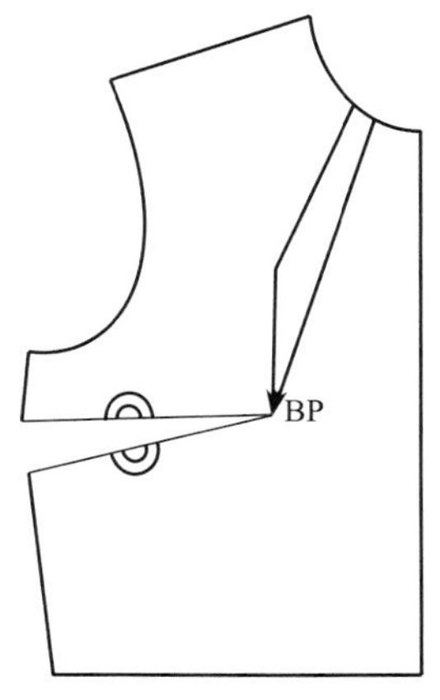

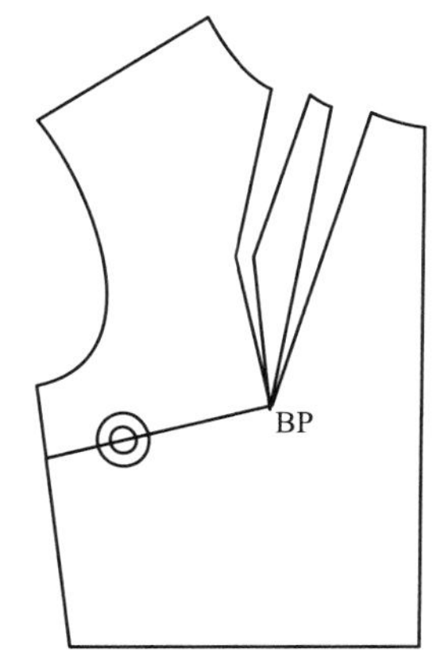

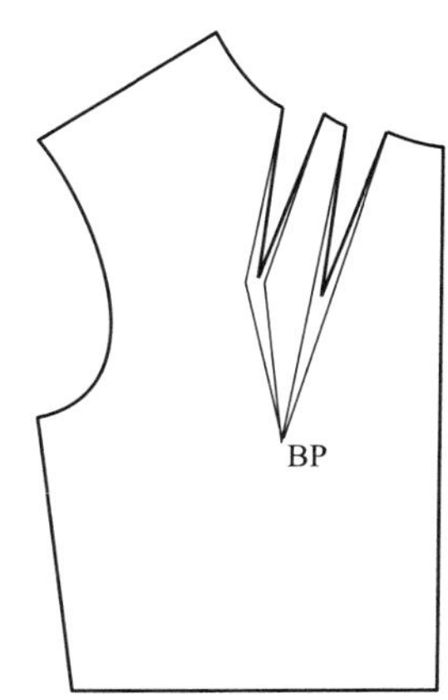

图 2-23　创意领省设计方法二

连，另一领省从省尖点上再引一线与 BP 点相连，即这一省道切展线为折线。

③将两个领省线剪开，合并全部肋省，这时两个领省都能张开，并将两个省量分配均匀。

④连接新省省道边，重新在新省的中线上设计省尖点。以折线方式进行省道转移的省尖点以原定的省尖点为准，从而折线部分会有小部分余量不能作为省量，这部分量就放在衣身作为松量。

（3）以肩线曲线形锁省道结构设计为例，进行省量分配与转移。具体步骤如下（图 2-24）。

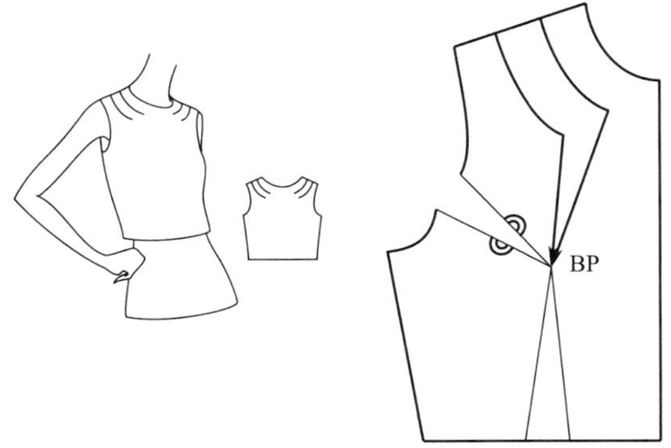

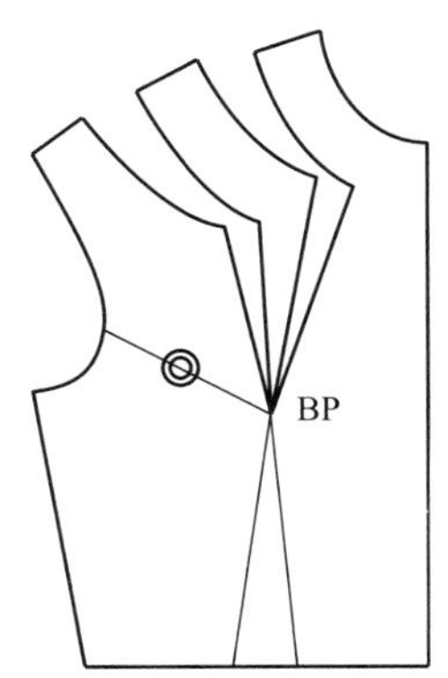

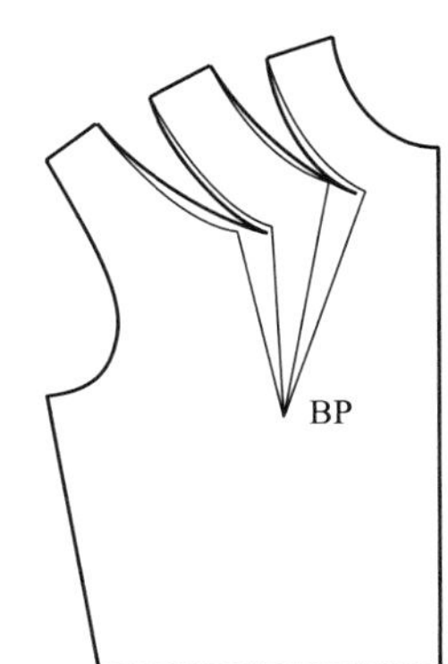

图 2-24　创意肩省设计

①将原型前片进行部分省的转移，把乳凸量的省转移至袖窿省。

②在肩线上确定两个省位，并向省道的发射方向画出曲线省道，从省尖点再引直线与 BP 点相连。

③将两个肩省折线剪开，合并全部袖窿省，这时两个领省都能张开，并将两个省量分配均匀。

④连接新省省道边，按照原有设定重新绘制省道边，不能成为省量的部分作为衣片松量。

第三节　衣身分割线设计

分割线在服装结构设计中是常用的手段，能够使服装呈现线形结构特征，也能使服装呈现良好的合体度。分割线与省密不可分，合体的分割线需要含有省量。

一、分割线的特征

1. 分割线的类型

分割线是将一片裁片分割成若干片裁片的形式，将多片裁片拼接缝合之后会形成线的形式，这种线的形式也称为接缝。分割线有两种类型，一种是简单的将裁片剪开再缝合，目的是为了形成具有装饰效果的接缝，被称为装饰分割线；另一种是参与服装立体造型的类型，含有省量，通过合理分配省量来把握服装的合体度，被称为结构分割线。本章节内容以结构分割线变化为主。

装饰分割线是随着装饰性效果而设定在相应的位置，没有任何限制。结构分割线由于要含有省量，而省是为凸起部位服务的，因此，其位置应该设定在凸起部位附近，而通过凸点即省尖点的分割线的服装结构是最为合体的，能包含全省量，并将全省量融合入分割线中。

此外，分割线的形状是可以任意设计的，可以是几何线形的直线、折线，也可以是弧线、自由曲线，这些是根据所要表达的理念而设计的，属于平面变化。

2. 分割线与省

结构分割线与省有着密不可分的联系，最为合理的结构分割线设置要经过凸点，包含的省量不大于全省量即可，原型衣片中的省可以通过省的转移方法将省量转移至相应位置的分割线中。

原型后衣片中，后腰省（背省）是可以水平移动的，可以将全省量放入任意背部的竖向分割线中［图 2-25（a）］，横向分割线要注意高低位置设置在背凸附近，斜向分割线则是可以通过背凸和胸凸的位置［图 2-25（b）］。肩胛省的省尖点是在小范围内可以变动，只要可允许范围内是可以放入分割线中的。如果分割线距离肩胛凸太远，则可以将肩省量从后肩线中去掉，或是从前肩线加出，又或是后肩线去掉一半，前肩线加出一半，最后重新绘制后袖窿曲线。这种做法可以使得前、后片肩线长度一致，满足缝合工艺，但肩胛处的曲线则显现不出来了［图 2-25（c）］。

原型前衣片中，前腰省包括胸腰（BW）差和乳凸量两部分，若是单根分割线设计则需要通过 BP 点或在 BP 点附近，若多根分割线则最少其中一根设置通过 BP 点或在 BP 点附近，其余则如背部分割线相同设置［图 2-25（d）］。

分割线的设计以通过凸起部位为最科学、最合体，如前片通过 BP 点，或者分解为两部分，分割线分别通过这两者的省点，后片则使分割线经过背凸或肩胛凸。多条分割线设计可以保持形态上一致，或各有不同，相互穿插，形成新颖的外观。

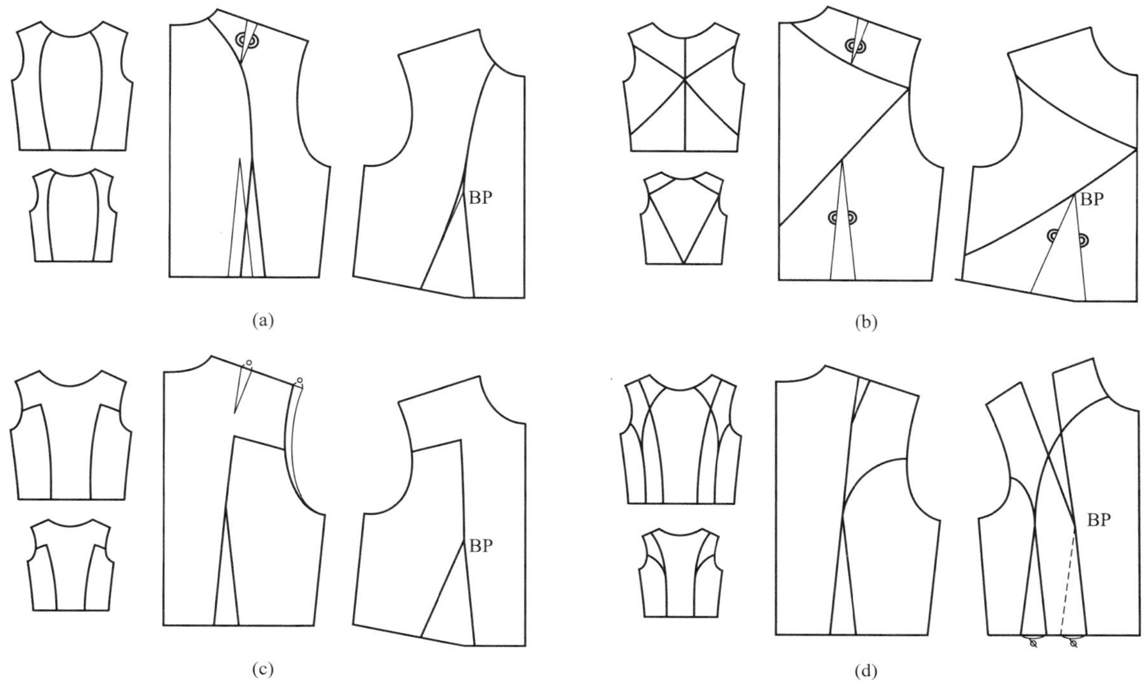

图 2–25　分割线结构变化

二、分割线的设计与应用

1. 公主线结构

公主线结构是经典的竖向分割结构之一，分割线起点为肩部，前片经由 BP 点至腰线，后片经由肩省点、后腰省点至腰线。分割线经过所有原型中的省尖点，包含全省量，适合合体服装结构。以下为公主线结构的绘制步骤（图 2–26）。

（1）复制前、后原型衣片。使前、后衣片腰线在同一水平线上，前原型衣片腰省分解，使腰线成水平状态。

（2）分割线位置。前衣片上在肩部找一点作为分割线起始点，如肩部中点，将肩部中点与 BP 点相连，与前腰省两个省道边形成分割线。后衣片上取肩部中点，并将肩胛省移动到肩部中部，将肩省尖点与后腰省尖点相连，连线与肩省两个省道边、后腰省两个省道边形成分割线。

（3）前片制成线。连接左半边裁片肩线、袖窿曲线、侧缝线、左边腰围线、左边分割线，形成裁片，绘制制成线。连接右半边裁片肩线、领口线、前中线、右边腰围线、右边分割线，形成裁片，绘制制成线。在分割线中所有的折角都要修正成为圆顺的弧形，尤其是左边的分割线需要 1cm 左右的修正量。如果第一部是将前原型衣片进行部分省转移，那转移的部分省的位置可以定在肩部中部，之后分别绘制两个裁片制成线。

（4）后片制成线。连接右半边裁片肩线、袖窿曲线、侧缝线、右边腰围线、右边分割线形成裁片，绘制制成线。连接左半边裁片肩线、领口线、后中线、左边腰围线、左边分割线

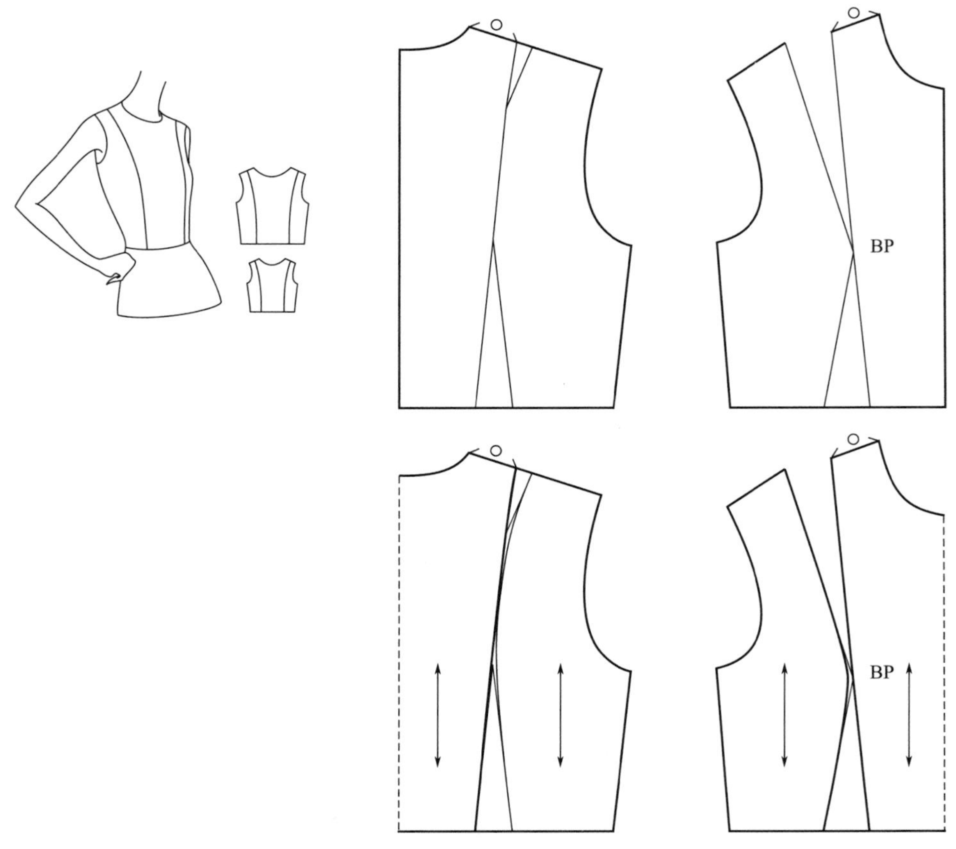

图 2-26　公主线结构

形成裁片，绘制制成线。将所有折角修身成圆顺弧线，后中线为虚线表示连裁。

（5）布丝方向。衣片布丝方向为平行于前、后中线，垂直于腰线。每一片裁片都需要标注布丝方向，一共四片裁片、四处布丝方向。

2. **刀背缝结构**

刀背缝结构也是经典的竖向分割结构，分割线起点在袖窿处，前片经由 BP 点至腰线，后片经由背凸至腰线。此结构中袖窿至 BP 点的分割线呈曲线状态，形如刀背，因此得名。刀背缝结构不能通过肩胛凸，因此，可以在款式中保留肩省，或将肩省省量从肩线末端去除。除此之外，前、后片腰省的全省量都可以运用，适合合体服装结构。以下为刀背缝结构的绘制步骤（图 2-27）。

（1）复制前、后原型衣片。使前、后衣片腰线在同一水平线上。

（2）分割线位置。前衣片在袖窿曲线上取一点，如距离肩点曲线长度 9cm 处为起始点，与 BP 点连成曲线，并与腰省右省道边连顺。后衣片在袖窿曲线上取一点，如距离肩点曲线长度 7cm 处为起始点，与腰省尖点连成曲线，并与腰省左省道边连顺。

（3）前片制成线。连接起始点之下的袖窿曲线、侧缝线、左边腰围线、左边分割线形成裁片，绘制制成线。连接起始点之上的袖窿曲线、肩线、领口线、前中线、右边腰围线、右边分割线形成裁片，绘制制成线。在分割线中所有的折角都要修正成为圆顺的弧形，左边的

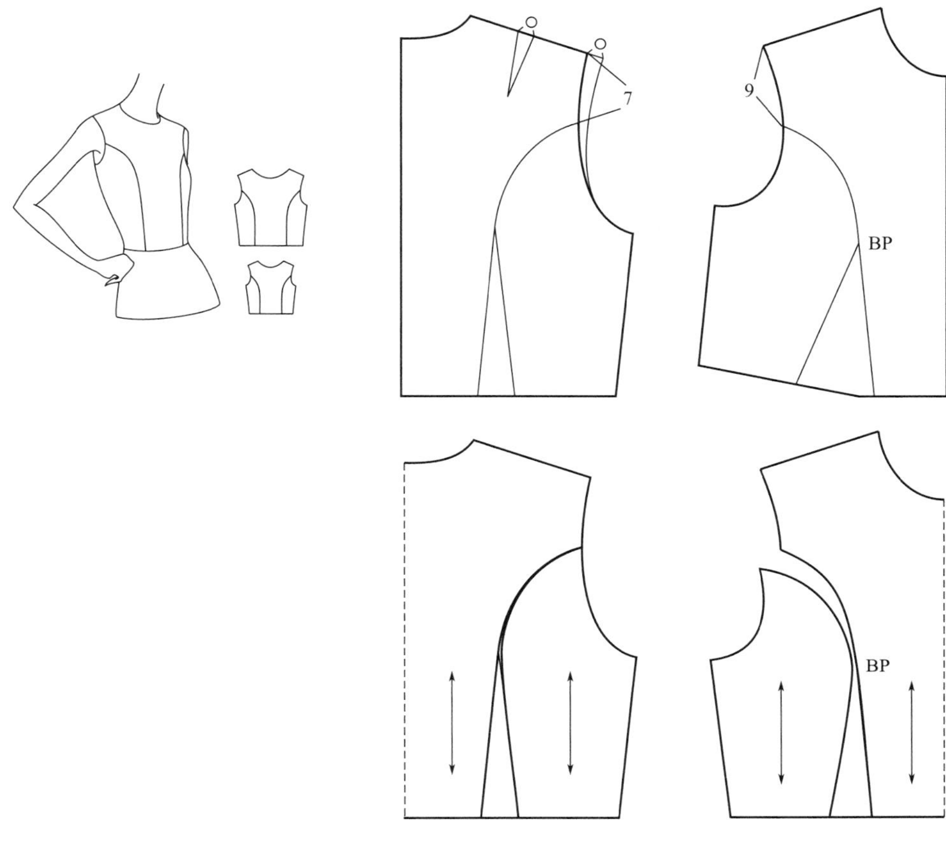

图 2-27　刀背缝结构

分割线需要 1cm 左右的修正。

（4）后片制成线。连接起始点之下的袖窿曲线、侧缝线、右边腰围线、右边分割线，形成裁片，绘制制成线。连接起始点之上的袖窿曲线、肩线、领口线、后中线、左边腰围线、边分割线，形成裁片，绘制制成线。将所有折角修身成圆顺弧线，后中线为虚线表示连裁。肩省依款式保留。

（5）布丝方向。衣片布丝方向为平行于前、后中线，垂直于腰线。每一片裁片都需要标布丝方向，一共四片裁片、四处布丝方向。

3. **双分割线结构**

双分割线结构是$\frac{1}{2}$前、后衣片各有两根竖向分割线，是公主线和刀背缝的结合，其中，公主线通过前片 BP 点至腰线，公主线通过后片肩胛凸、背凸至腰线。刀背缝是靠近侧缝的分割线，其位置的设定要考虑分割后裁片的比例。以下为双分割线结构的绘制步骤（图 2-28）。

（1）复制前、后原型衣片。量取肩线的中点为公主线起始点，将前原型衣片腰省中的乳凸量的省量转移至肩部，使腰线成水平状态。

（2）分割线位置。前衣片在靠近侧缝处设置刀背缝位置，公主线保留腰省中的 2cm 省量，

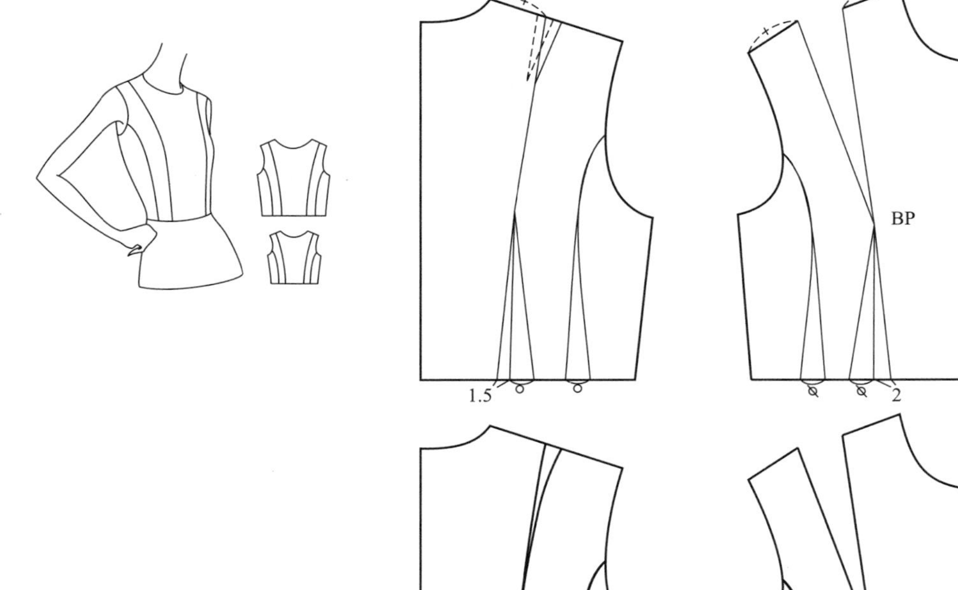

图 2-28　双分割线结构

剩余平移至刀背缝中。后衣片上，公主线起始点取肩线中点后，需要将肩胛省偏移原来的位置重新设置，并在腰省中保留 1.5cm 省量，剩余平移至靠近侧缝的刀背缝中。

（3）制成线。前片为三片裁片，后片为三片裁片，所有折角处需要修顺成顺畅的弧线，每片裁片画一处布丝方向符号。

4. **斜向分割结构**

斜向分割是指分割线是倾斜的，前片的分割线设置通过 BP 点，后片通过后腰省作肩省的省尖点，分别交于前后中线、侧缝。为了美观，可以使前、后片分割线在侧缝处交汇在一点。肩胛处有分割线平行于背部分割线。横向分割结构设计与斜向类似。以下为斜向分割结构的绘制步骤（图 2-29）。

（1）复制前、后原型衣片。

（2）分割线位置。前片分割线以设计的斜度过 BP 点画直线，后片过后腰省尖点画直线，前、后分割线在侧缝处交点在同一水平位置。过肩省尖点画直线与下端斜线平行，分别在前、后腰省、肩省上画整形符号，表示合并原型省。

（3）前片制成线。连接上半部分前中线、领口线、肩线、袖窿曲线、上半部分侧缝线、上边分割线，形成裁片，绘制制成线。连接下边分割线、下半部分前中线、腰围线、下半部

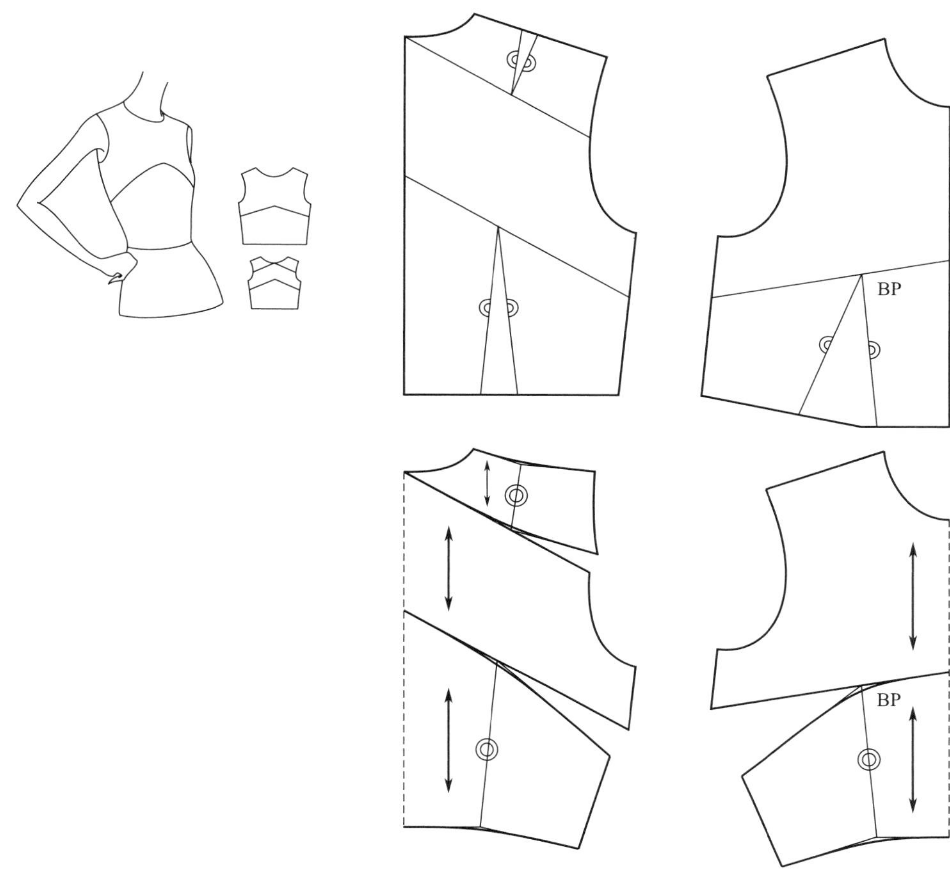

图 2-29　斜向分割结构

分侧缝线。

（4）后片制成线。连接领口线、肩线、上半部分袖窿曲线、第一根上边分割线，形成裁片，绘制制成线。连接上半部分后中线、第一根下边分割线、下半部分袖窿曲线、第二根上边分割线，形成裁片，绘制制成线。连接下半部分后中线、第二根下边分割线、下半部分侧缝线、腰围线，形成裁片，绘制制成线。

（5）省缝的处理。前、后片将分割线剪开，分别合并前、后腰省、肩省，即将省量转移至分割线中，修顺分割线与腰围线。

5. **综合设计**

（1）横竖分割结构。款式 A 的结构是横向分割线下有竖向分割，该款式是经典的牛仔服、夹克衫常用的分割形式，要考虑分割线位置的合理性。其绘制步骤如下（图 2-30）。

①复制前、后原型衣片。使前、后衣片腰线在同一水平线上。

②分割线位置。前片在前中线距离前颈点 12cm 位置处画水平线，作为横向分割线；过 BP 点向上作竖直线与横线相交，与前腰省两个省道边形成竖向分割线。后片使横向分割线过肩省省尖点，在肩省上画整形符号；过后腰省省尖点向上作竖直线与横线相交，与后腰省两个省道边形成竖向分割线。

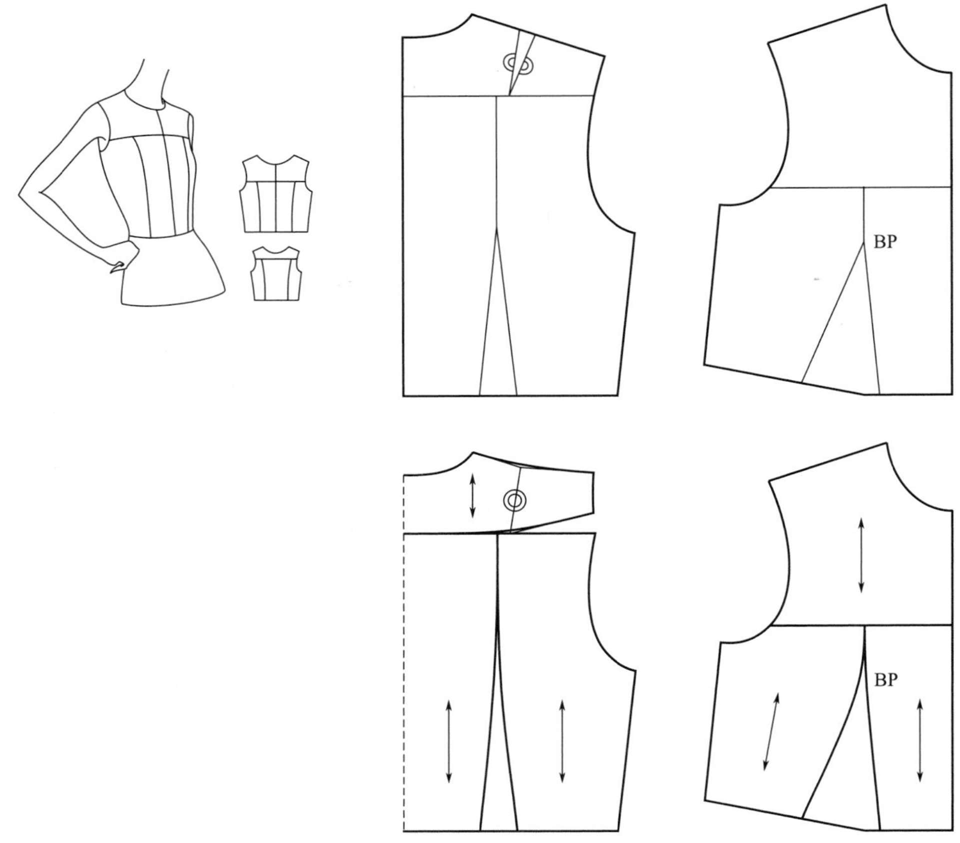

图 2-30 款式 A 横竖分割结构

③前片制成线。连接上半部分前中线、领口线、肩线、上半部分袖窿曲线、横向分割线，形成裁片，绘制制成线。连接下半部分袖窿曲线、侧缝线、左边腰围线、左边竖向分割线、左边横向分割线，形成裁片，绘制制成线。连接右边横向分割线、下半部分前中线、右边腰围线、右边竖向分割线，形成裁片，绘制制成线。所有折角修顺为弧线。

④后片制成线。连接上半部分后中线、领口线、肩线、上半部分袖窿曲线、横向分割线，形成裁片，绘制制成线。连接下半部分袖窿曲线、侧缝线、右边腰围线、右边竖向分割线、右边横向分割线，形成裁片，绘制制成线。连接左边横向分割线、下半部分后中线、左边腰围线、左边竖向分割线，形成裁片，绘制制成线。所有折角修顺为弧线。

⑤省缝的处理。将前、后片沿制成线剪开，后片育克部分将肩省合并，修顺肩线与分割线。

（2）分割线与省的结合。款式 B 的结构是前片刀背缝之上有省，省尖点为 BP 点，后片为刀背缝结构。其绘制步骤如下（图 2-31）。

①复制前、后原型衣片。使前、后衣片腰线在同一水平线上，前原型衣片腰省分解，将乳凸量的省转移至肩线任意一处，胸腰差留在腰围线，使腰线成水平状态。

②分割线与省的位置。前片在靠近侧缝处设置刀背缝，将胸腰差的省量分配至刀背缝，

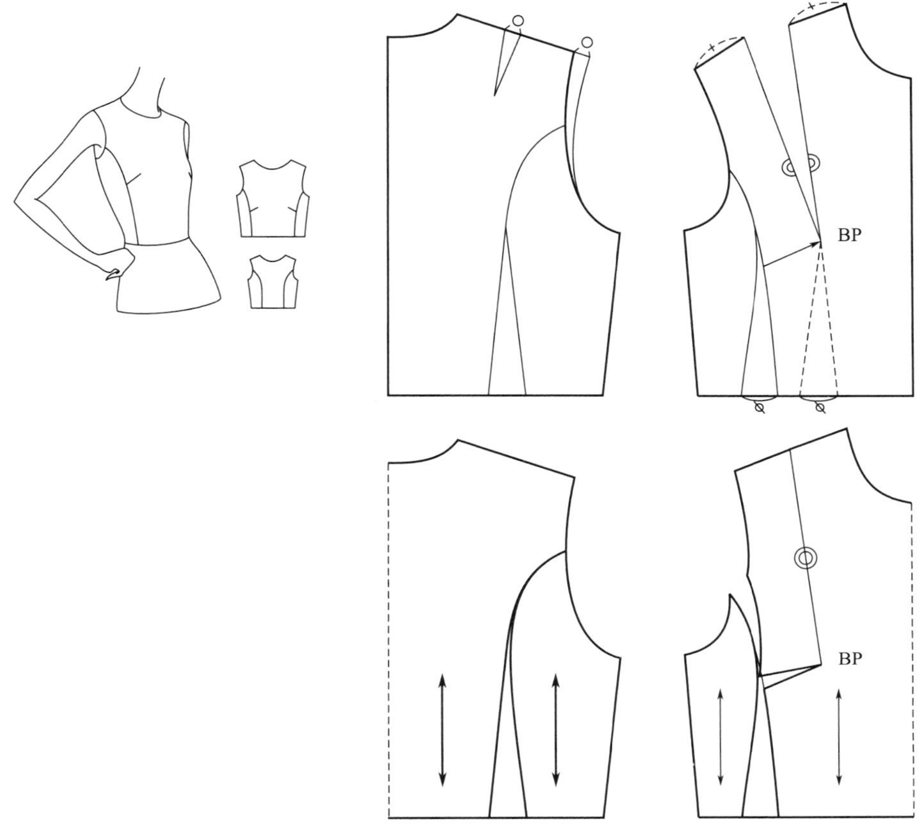

图 2-31　款式 B 分割线与省的结合

在右边分割线上取一点与 BP 点相连成切展线，为省位，在肩省处画整形符号。后片保留肩省，在靠近侧缝处设置刀背缝，将原后腰省省量分配至刀背缝。

③前片制成线。连接下半部分袖窿曲线、侧缝线、左边腰围线、左边刀背缝，形成裁片，绘制制成线。连接上半部分袖窿曲线、肩线、领口线、前中线、右边腰围线、右边刀背缝，形成裁片，绘制制成线。

④后片制成线。连接下半部分袖窿曲线、侧缝线、右边腰围线、右边刀背缝，形成裁片，绘制制成线。连接上半部分袖窿曲线、肩线、领口线、后中线、左边腰围线、左边刀背缝，形成裁片，绘制制成线。肩省绘制为制成线。

⑤省缝的处理。将前、后片沿制成线剪开，前片的大片中，沿切展线剪开，合并肩省，将省量转移至设定的省位，将裁片复制，将省道边折起，剪顺边缘，小省边缘呈现棱角，为最终裁片。

第四节　衣身褶裥设计

褶裥是女装结构中常用的设计手段，褶裥能为服装塑造出一定的合体度，但它表现出来的更多是装饰性效果，体现服装的层次感，使服装显得灵动而富于变化。

一、褶裥的特征

1. 褶裥的类型

褶裥是服装上经折叠缝制而形成的纹路，分为抽褶、规律褶和自然垂褶三大类（图2-32）。抽褶就是将面料抽拢缝制，形成自然密集的褶，也称为碎褶。规律褶是将面料有规律地折叠缝制，外观整齐，要考虑每个褶的折叠量、褶与褶之间的间隔。自然垂褶是在服装领子或下摆处由于余量而自然形成褶，形似波浪。

(a) 抽褶　(b) 规律褶　(c) 自然垂褶

图 2-32　褶裥类型

规律褶又包括单向规律褶、箱型褶、塔克褶。单向规律褶是一端折向另一端，如左边向右边折，上边向下边折；箱型褶是两边向中间折。这两种褶的工艺是只缝制褶的一端或两端，中间的褶熨平，褶量会被撑开可以作为活动量。塔克褶是将褶的一部分长度缝合起来，缝合部分可以使服装合体，未缝合部分依然保留褶的特性。

2. 褶裥与省

褶裥的折叠量也称为褶量，褶量的大小是可以根据设计而自由设定的，但首先要判断是否能够运用原型中的省量作褶量，如果可以则可以先将省量转移至相应位置为褶量，如果达不到设计的褶裥的装饰性效果，则需要通过切展得到剩余褶量。

当褶裥与省、分割线同时存在时，需要考虑原型中的省量分配的合理性，例如，通过前腰省的分割线上的褶、原型腰省上的褶，则不适合将省量转移为褶量。而其他部位的分割线上的褶，则通常将原型省量分配给褶。

二、褶的设计与应用

1. 抽褶

（1）款式 A 是肩线上有褶，由于肩线不长，褶不宜过多。其绘制步骤如下（图 2-33）。

①转省。将前片原型腰省全省转移至肩线中部。

②修顺线迹。将肩线修顺成微微弧起的曲线，腰围线也要修顺成弧线。

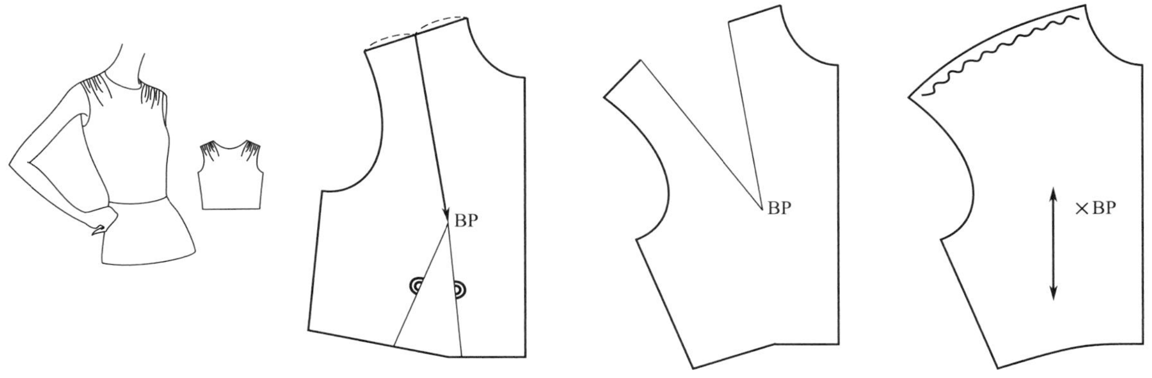

图 2-33　抽褶 A 款抽肩褶

③制成线。以裁片轮廓线为制成线，在肩线处标明抽褶的范围和抽褶符号。

（2）款式 B 是领口上有褶，领口褶一般比较多，体现装饰效果，因此，除了转移原省量为褶量，还需要切展。其绘制步骤如下（图 2-34）。

①设定切展线。将领口线四等分，中间的等分点向 BP 点画切展线，左边等分点向褶皱发散方向如侧缝画切展线，右边向腰围线画切展线。在原型省处画上整形符号。

②转省与切展。将三根切展线按箭头方向切展到根部，将前腰省合并，中间省张开。左右两根切展线分别展开 5cm。

③修顺线迹。将领口张开的褶量修顺成微弧曲线，要与前中线成直角。其他如侧缝、腰围线也要修顺成弧线。

④制成线。以裁片轮廓线为制成线，前中线上抬 1cm，在领口处标明抽褶的范围和抽褶符号。

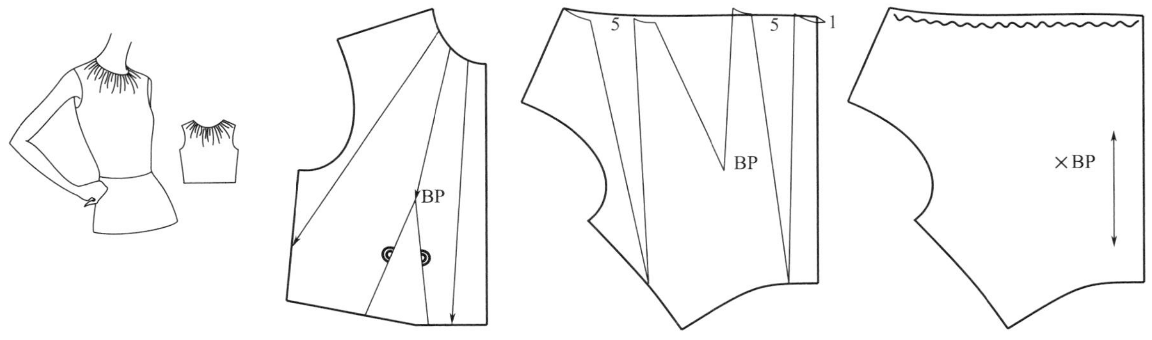

图 2-34　抽褶 B 款领褶

2. **规律褶**

（1）款式 A 是在门襟一侧有四个竖向规律褶，上从领口、肩线起始，下至腰线。规律褶需要设定褶的数量、褶量以及褶与褶的间距。并且，通体的规律褶为了保持外观平整，一般适合半合体或宽松板型，此款以半合体板型来绘制，步骤如下（图 2-35）。

①腰线对位。以后片腰线为准，前片腰线下移$\frac{1}{2}$的乳凸量，前片袖窿深点与后片一致，重新绘制侧缝线与袖窿曲线，侧缝线与后片长度相等，袖窿曲线与原型呈相似形。

②设定切展线。在距门襟贴边 2cm 处开始，设定 4 条切展线，每条切展线间距 2cm。

③切展。将切展线剪切开，每条切展线平行展开 2cm 褶量，并复制现有裁片状态。

④最终板型。将复制形中的褶按照右压左的方式折叠，然后按照切展之前的领口、肩线形状修剪。再次展开后的裁片是最终板型，规律褶处会有棱角。如果要服装有一定的立体状态，可以在最左边的褶量处加入 1cm 的省量，省尖点与 BP 点在同一水平线上。

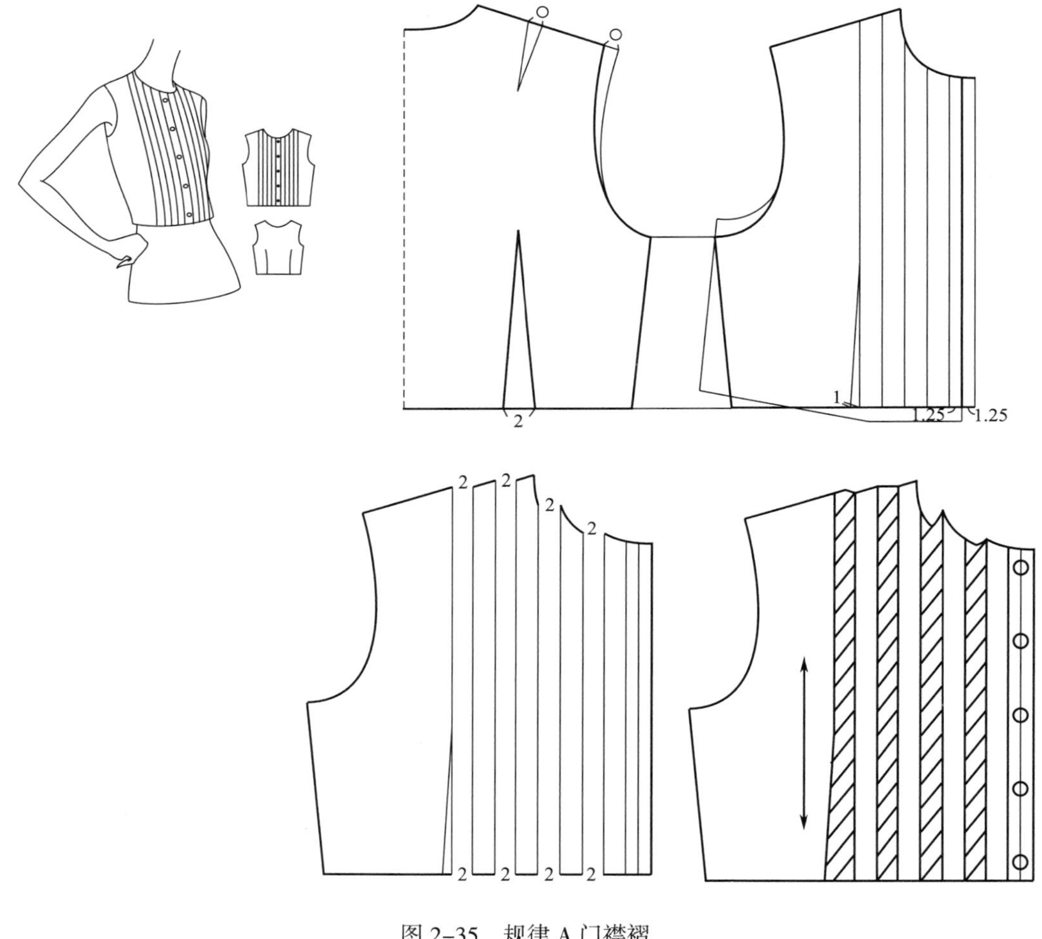

图 2-35　规律 A 门襟褶

⑤制成线。以裁片轮廓线为制成线，将每个褶内画出左低右高的斜线，最左边褶的斜线范围包括 1cm 省量。

（2）款式 B 是在袖窿曲线上有 4 个规律褶，褶呈发散状，可以结合省的创意设计方法，将省量转移至四个省中，然后将省量作为褶量。其绘制步骤如下（图 2-36）。

①分解原型省。将原型省中的乳凸量部分转移至侧颈点，胸腰差留在腰部，腰围线呈水平状态。

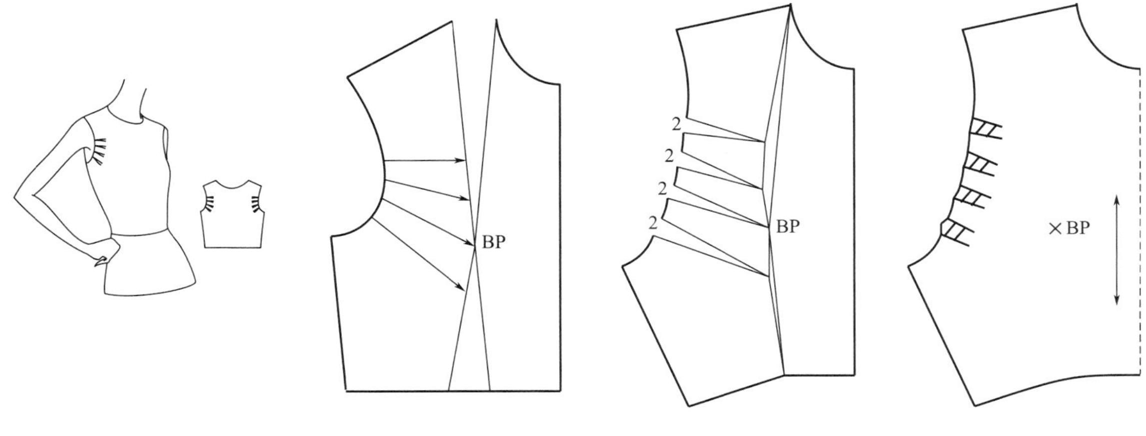

图 2–36　规律 B 袖窿褶

②设定切展线。在袖窿曲线上设定四个褶的位置，其中一个要过 BP 点，每个褶间距一致。所有原型省画上整形符号。

③切展。腰省和侧颈点的省剪开，切展线剪开，将省量转移至四个省位中，分配均匀，腰线需要修顺，复制现有裁片状态。原省不能合并的部分忽略不计。

④最终板型。将复制形中的省量按照下压上的方式折叠，然后按照切展之前的袖窿曲线修剪。再次展开后的裁片为最终板型。

⑤制成线。将裁片轮廓线为制成线，将省量部分用单向规律的符号标记，每个褶内画出左高右低的斜线。

3. 自然垂褶

该款式是衣摆下端有自然垂褶。垂褶靠转省与切展而得。其绘制步骤如下（图 2–37）。

（1）分解原型省。将原型省中的乳凸量部分转移至袖窿线之上，胸腰差留在腰部，腰围线呈水平状态。

（2）设定切展线。后片从腰线上作切展线至肩胛省，在切展点至侧缝中点处作切展线指向袖窿线。前片一条切展线指向 BP 点，另一条在腰省至侧缝中点处作切展线至袖窿省边。前、后片的腰省留在腰间作为褶量，侧缝处加 2cm 摆量。

（3）切展。后片合并肩胛省，切展处展开 4cm；前片袖窿省作不完全合并，平均分配至两处切展位置。

（4）制成线。将裁片折角处画成弧线，衣摆连成弧线。

4. 省上的褶裥

该款式是在前腰省上有碎褶，向侧缝方向发散。此款不适合将原省量转移为褶量，因此，褶量需要通过切展获得。其绘制步骤如下（图 2–38）。

（1）设定切展线。将前腰省的左省道边四等分，以三个等分点为起始点向侧缝处画切展线，与腰线平行。

（2）切展。将前腰省减去，再按照切展线剪切至末端点，不剪断，每条切展线展开 3cm 褶量。

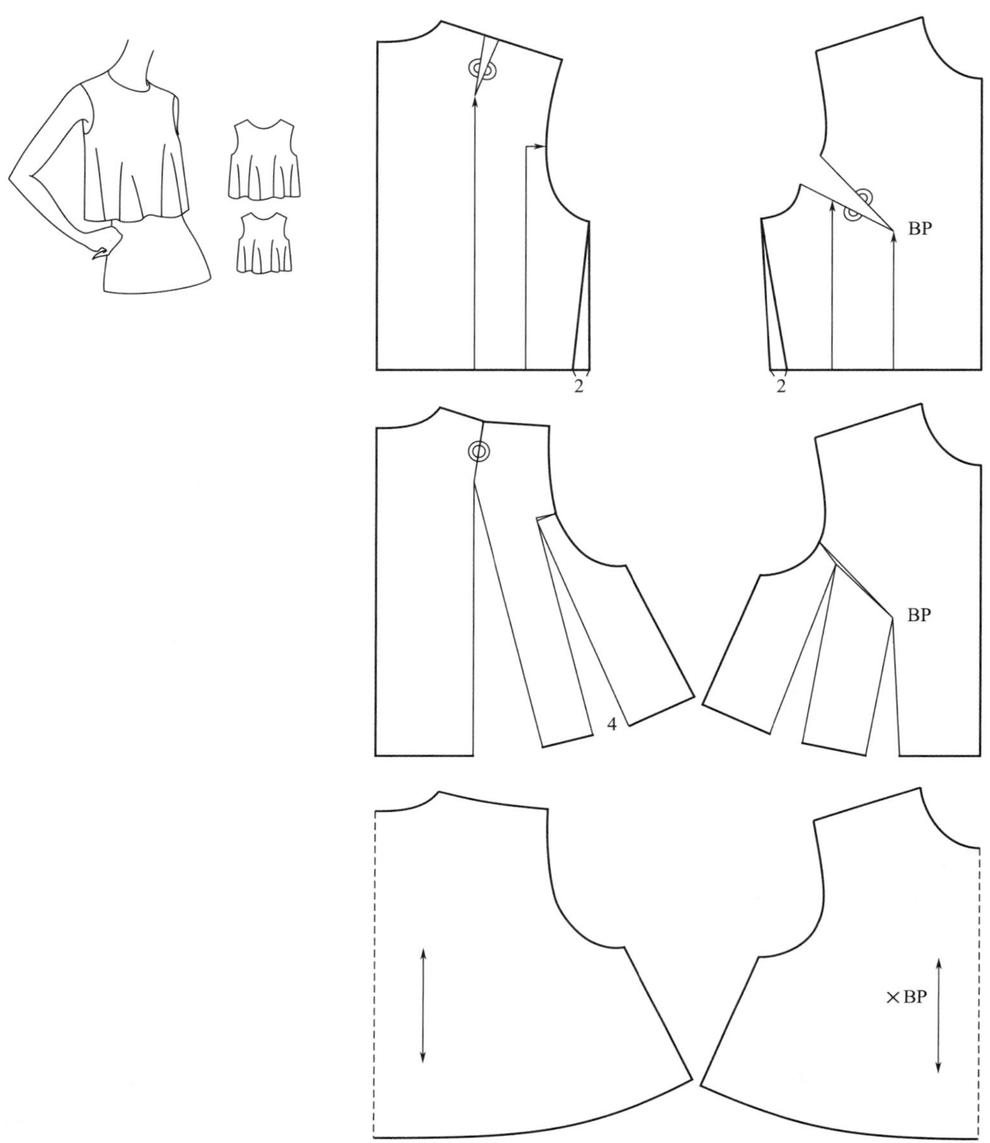

图 2-37　自然垂褶

（3）修顺线迹。将左省道边修顺成微弧的曲线，侧缝线也要修顺成弧线。

（4）制成线。以裁片轮廓线为制成线，在左省道边处标明抽褶的范围和抽褶符号。

5. **分割线上的褶裥**

该款式是横向断缝之上有碎褶，这类款式通常会把原型省量转移为褶量。其绘制步骤如下（图 2-39）。

（1）设定分割线与切展线。在 BP 点之上设置水平横向分割线，从分割线上取点指向 BP 点，在原型省上画整形符号。在两端线段中点位置分别画切展线至腰线，每条切展线展开 5cm 褶量。

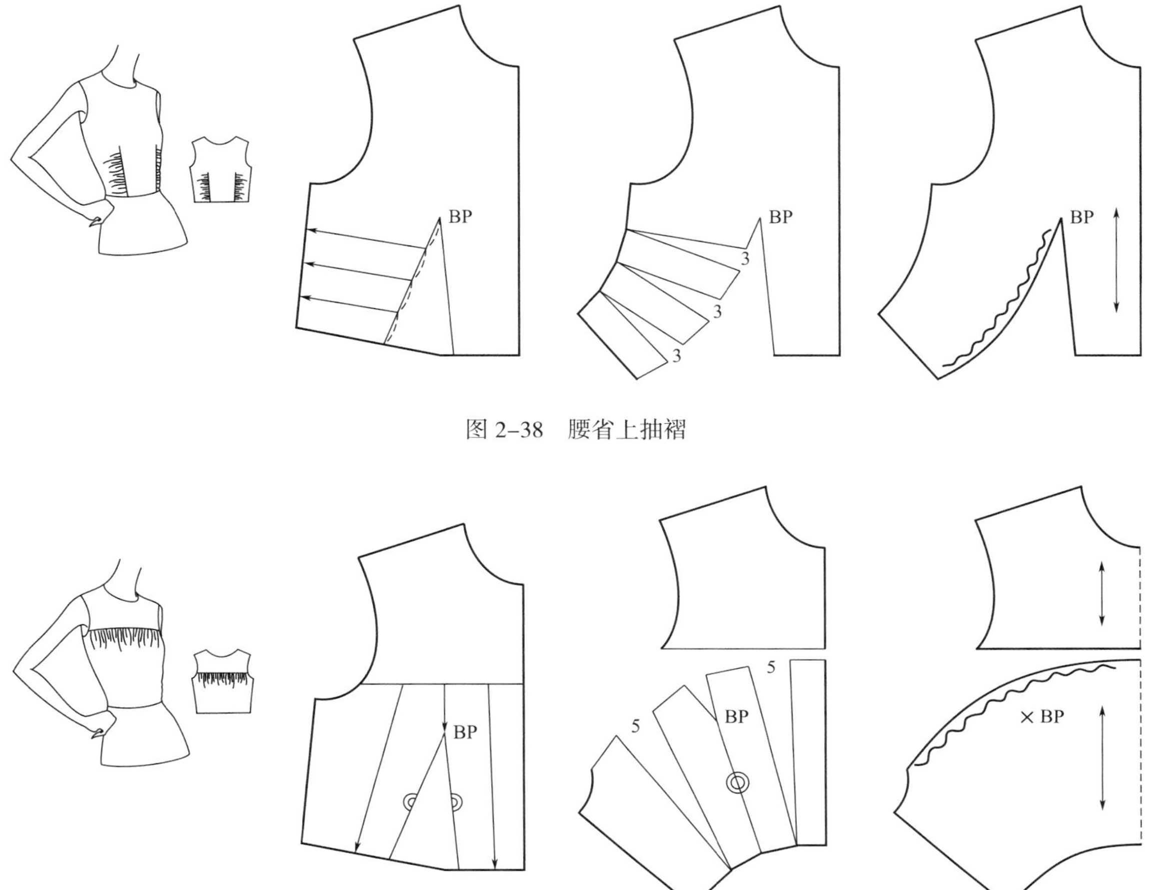

图 2-38　腰省上抽褶

图 2-39　横向断缝的褶

（2）切展。先将分割线剪开，再剪开切展线，合并原型省。

（3）修顺线迹。将褶的边缘修顺成微凸的曲线，腰线也要修顺成弧线。

（4）制成线。该款式有两片裁片，分别将两片裁片轮廓线画为制成线，在抽褶边缘处标明抽褶的范围和抽褶符号。

结构设计基础——

袖子结构设计

课题名称： 袖子结构设计

课题内容： 袖子原型绘制

装袖结构设计与应用

连身袖结构设计与应用

课题时间： 10学时

教学目的： 了解袖子原型板绘制，掌握装袖与连衣袖的设计与制板规律

教学方法： 讲授

教学要求： 1. 熟练绘制合体一片袖、合体两片袖、衬衣袖

2. 掌握合体袖、宽松袖的装饰性结构的设计

3. 掌握中性连身袖的原理及绘制方法并能熟练应用

课前（后）准备： 设计不同袖型并绘制样板

第三章　袖子结构设计

袖子根据结构分为装袖与连身袖，根据长短分为长袖、短袖和无袖，袖子造型与衣身袖窿、肘凸有着密切关系，其结构设计有着自身的特点，但衣身的省、分割线、褶的设计原理在袖子上也同样适用。

第一节　袖子原型绘制

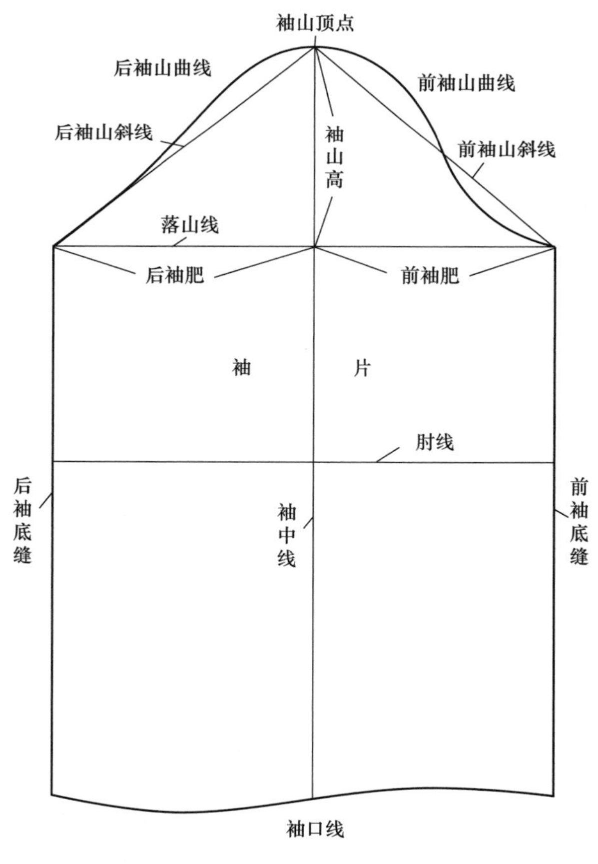

图 3–1　袖片原型结构名称

一、袖片原型结构名称（图 3–1）

袖片左半边为后袖片，右半边为前袖片。袖片中决定袖造型的主要因素为袖山高，由于袖片的袖山要与袖窿缝合，根据宽松程度，袖山一般略大于或等于袖窿曲线长度，袖山高则与袖窿曲线长度（AH）呈一定比例关系，为$\frac{AH}{3}$。

1．线

袖片原型的线包括落山线、前后袖山斜线、袖中线、袖山高、袖山曲线、肘线、前后袖底缝线、袖口线。

2．点

肩点，与袖窿曲线的对位点。

二、袖片原型绘制步骤

与袖片相关的尺寸为袖长，M 号袖长为 52cm，其他部位尺寸，如袖山高、袖山斜线以袖窿曲线长度（AH）为基数按比例计算。

袖片原型平面结构制图的步骤如下（图 3–2）。

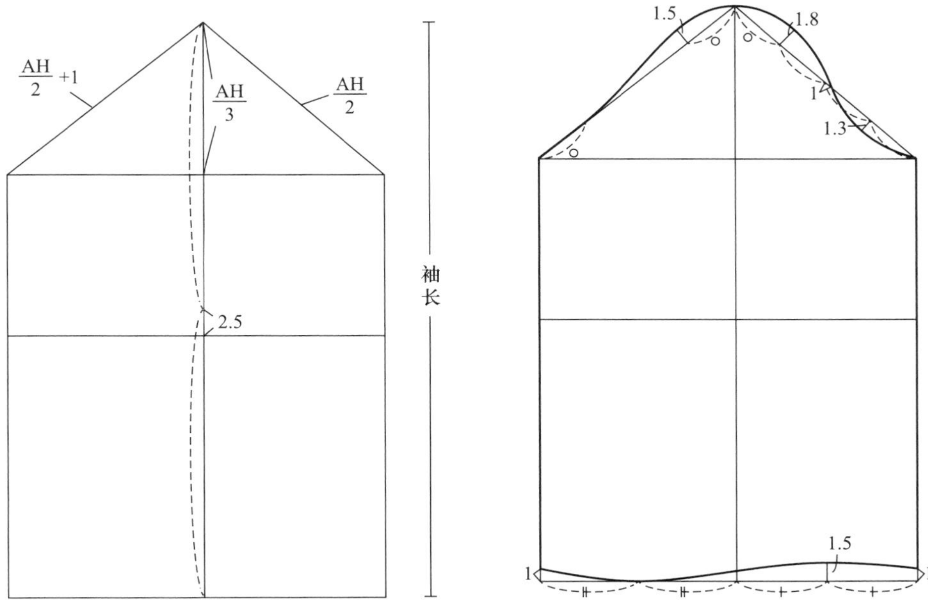

图 3-2　袖片原型

1. **基础线**

（1）落山线。画水平线，落山线的长度是由袖山高顶点位置与袖山斜线长度决定。

（2）袖山高。在落山线中间部分作垂线，与落山线呈十字形，从交点向上量取$\frac{AH}{3}$，即为袖山高，袖山高的顶点对衣身的肩点。

（3）袖山斜线。从袖山高的顶点向左下方画斜线，长度为$\frac{AH}{2}$+1cm，并与落山线相交，该线为后袖山斜线。从袖山高的顶点向右下方画斜线，长度为$\frac{AH}{2}$，并与落山线相交，该线为前袖山斜线。至此，落山线两端点也随之定下。

（4）袖中线。从袖山高的顶点沿垂线量取袖长 52cm，此为袖中线。

（5）袖口线。以袖中线底点为基础，作水平线。

（6）袖底缝线。从落山线两个端点向下作竖直线，与袖口线相交。

（7）肘线。从袖中线顶点开始向下量取$\frac{袖长}{2}$+2.5cm，作标记点，过该点作水平线。

2. **轮廓线**

（1）袖山曲线。将前袖山斜线四等分，每一等份命名为“○”。过第一个等分点（前袖山斜线靠近袖山顶点处）斜向上作斜线的垂线，长度为 1.8cm，为第一个曲线辅助点。依次向下在前袖山斜线第二个等分点沿斜线向下量取 1cm 定点，为第二个辅助点。过第三个等分点斜向下作斜线的垂线，长度为 1.3cm，为第三个辅助点。在后袖山斜线的两端各量取“○”的长度作标记点，过靠近袖山顶点处的标记点斜向上作斜线的垂线，长度为 1.5cm，为第四、第五个辅助点。将五个辅助点与袖山顶点、落山线两个端点，连接成圆顺的曲线，袖山顶端弧线要饱满。

（2）前、后袖底缝线。基础线中左右两边的竖直线为前、后袖底缝线。

（3）袖口线。分别将前、后袖口线两等分，前袖口线的中点竖直向上取 1.5cm 定点，前、后袖底缝由底端向上各取 1cm 定点，将两个 1cm 定点、后袖口线中点、1.5cm 定点连接成圆顺的曲线。

第二节　装袖结构设计与应用

一、袖子造型基本原理

袖片原型是合体袖的基本样板，其袖山曲线长度比衣身的袖窿曲线长度要长 2 ~ 3cm，这是袖山与袖窿缝合的吃量，即在缝制过程中将余量缝入，外观上会使袖山饱满挺立。为了使余量大部分都集中在袖山顶部，在袖山和袖窿上设计了符合点，便于缝合时对位。衣身的对位点是以前、后腋点为基础，沿着袖窿曲线向下量取 3cm 定点，这两个点为袖窿符合点，并以两点向下的曲线至袖窿深点的距离前片的命名为 a，后片的命名为 b。袖片的对位点是从落山线两个端点沿着袖山曲线向上，前袖山曲线量取 a+0.2cm，后袖山曲线量取 b+0.2cm，这两个点为袖片符合点。衣身与袖片的关系如图 3–3 所示。

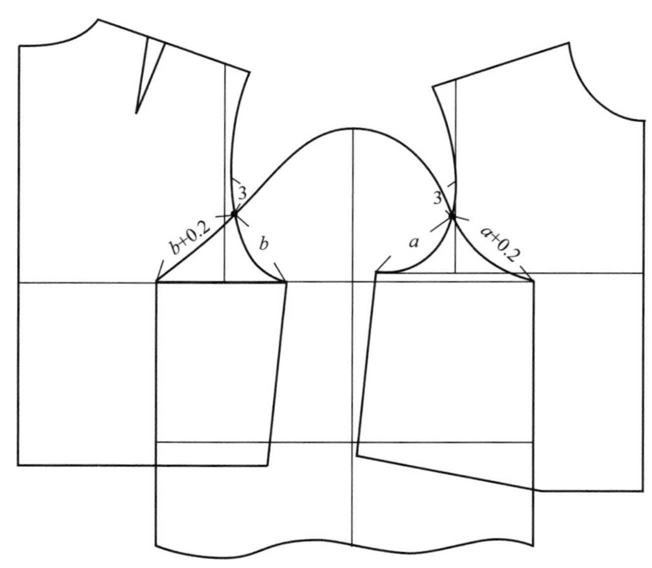

图 3–3　袖窿与袖山符合点

影响袖子造型的主要因素为袖山高，根据袖子的宽松程度，袖山高也会有相应的变化。以袖山曲线长度不变为前提，将原型前、后衣片肩线、肩点相对，袖山顶点与肩点相对，袖山曲线简化为其辅助线袖山斜线，在这样的状态下分析袖片与衣身的袖窿的关系（图 3–4）。

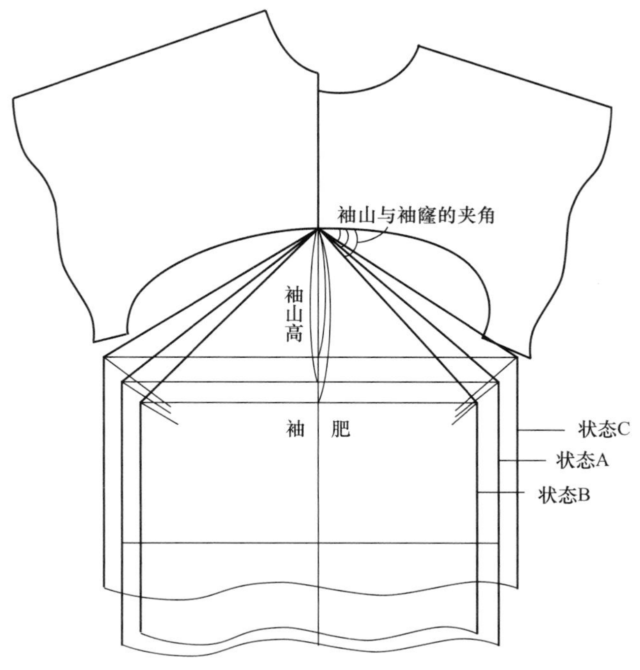

图 3-4　袖造型三种状态

1. **状态** A

原型袖山高不变，袖山斜线与袖窿曲线之间类似于省，省尖点为肩点，当袖山与袖窿缝合后，就相当于在前袖与后袖捏合了省，肩点凸起，这样就塑造了立体造型的袖子，是合体袖的基本样板。

2. **状态** B

当袖山高变大，重新绘制袖山斜线与落山线，袖肥会变小，袖山斜线与袖窿曲线之间的省量变大，当袖山与袖窿缝合后，肩点更为凸起，即肩凸造型变强，适合合体袖，袖型内收。

3. **状态** C

当袖山高变小，重新绘制袖山斜线与落山线，袖肥会变大，袖山斜线与袖窿曲线之间的省量变小，袖山与袖窿缝合后，肩凸造型变弱，适合半合体或宽松袖，袖型外展。

从以上三种状态来看，合体袖的袖山高较大，袖型立体、内收，袖山饱满。袖子越宽松，袖山高越小，袖造型越平面、外展。对于装袖，合体袖的袖山高为$\frac{AH}{3}$，宽松袖的袖山高为$\frac{AH}{6}$～$\frac{AH}{4}$，绘制方法与原型一致，但等分点的取值不同，合体袖由于袖山曲线饱满故取值略大，宽松袖则略小（图 3-5）。

二、装袖结构设计应用

衬衫常用的袖型有合体衬衫袖、宽松衬衫袖、泡泡袖、灯笼袖、花瓣袖、喇叭袖等，袖

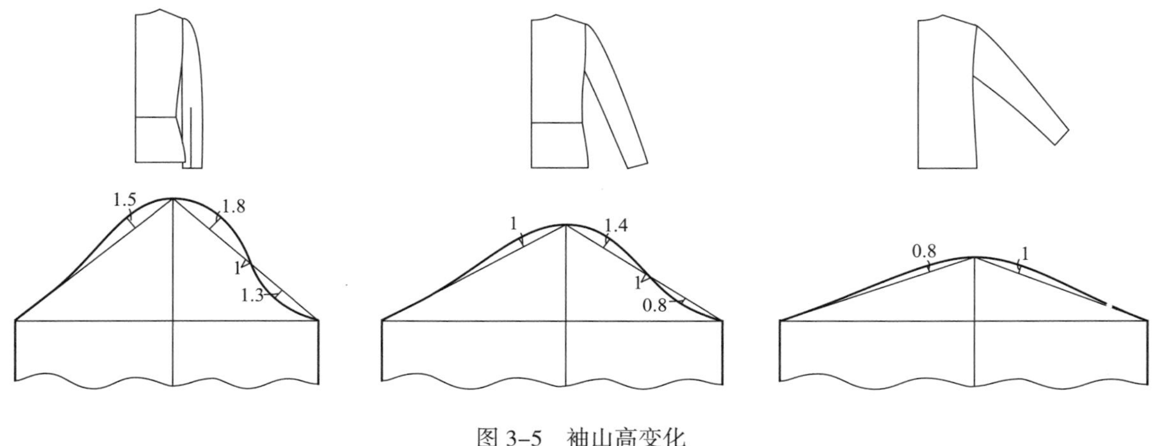

图 3-5　袖山高变化

子的合体与宽松区别在于袖山高的取值，合体袖袖山高为$\frac{AH}{3}$，在原型袖片上进行绘制；宽松袖袖山高为$\frac{AH}{6}$ ~ $\frac{AH}{4}$绘制袖片。

1. **合体袖**

常用的西服袖型有合体一片袖与两片袖。合体袖型的特点是从正侧看，袖型微微向后弯曲，被称为“袖弯”，符合人体手臂自然下垂时微微弯曲的特征。

（1）合体一片袖。合体一片袖最重要的是设计袖弯，一片袖是通过省的形式来设计袖弯的，即肘省，省量有限，因此合体一片袖一般运用于休闲西服。一片袖的变化可以将肘省转移至其他位置，也可以设计过肘点的分割线、褶等，原理与衣身设计省、分割线、褶的原理一致。以原型袖片为例，具体绘制方法如下。

如图 3-6 所示在袖口线上将袖中线向右偏移 2cm，以此为基点，向后片袖口量取$\frac{袖口}{2}$+1cm（13cm），前片袖口量取$\frac{袖口}{2}$-1cm（11cm），这两点与落山线端点相连，与肘线的交点向左量取 1cm，连接有袖弯的袖底缝。在原型后肘线上取中点，此为肘点，过肘点向袖底缝作垂线。肘省省量为两个袖底缝之差约为 2cm，平分在垂线两侧，连接省道边，布丝方向平行于袖中线。

一片袖的结构变化设计如图 3-7（a）所示，将肘省转移至袖口，为袖口省，也是常见的款式变化；也可以将肘省转移至袖山作褶，不够则进行切展，如图 3-7（b）所示；还可以设计分割线过肘省如图 3-7（c）所示，这样也可以变化成两片，但与两片袖的结构还是有区别的。一片袖的结构变化还有很多，如图 3-8（a）所示，在袖山头进行局部切展，使肩部挺阔；如图 3-8（b）所示，在图 3-8（a）基础上延伸为分割线通过肘省，袖片分割为三片。

（2）两片袖。两片袖设计袖弯是以分割线来设计的，分割线能放入更多的省量，因此可以更为合体，广泛运用于合体、半合体西服。两片袖包括小袖片与大袖片，小袖片藏于袖底，穿着后正面只看得见大袖片，显得简洁、完整。它的变化在于两个袖片的大小设计，外

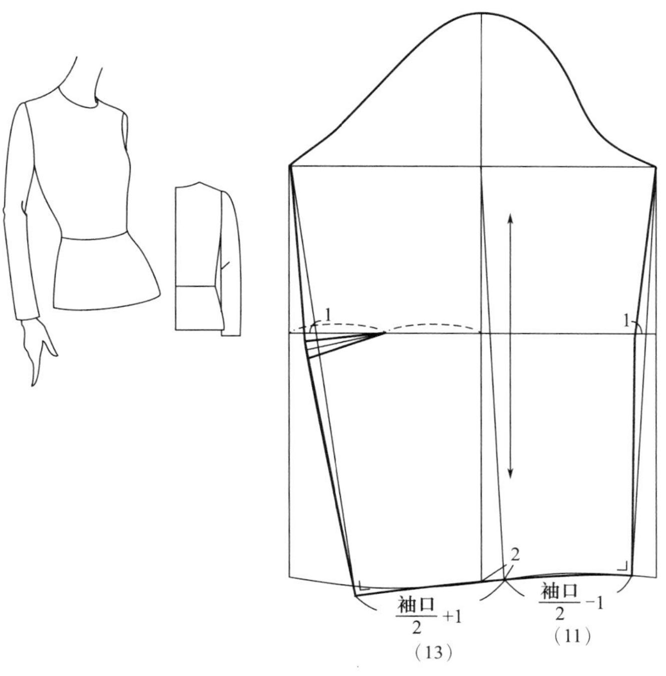

图 3-6　合体一片袖

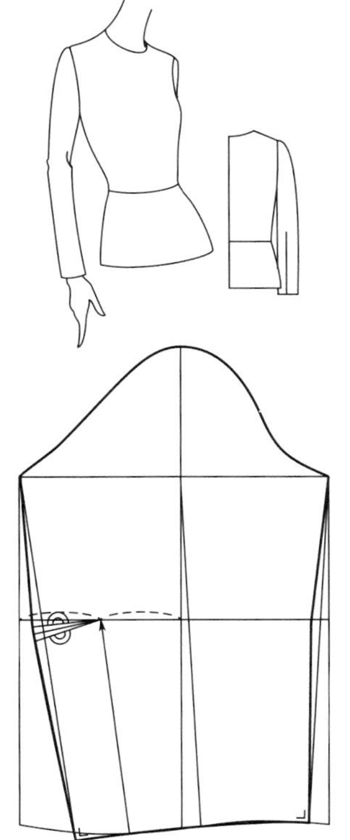

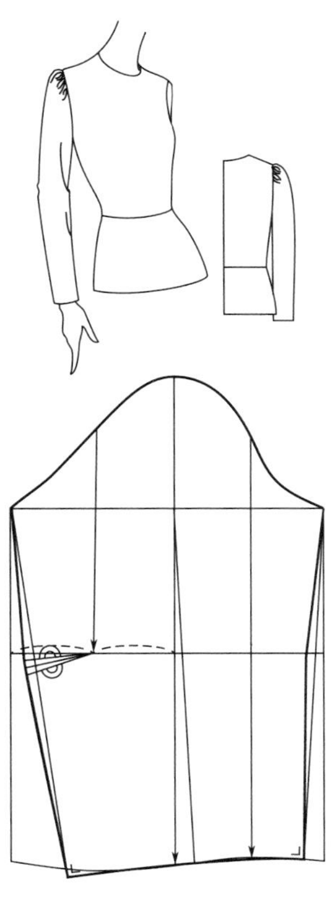

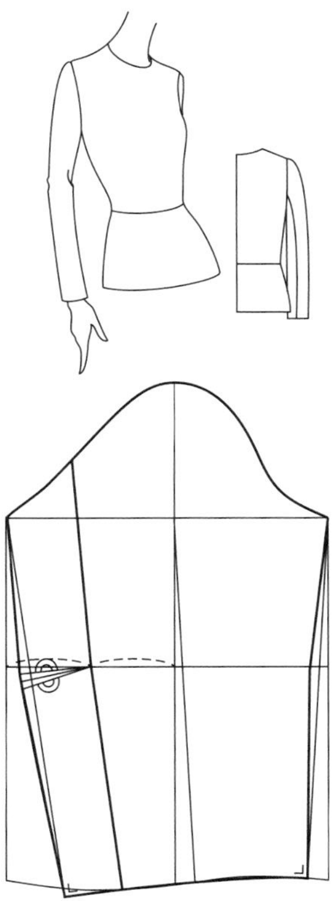

图 3-7

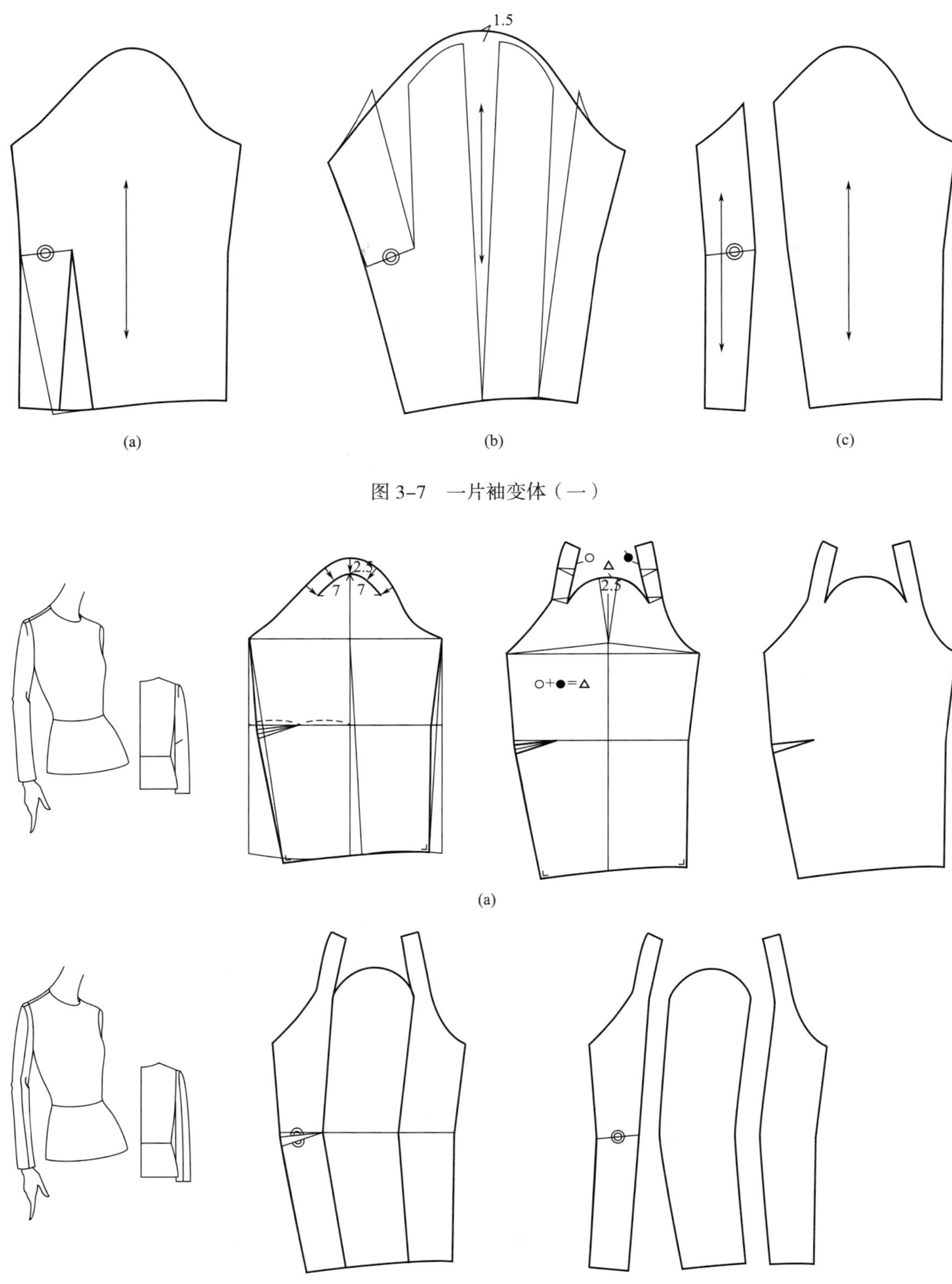

图 3-7　一片袖变体（一）

图 3-8　一片袖变体（二）

观上表现为袖底缝外露，可以与衣身结构线结合设计。此外，也可以在袖山切展作褶。以袖片原型为例，具体绘制方法如下。

如图 3–9 所示，取前、后肘线中点，作垂线与落山线、袖口线相交，前袖片肘线中点向左取 1cm，袖口线中点向右取 0.5cm，这两点与落山线中点向左向右各取 3cm，将右边 3 个点相连并向上延长与袖山曲线相交，过交点作短的水平线，再将左边 3 个点相连并延长至袖口水平线。从袖口 0.5cm 点向左量取袖口宽 12cm，并与后落山线中点相连，与肘线的交点与肘线中点间的线段取中点，中点与袖口端点相连，并左右各取 1.5cm，连线下端取 8cm，后落山线中点左右各取 3cm。将左边三个点连接成上端微凸的弧线，下端与直线重合，并向上延长与袖山曲线相交，过交点作短的水平线，再将左边 3 个点相连并延长至袖口水平线。外围制成线为大袖片轮廓，里面为小袖片轮廓，在小袖片上端画出下凹的袖山曲线。

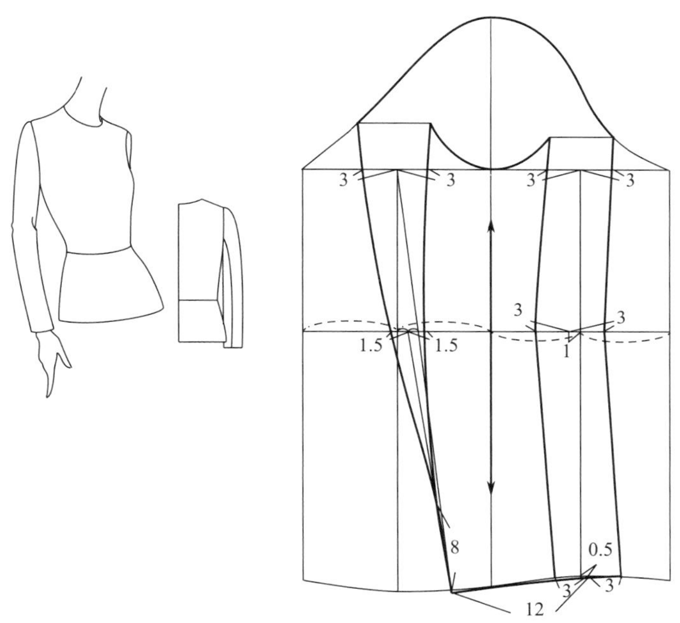

图 3–9　合体两片袖

两片袖前片的落山线、袖线、袖口线部分左、右数据取值一般为 2.5 ~ 3cm，取值大则大袖片大，小袖片小。后片的落山线、肘线、袖口线部分的三个数据取值分别设定为 a、b、c，常用的比例有 3 ∶ 1.5 ∶ 0，0 ∶ 0 ∶ 0［图 3–10（a）］，3 ∶ 2 ∶ 1［图 3–10（b）］，3 ∶ 3 ∶ 3［图 3–10（c）］。这些比例的变化决定后袖底缝的位置，也与前袖片落山线、肘线、袖口线部分取值一起决定两个袖片的大小。

2. **衬衫袖**

（1）合体衬衫袖。合体衬衫袖搭配合体、半合体衬衫，为袖山饱满，有袖衩、袖头的袖型，袖口有两个褶。其袖山高取 $\frac{AH}{3}$，袖口要与袖头尺寸相符。以袖片原型为例，具体绘制如下（图 3–11）。

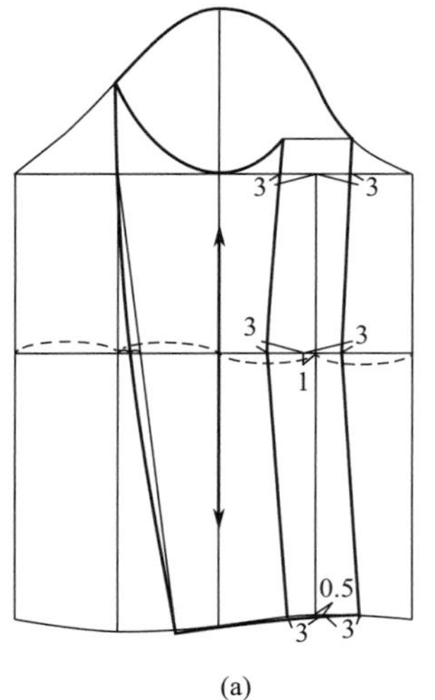

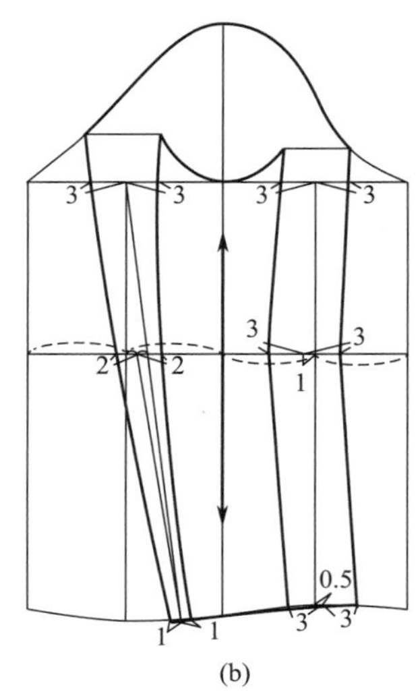

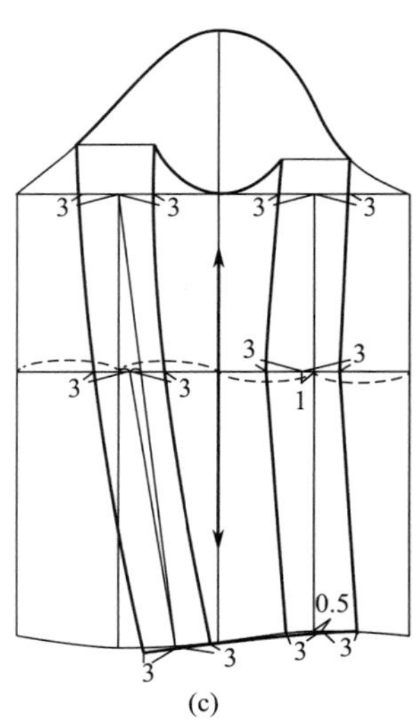

图 3-10　两片袖前片

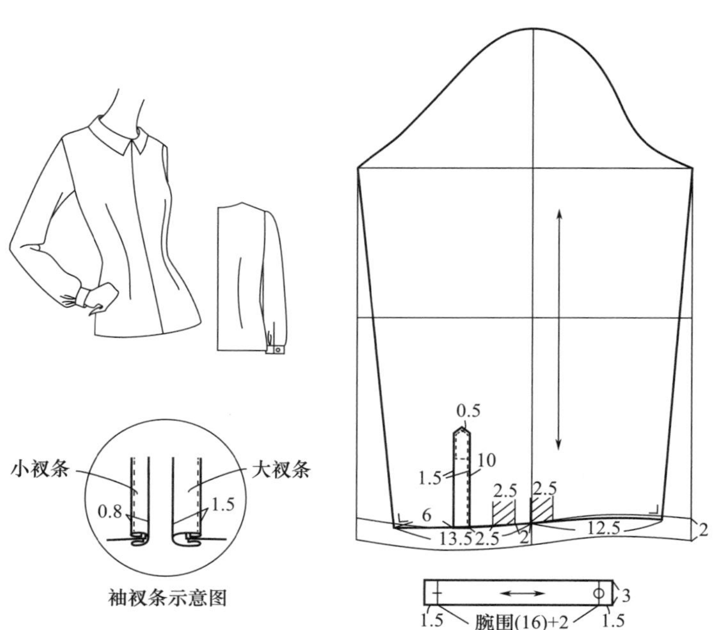

图 3-11　合体衬衫袖

①袖身轮廓。在袖片原型的袖长基础上去掉“袖头宽 -1cm（3cm）”，按照原型袖口画袖口线。袖头长等于腕围（16cm）+2cm 松量，两头再加上 1.5cm 搭门量，袖头全长 21cm。设定袖口每个褶的褶量为 2.5cm，两个褶量为 5cm，袖身要与袖头缝合，长度要相等，袖口量则等于 21cm+5cm，为 26cm。在后袖口线上量取$\frac{袖口量}{2}$+0.5cm（13.5cm），前袖口线上量取$\frac{袖口量}{2}$-0.5cm（12.5cm），连接袖底缝线。

②袖衩。在袖口线上，距离后袖底缝 6cm 处，画 10cm 长直线，为袖衩位置。袖衩有两个裁片，袖大衩条为 1.5cm 宽双折裁片，长 10cm，顶端有 0.5cm 尖角，外有 0.1cm 明线。袖小衩条为 0.8cm 宽双折裁片，长 10cm。

③褶。距离袖衩 2.5cm 位置设置第一个褶 2.5cm，再相距 2cm 设置第二个褶 2.5cm，画规律褶符号。

④布丝方向。平行于袖中线。

（2）宽松衬衫袖。宽松衬衫袖是搭配宽松衬衫的，袖子肥大，肩宽较大，致使袖子溜肩。其样板设计要从衣身的袖窿开始，由于衬衫越宽松，成品胸围、胸宽、背宽越大，肩部越宽，肩点抬高等设计会使袖窿曲线偏平直，长度变大，宽松袖的袖山高相对合体袖要小，因此袖山高随着袖型的宽松程度取值在$\frac{AH}{6}$ ~ $\frac{AH}{4}$之间，袖山曲线也趋于平直。具体绘制步骤如下（图 3-12）。

①袖山曲线。量取衣身袖窿曲线长度为 49cm，袖子袖山高取$\frac{AH}{6}$（8.2cm），后袖山斜线长度为$\frac{AH}{2}$（24.5cm），前袖山斜线长度为$\frac{AH}{2}$ -0.5cm（24cm）。依照袖片原型的方式取等分点，

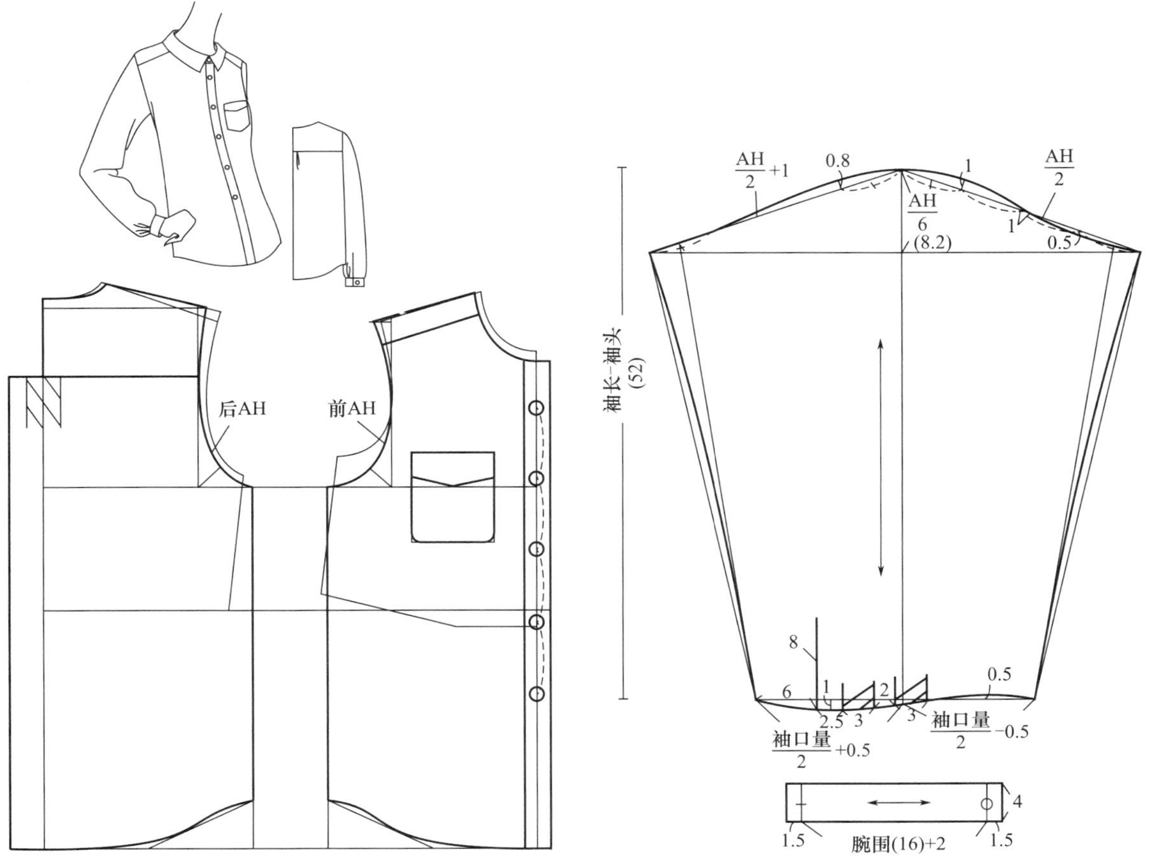

图 3-12　宽松衬衫袖

前袖山斜线第一个等分点的垂线长度取 1cm，第二个等分点不动，第三个等分点垂线长度为 0.5cm。后袖山斜线前端点垂线长度为 0.8cm，后端点不变。

②袖口。取“袖长 - 袖头宽”为袖中线长度，绘制袖口线。袖口设置 2 个褶共 6cm，袖口长度则等于袖头长 21cm+6cm=27cm，在后袖口线上量取$\frac{袖口量}{2}$+0.5cm（14cm），前袖口线上量取$\frac{袖口量}{2}$−0.5cm（13cm），连接袖底缝线。在袖口线上，距离后袖底缝 6cm 处，画 8cm 长直线，为袖衩位置。袖衩条与合体衬衫袖一致。

3. *落肩袖*

落肩袖是衣身肩点偏移人体肩点较多，在大臂之上，这种袖子一般用于半合体、宽松造型。

（1）半合体落肩袖。半合体落肩袖的衣身松量不算大，袖山高以$\frac{AH}{3}$为准，因此，袖山高较高。其落肩量小，又称为微量落肩袖，一般在 4cm 之内。以原型为例，介绍其绘制方法（图 3–13）如下。

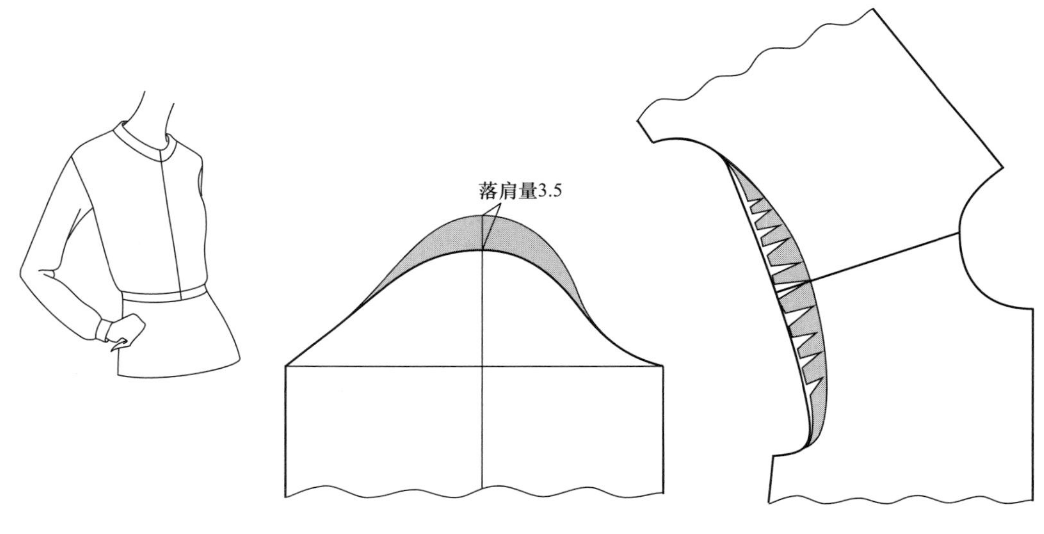

图 3–13　半合体落肩袖

将前、后衣身原型肩线合并，肩点相对。在原型袖片袖山高上截取 3.5cm，将袖山曲线修顺，将截取部分打剪口，并与袖窿曲线相对，袖山顶点对肩点，后修顺袖窿曲线。

（2）宽松落肩袖。

①变化一——袖型外展。该款式袖中线与肩线在同一直线上，袖型外展，是较为宽松的落肩袖。宽松落肩袖的袖山高为$\frac{AH}{6}$，根据宽松程度取值。设定胸围松量为 20cm，成品胸围为 104cm，肩宽为 42cm，落肩量为 5cm。具体绘制方法如下（图 3–14）。

a. 衣身。按宽松基本型进行前、后片腰线对位，重新按比例设置结构线，袖窿深线

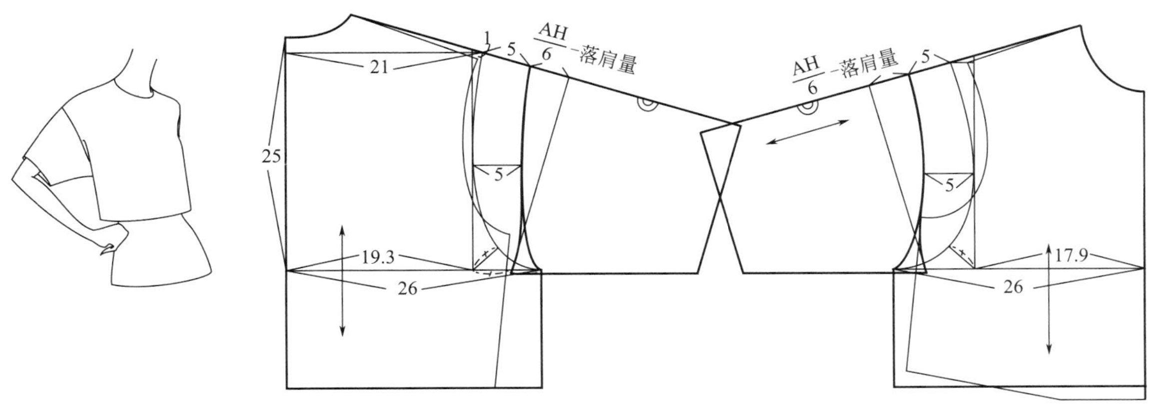

图 3-14　外展宽松落肩袖

为 25cm，前、后胸围为 26cm，背宽为 19.3cm，胸宽为 17.9cm，$\frac{肩宽}{2}$为 21cm，后肩点上抬 1cm，重新绘制后肩线、袖窿曲线。

b. 袖子。延长肩线为袖中线，从肩点量取落肩量 5cm，前、后腋点水平外移落肩量 5cm，绘制落肩后的袖窿曲线。从落肩点开始量取“$\frac{AH}{6}$－落肩量”，并作落山线，经过前、后腋点平移点，交于落山线，与袖窿曲线相等。量取袖口量，连接袖底缝。

②变化二——袖型内收。该变化款式与变化一的不同在于袖中线与肩线成钝角，即袖中线呈内收状态，其板型是利用肩点直角三角形来设定袖中线位置，后片为斜边中点上抬 1.5cm，前片为斜边中点上抬 1cm，袖山高取$\frac{AH}{4}$，落肩量为 6cm，前、后腋点水平外移落肩量 -1cm（5cm），其他参数取值和绘制方法与变化一一致（图 3-15）。

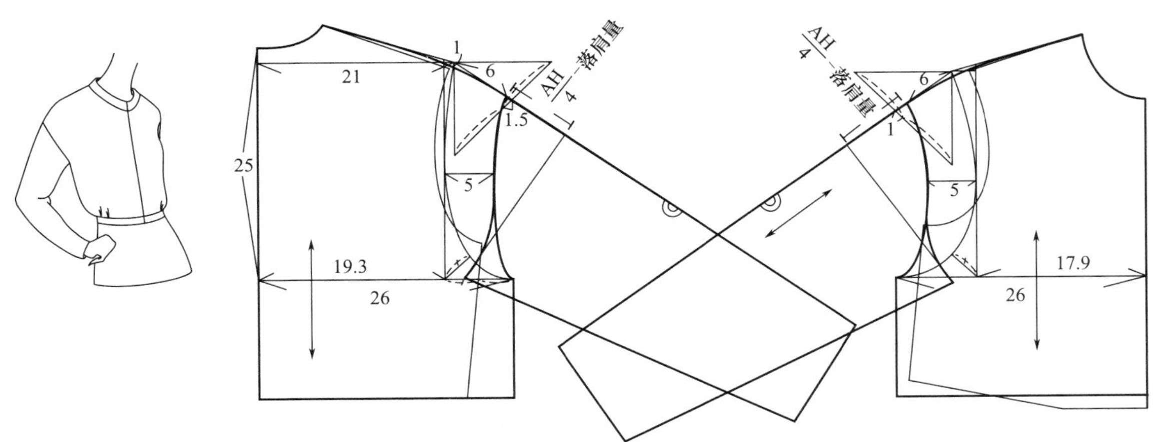

图 3-15　内收宽松落肩袖

4. **短袖设计**

短袖款式在袖片原型上制图，在此以基本的短袖设计为例，具体绘制步骤如下

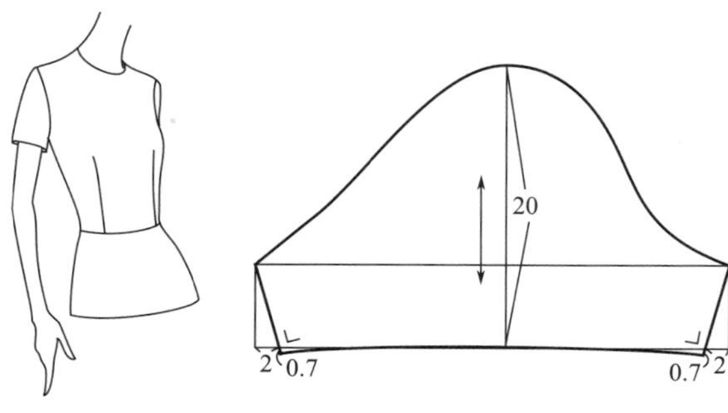

图 3-16　短袖

（图 3-16）。

绘制袖片原型，量取袖长 20cm，画袖口辅助线；袖口线两端各内收 2cm，与袖山线两端相连为袖底缝，并向下延长 0.7cm，作袖口线并与袖底缝垂直。

5. 泡泡袖

泡泡袖是在袖山部位设计褶的一类袖子，褶使得袖山处蓬起像泡泡而得名，在衬衫袖子中常见。袖子蓬起的大小取决于袖子切展而得的褶量，在各种长度的袖子中，切展方式有所不同。如图 3-17 所示，A 款式短袖抽褶泡泡袖，在合体衬衫袖的基础上，截取短袖袖长，以袖中线为中心，两端等距设置切展线，由袖山曲线至袖口单向切展。切展量以袖中线为最大，向两端逐渐变小，最后袖山高加出 1.5 ~ 2cm 修顺袖山曲线，修顺袖口线。B 款为长袖款式的规律褶泡泡袖，袖身上端蓬起，下端合体。其切展方式不能切展至袖口，而是切展至修身收口的位置，在向两端切展，展开后切展线末端形成余量，与袖山的褶一起构成泡泡袖造型。最后设置袖山处的规律褶，修顺袖山曲线、袖底缝。

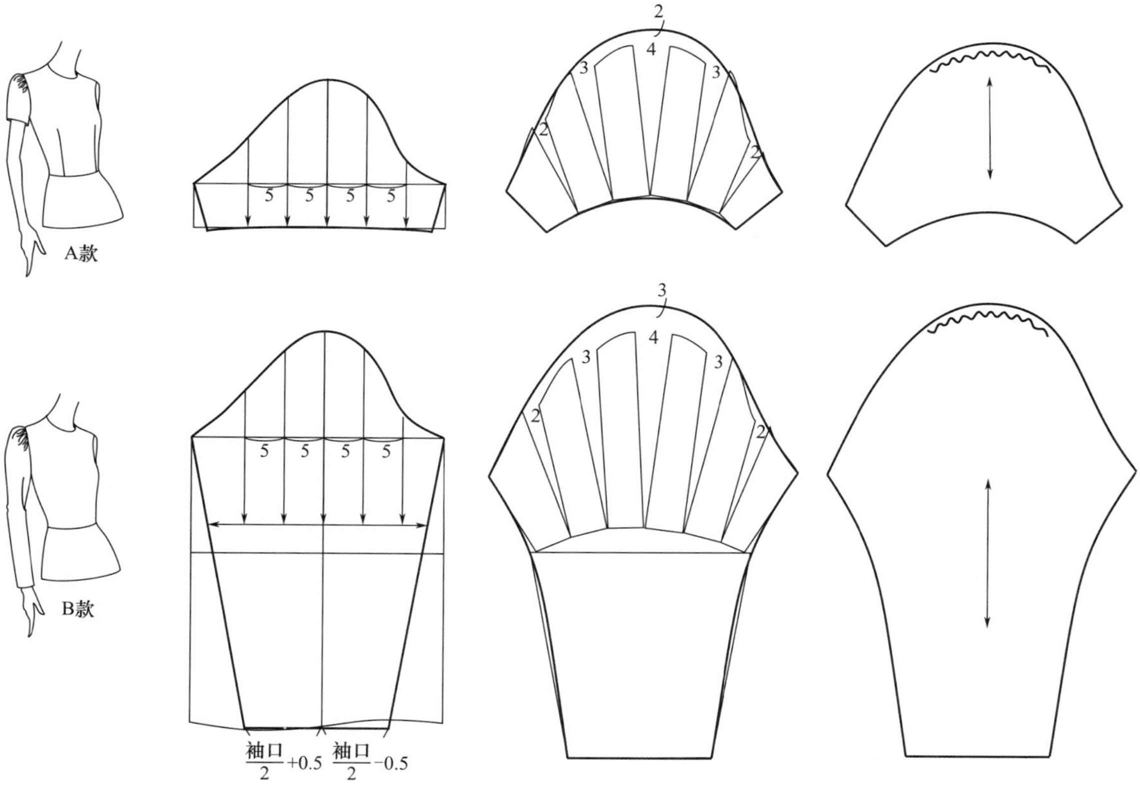

A款

B款

$\frac{袖口}{2}+0.5$　$\frac{袖口}{2}-0.5$

图 3-17　泡泡袖

6. 灯笼袖

灯笼袖是指袖山与袖口都有褶皱，袖口收紧，造型似灯笼的一类袖型。其样板与泡泡袖相似，褶量由切展而得，只不过是由袖山曲线至袖口进行双向切展，两端切展量可以一致，也可以不一致，但依然是袖中线切展量最大，向两端逐渐减小，短袖需要去除袖头宽，如图 3–18 中 A 款。B 款是袖中线处装饰性规律褶，以袖中线为中心两侧各切展三次，每根切展线相隔 1.5cm，每个切展宽度 2cm，展开后将规律褶折叠，再按照原袖山曲线、袖口线剪顺，再次展开后的裁片是最终裁片，袖山与袖口处有菱角。

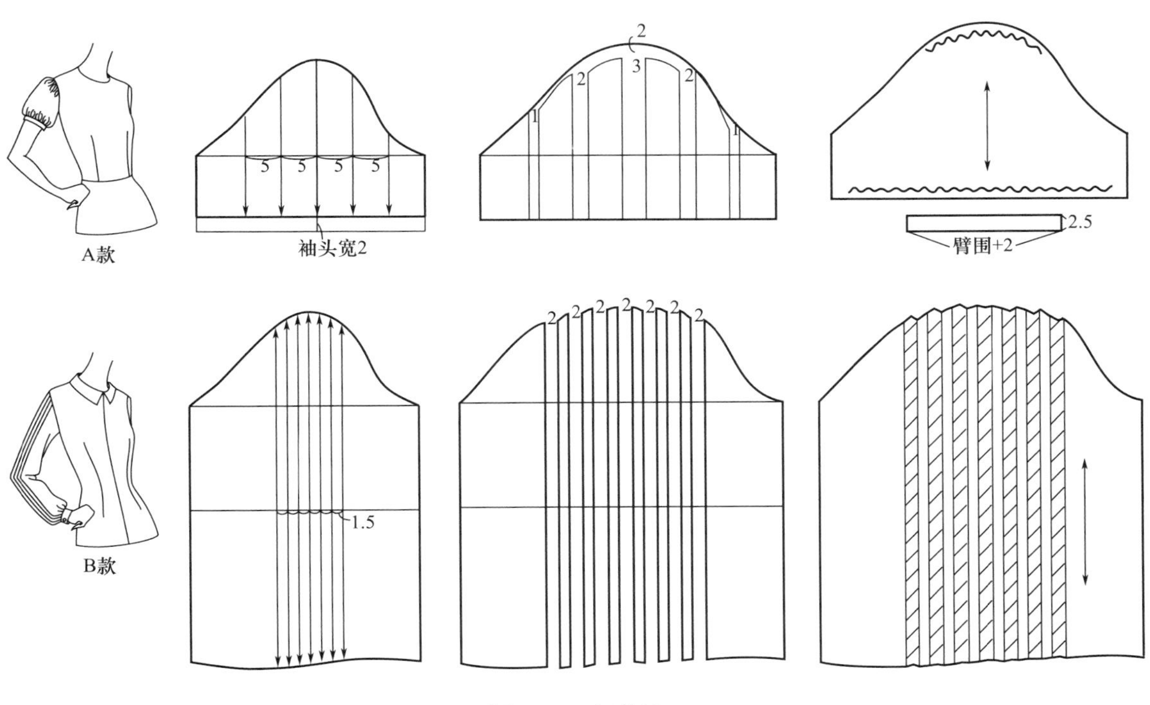

图 3–18　灯笼袖

7. 喇叭袖

喇叭袖是指袖山无褶，袖口有褶，形成上窄下宽的喇叭造型的袖型。如图 3–19 中 A 款是袖口有自然垂褶的喇叭袖，其样板是由袖口向袖山曲线处单向切展，切展后修顺袖口，A 款完成，B 款还要在袖口抽褶，下接袖头。C 款是长袖，有宽袖头，切展方式与 A 款、B 款一致，由袖口向袖山曲线处单向切展，肘凸处的袖口需要加 1cm 活动补足量，加袖头。

8. 花瓣袖

花瓣袖是造型类似两片花瓣交叠，袖底缝不像一般袖子需要拼缝，而是整合，依然形成一个裁片。其样板是在袖片原型上绘制出交叠的位置，复制出交叠的裁片，将两个袖底缝整合，形成一个裁片（图 3–20）。

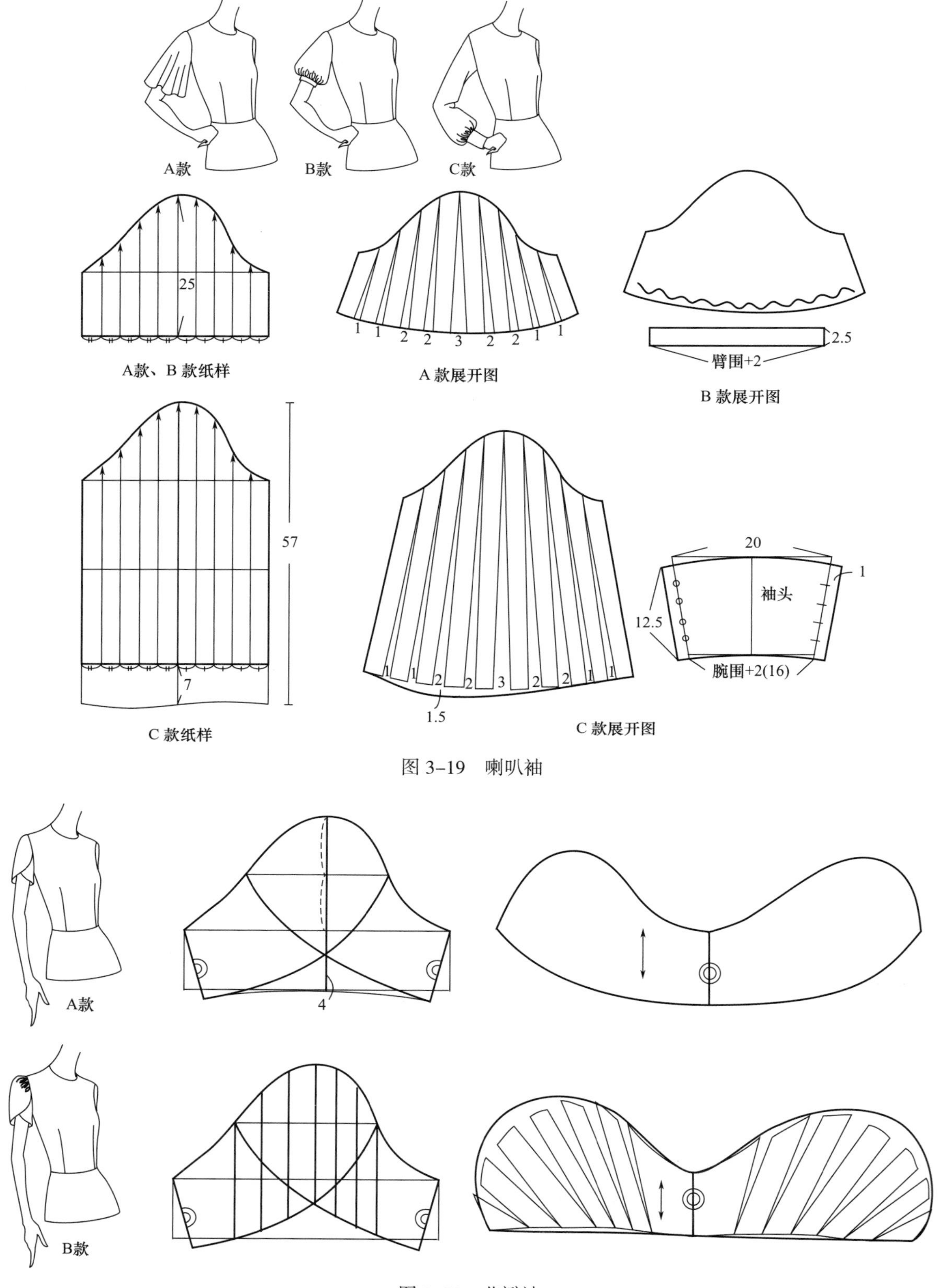

图 3-19　喇叭袖

图 3-20　花瓣袖

第三节　连身袖结构设计与应用

连身袖是指袖子与衣身有部分或全部连接为一个整体。实际上，人体手臂与身体确是有一部分是连在一起的，从前、后腋点开始分开，对于局部连接的连身袖结构是以前、后腋点为转折点，来设计衣身与袖子的相连程度的。

一、中性连身袖（插肩袖）

由于袖身与衣身的连接，使连身袖不能像装袖一样袖型内收、合体，通常为半合体、宽松袖型。下面以原型为例，介绍中性状态下的连身袖结构（图 3-21）。

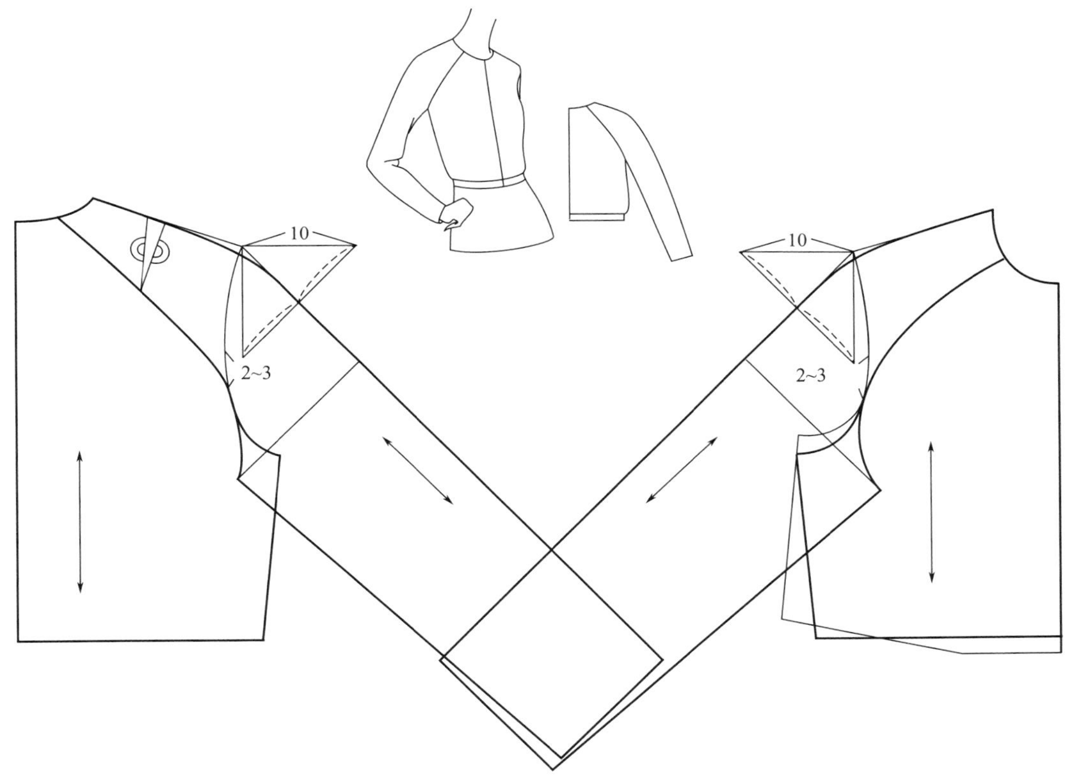

图 3-21　中性连身袖

（1）衣身对位。将前片长出的衣长部分的$\frac{1}{2}$置于腰围线之下，袖窿深点置于一个水平线上，前、后片侧缝长度相等，重新绘制前片袖窿曲线。

（2）袖基础线。过前、后肩点绘制 10cm 长等腰直角三角形，在斜边找到中点，并与肩点连接、延长至袖长，此为袖中线。在袖中线上量取原型袖山高，并按照原型画出落山线、肘线、袖口线。

（3）衣身分割线。将前、后腋点顺着袖窿曲线向下量取 2 ~ 3cm 为衣身与袖片的转折点，后领口取中点，与后转折点相连呈弧线，作与剩余袖窿长度相等、曲度相同、方向相反的弧线，并与落山线相交，肩胛省合并。前领口取 5cm 点与前转折点相连，同样作与剩余袖窿长度的对称弧线与落山线相交。

（4）袖底缝。前、后袖口宽等于前、后袖肥 -4cm，后连接袖底缝，可以在肘线处收进 1cm。连身袖结构在腋下有交叠部分，即袖片或衣身裁片分解时需要对其中一个裁片补出交叠量。

二、连身袖造型原理

连身袖造型的主要因素有两个，一个是与装袖一致的袖山高，另一个是肩线与袖中线的内夹角，下面以中性连身袖为基础（A 袖型），假设落山线与袖窿曲线交点 *A* 不变的情况下，了解连身袖变化（图 3-22）。

（1）状态一。当肩线与袖中线的内夹角减小，肩凸造型增强，相应袖山高增大，袖肥减小，袖造型内收。

（2）状态二。当肩线与袖中线的内夹角增大，肩凸造型减弱，相应袖山高减小，袖肥增大，袖造型外展。

其中，肩线与袖中线的内夹角是靠袖中线在肩点直角三角形斜边的取值而定，在中点则

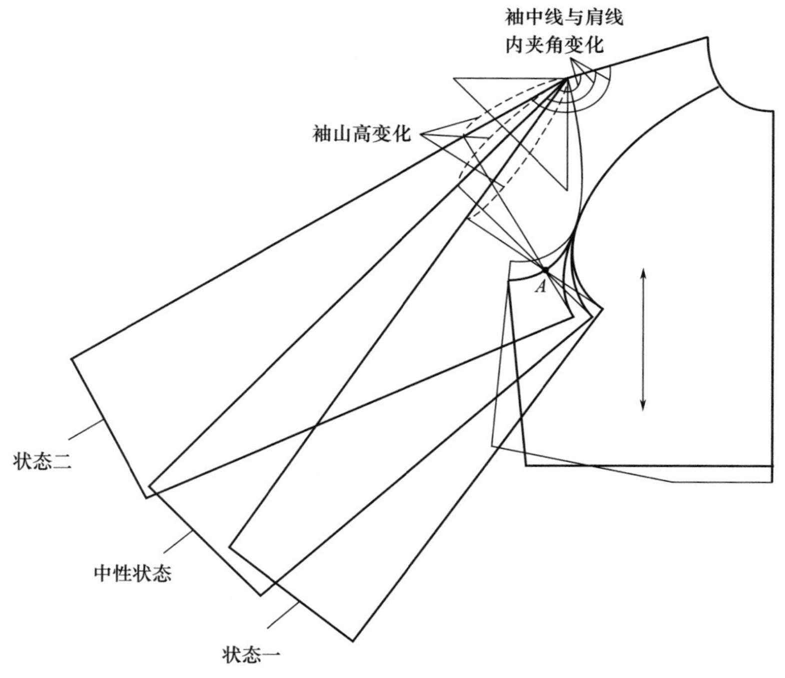

图 3-22　连身袖造型原理

是中性状态，下移是偏合体状态，上抬则是宽松状态。此外，在中性连身袖中前、后袖中线的倾斜度都是一致的，但偏合体、宽松结构往往是后袖中线倾斜度小于前袖中线，即后袖中线比前袖中线上抬量要大 0.5 ~ 1cm。

三、连身袖款式变化

连身袖款式变化比较简单，以前、后转折点为起始点，分割线可以指向除了交叠部分的任何一个方向，如图 3-23 所示，向衣身方向发展指向前中线、腰线；向袖子方向发展指向肩线、袖中线、袖口线等。如图 3-24 所示，为分割线指向前中线方向，使得袖片变大，衣身裁片减小。如图 3-25 所示，为分割线指向袖中线方向，使得袖片减小，身裁片增大。如

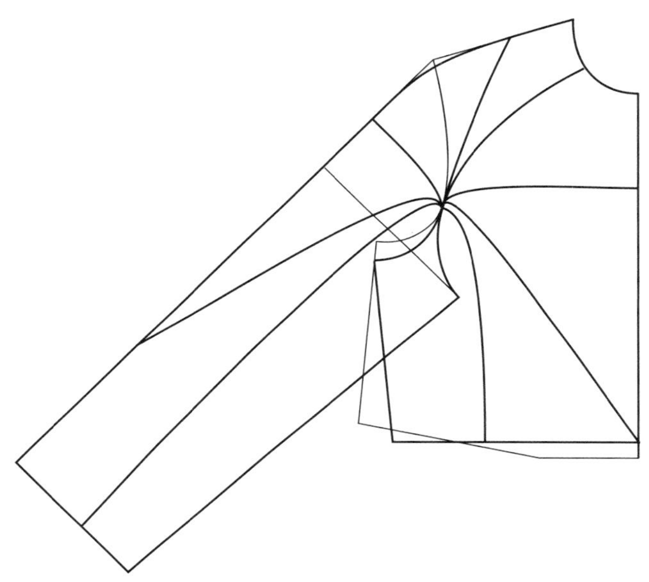

图 3-23　连身袖款式变化

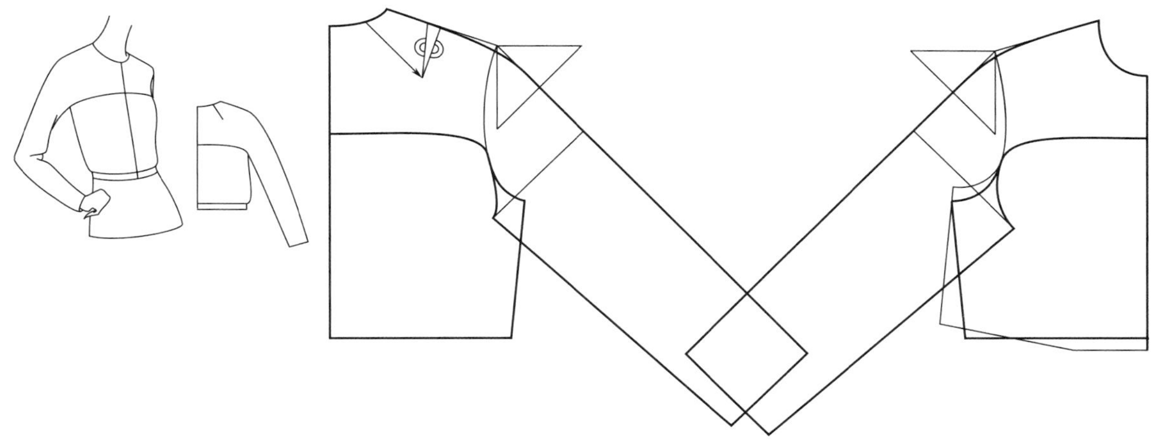

图 3-24

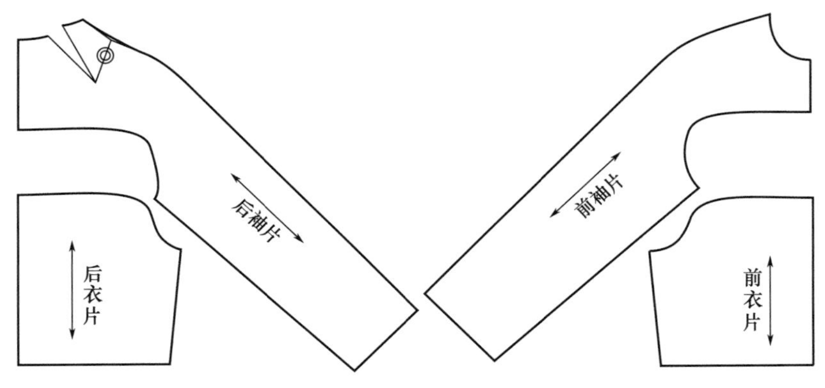

图 3-24　连身袖款式变化——前中线

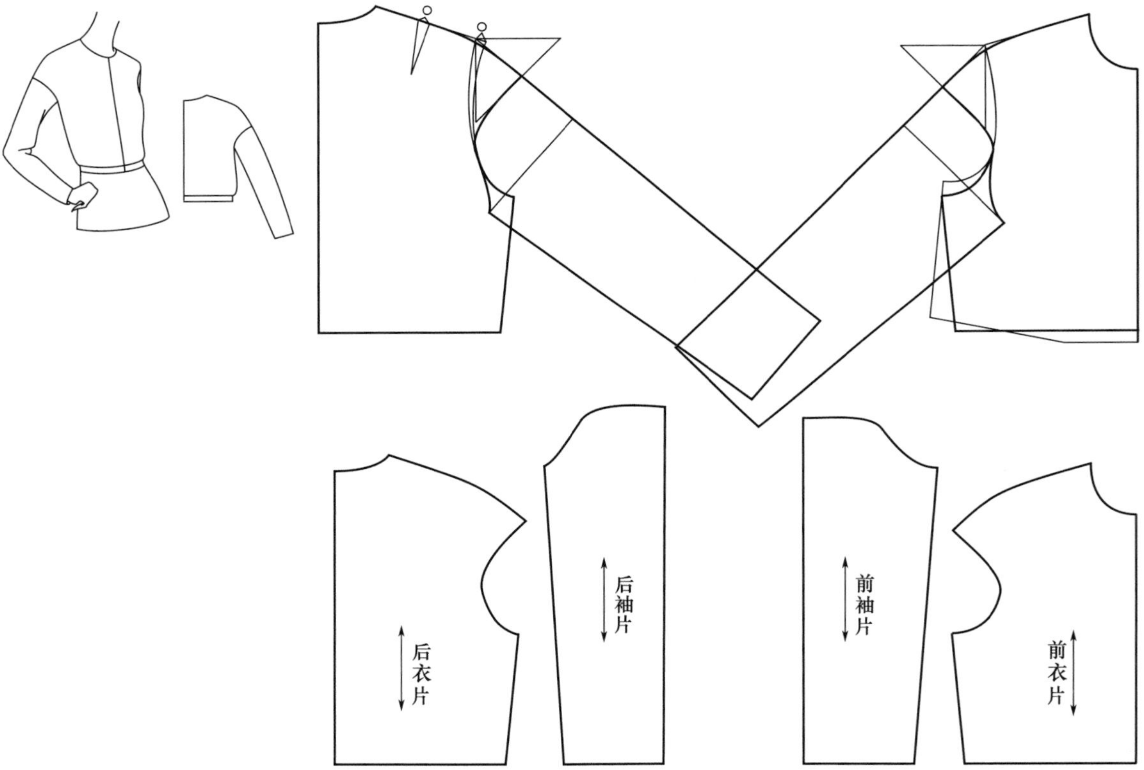

图 3-25　连身袖款式变化——袖中线

图 3-26 所示，为育克结构，分割线由袖中线指向前中线方向，经过转折点，形成一个包肩的款式，裁片分成三大块。依此类推，这类连身袖的款式变化可以使外观出现很大不同，但真正的结构变化、关键性取值还是与中性连身袖一致。

四、整体连身袖设计（蝙蝠袖）

整体连衣袖是指衣身与袖子完全连在一起，没有分割线，就是常见的蝙蝠袖的袖型。如

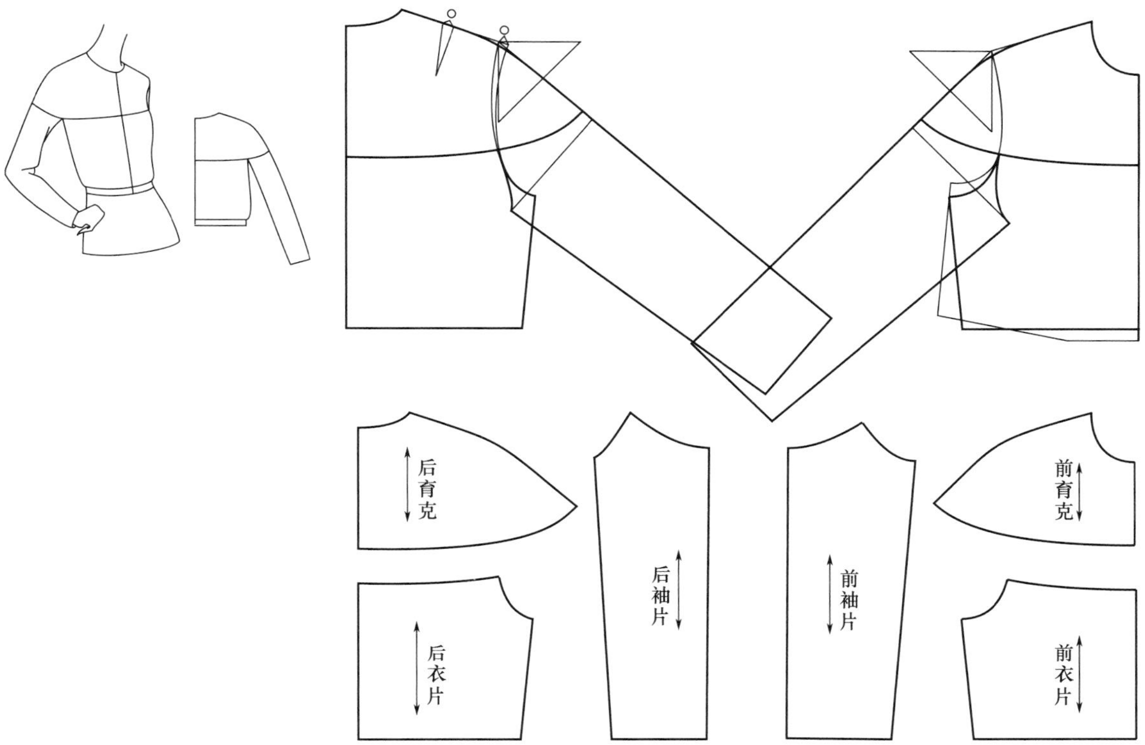

后育克 后袖片 前袖片 前育克
后衣片 前衣片

图 3-26 连身袖款式变化——育克

图 3-27 所示，为最小状态下的蝙蝠袖，以原型为例，袖片一般与肩点相对，其侧缝下量 5cm 点，与袖底缝下量 5cm 点，两点之间相距 10cm，腋下连接弧线，袖底缝呈向下倾斜状态，这是能够自然抬高手臂的最小状态下的蝙蝠袖。当袖底缝呈水平状态时，是比较理想状态的蝙蝠袖，这时肩点抬高，已经是比较宽松的结构了。当肩线与袖中线都呈水平线时，是蝙蝠袖的最大状态，袖底缝向上倾斜，是最为宽松的结构。

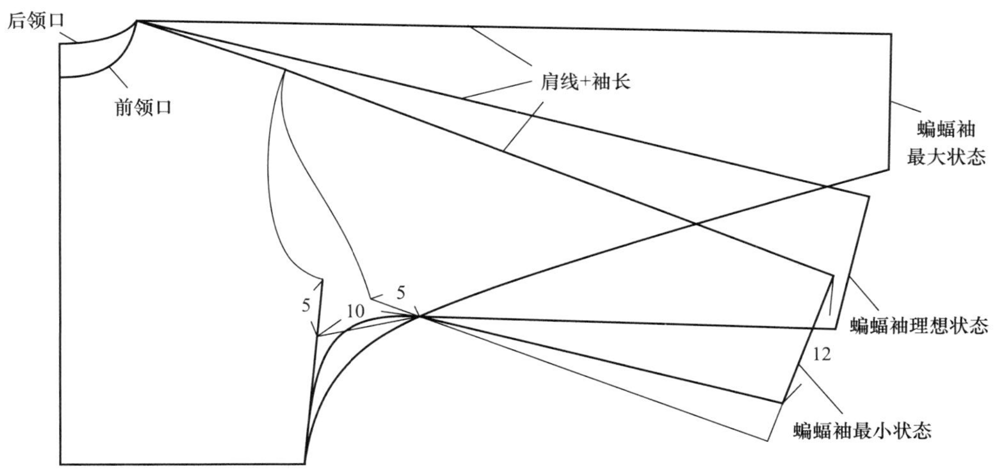

图 3-27 蝙蝠袖

五、袖裆设计

袖裆是一个功能性设计，相当于袖子与衣身交叠量中分解出去的那一部分，也可以认为是整体连身袖结构中在腋下加入的手臂运动量，使手臂抬起更方便。袖裆通常出现在宽松袖中，由于整体连身袖是袖子与衣身完全连在一起，宽松袖袖窿较深，当手臂抬起时衣身会约束袖子，而影响抬臂的动作，因此，在腋下加入袖裆，则可以补充抬臂时的长度，当手臂放下时，不影响连身袖的整体外观。具体绘制步骤如下（图 3–28）。

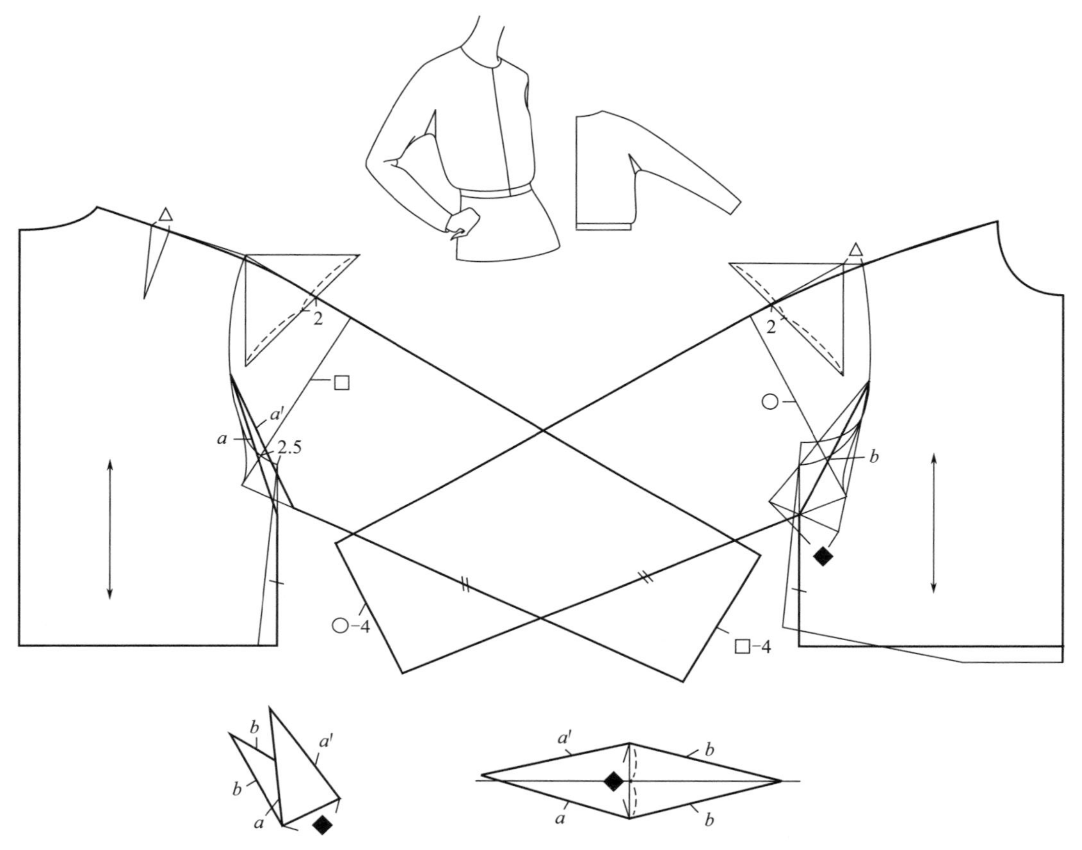

图 3–28　宽松袖裆

（1）轮廓线。按照中性连身袖的方式进行衣身对位。画肩点直角三角形，后片三角形斜边中点上抬 2cm，前片上抬 2cm。后片在距袖窿深点 2.5cm 处作落山线，取袖山高，在前片作落山线。取前、后腋点，并作剩余袖窿曲线的对称线。画出袖口线、袖底缝线。

（2）袖裆接缝。对比前、后片的侧缝、袖底缝线的长度。若后片长，则将前片的长度在后片量出，侧缝与袖底缝上的量取点与后腋点相连。这是两根袖裆接缝，为“*a*、*a*′”。前片将侧缝与袖底缝的交点与前腋点相连，这根线剪开后，则是两根袖裆接缝为“*b*”。

（3）袖裆。前腋点与袖窿深点、落山线端点相连并延长至和过侧缝与袖底缝的交点的直线组成等腰三角形为止。量取直线长度，这就是袖裆的宽度“◆”。画坐标轴，量取“◆”，然后在这之上将 *a*、*a*′、*b* 组合成菱形裁片，即为袖裆裁片。

结构设计基础——

领子结构设计

课题名称：领子结构设计

课题内容：无领结构设计
立领结构设计
平领结构设计
企领结构设计
西服领结构设计
连帽结构设计

课题时间：10学时

教学目的：了解各种领型、连帽设计原理，并能够灵活运用

教学方法：讲授

教学要求：1. 熟悉衣领的基本结构，能熟练掌握常用领型的设计原理
2. 熟练掌握连帽设计原理
3. 灵活运用原理进行合理设计

课前（后）准备：设计不同领型与连帽并绘制样板

第四章　领子结构设计

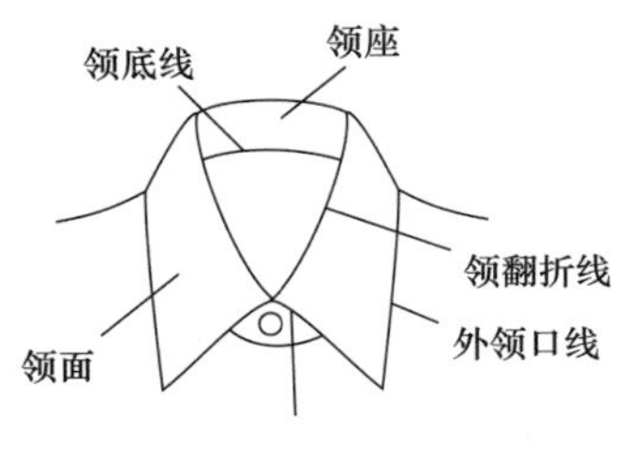

图 4–1　领结构名称

衣领分为立领、平领、企领、翻领四大类，以企领为例了解有领结构中最基本的结构线（图 4–1）。领子立起的部分称为领座；翻折下来的部分称为领面；与领口缝合的线称为领底线；翻领最外面的线称为领外口线。领座与领面的宽度以后中线长度为标准，前领宽与领尖的形状大小可以根据美观性自由设计，但前领宽线的斜度应该不大于 60° 角为宜，如果角度过大，左右两领尖则会在前中交叠。

第一节　无领结构设计

无领结构设计的关键在于前、后领口的开宽和开深。领开宽原则上是只要在肩点之内即可，没有具体数据局限，但从工艺角度来说，为了肩部缝制后毛边平整、服帖，一般开宽最大至距肩点 2cm。领开深前、后衣片不同，前片最深至 BP 点水平线处，后片最深可至腰线。如图 4–2 所示，领口的开宽和开深可以取等分点，也可以取数值。无领结构的领口设计举例如下。

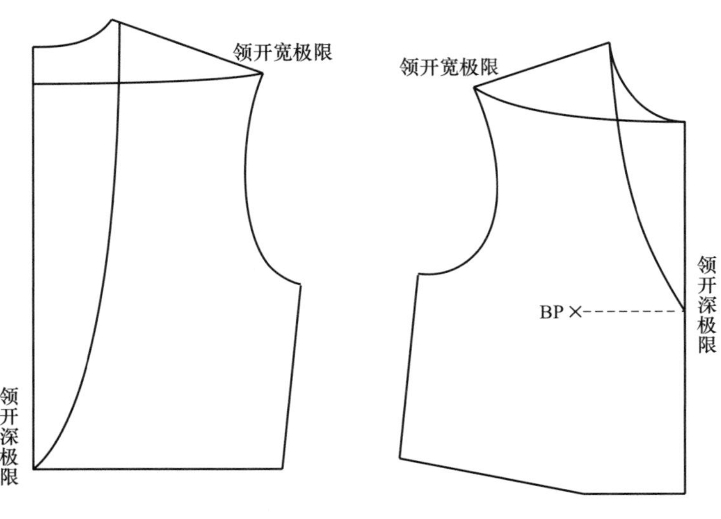

图 4–2　领开宽、开深限制

如图 4–3 所示，款式 A 是方形领，前、后片开宽 3cm，开深向下作竖直线，前片开深 5cm，后领口开深 2cm，并作水平线。方领领口应该为直角，但对于布料来说直角容易脱丝，因此将竖线向内收 0.5cm，既避开直角脱丝现象，又不改变方形外观。无领结构需要在领口作贴边，宽度为 3 ~ 4cm。

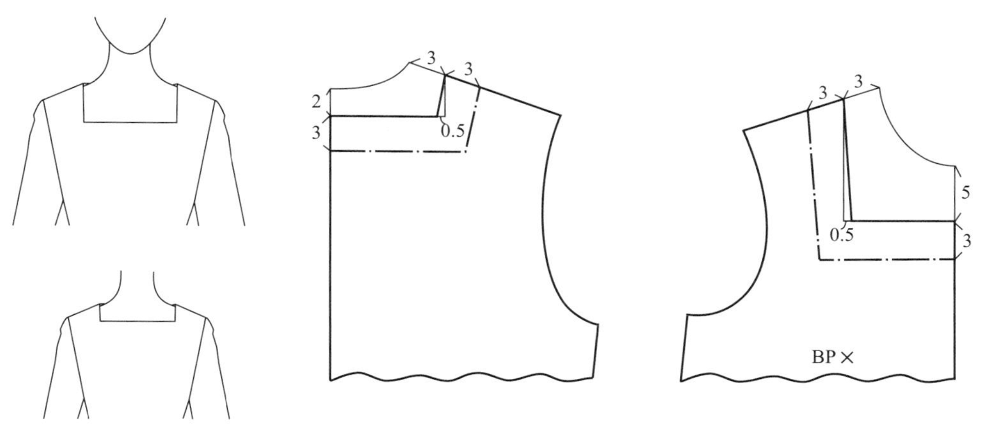

图 4–3　方形领

如图 4–4 所示，款式 B 是心形领，前、后领口开宽 4cm，前领口开深 8cm，后领口开深 3cm。前领口形状可以将开深与开宽点连成直角，将竖线等份，按照等分点来绘制曲线。领口贴边款度为 4cm。

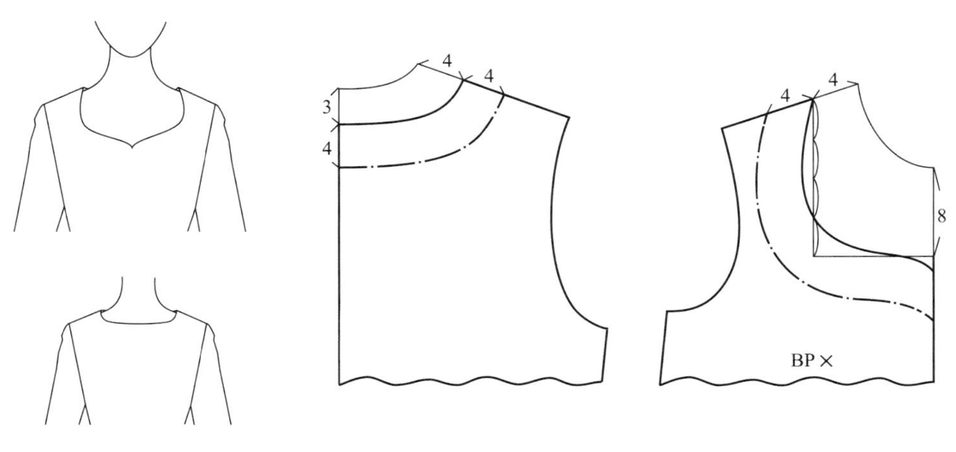

图 4–4　心形领

如图 4–5 所示，款式 C 是一字形领，前、后领口开宽 7.5cm，前颈点上抬 0.5 ~ 1cm，后颈点下移 3cm。如要将肩线前移，可以前肩部去掉 1 ~ 1.5cm，合并至后肩线处。领口贴边宽度为 4cm。

如图 4–6 所示，款式 D 是深 V 领，前、后片开宽取前肩线的二分之一，前片开深取前颈点与 BP 点水平线点之间线段的交点，后片开深至腰线之上 10cm。由于女性人体胸凸较高，腰围较细，胸部与腰背部都存在一定的落差，因此，当前、后领口开深较大时，为了使得领

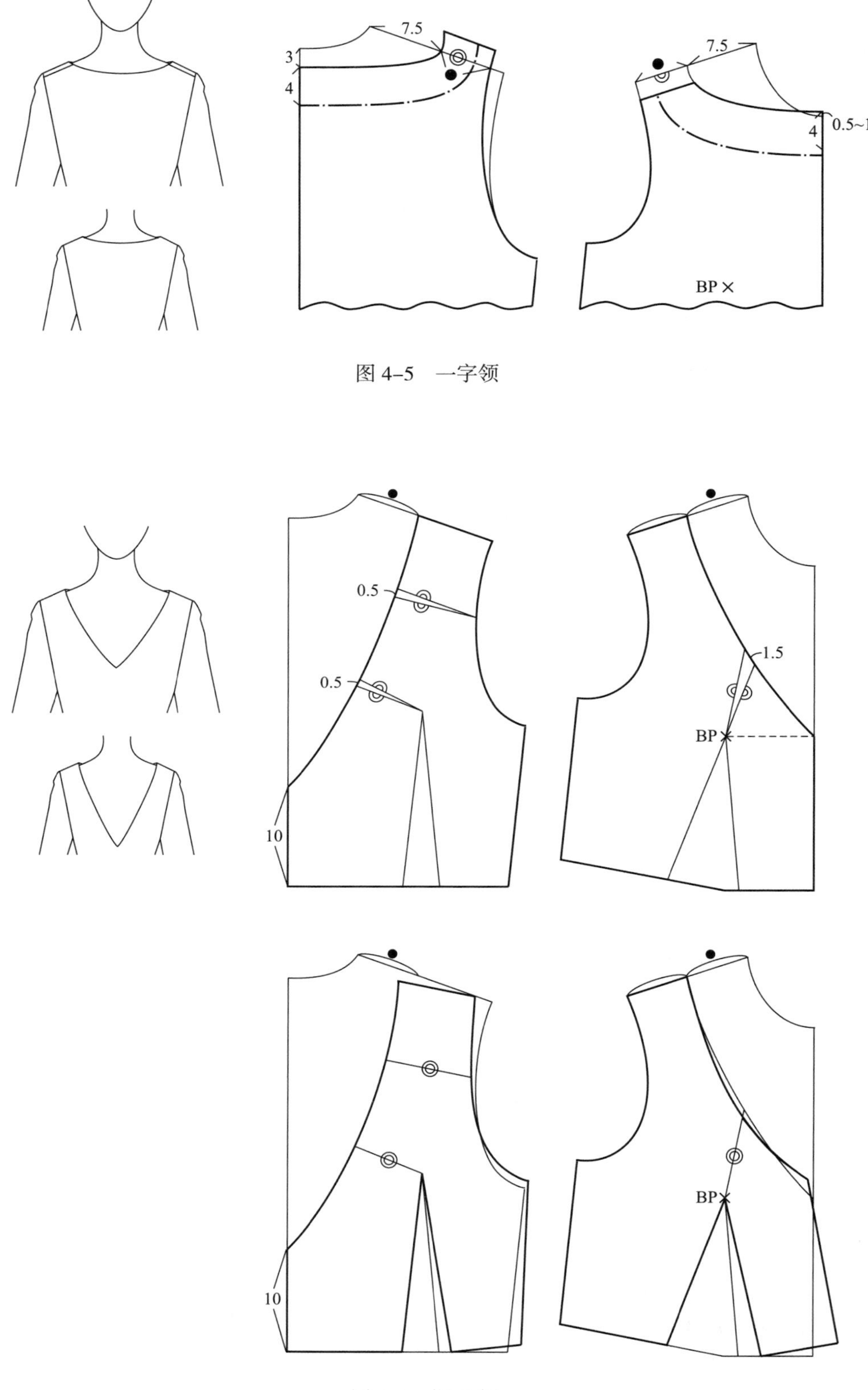

图 4-5　一字领

图 4-6　深 V 领

口服帖，需要将这些落差作为省量加入，否则会使得领口有余量，显得松垮。前衣片领口可加入 1 ~ 1.5cm 省量，后衣片领口可加入 0.5 ~ 1cm 省量。

第二节　立领结构设计

一、立领结构原理

立领是只有领座，没有领面的领型，造型简洁，是我国传统服装——旗袍、中山装的专用领型，现在成为中式服装的经典结构之一。以立领结构为基础可以推演出其他领型包括平领、企领等结构变化原理。

首先针对立领的结构进行一个试验。立领类似一个矩形，立领下口线即领底线要与领口线缝合，因此长度要相等，后领口长度为“○”，前领口长度为“△”，矩形长“○ + △”，宽为立领高度。将此立领裁片缝合在领口后，成圆柱状态，但人体颈部上细下粗，立领也需要符合这一特征。领底线长度不能变，但领上口线需要缩小，可以将上口线靠近前中部分以捏省的方式折叠，以符合颈部上口围度，折叠后的矩形后半部向上弯曲。因此，合理的立领样板外形是略有上抬的弧形，此结构也称为“上翘”（图 4–7）。

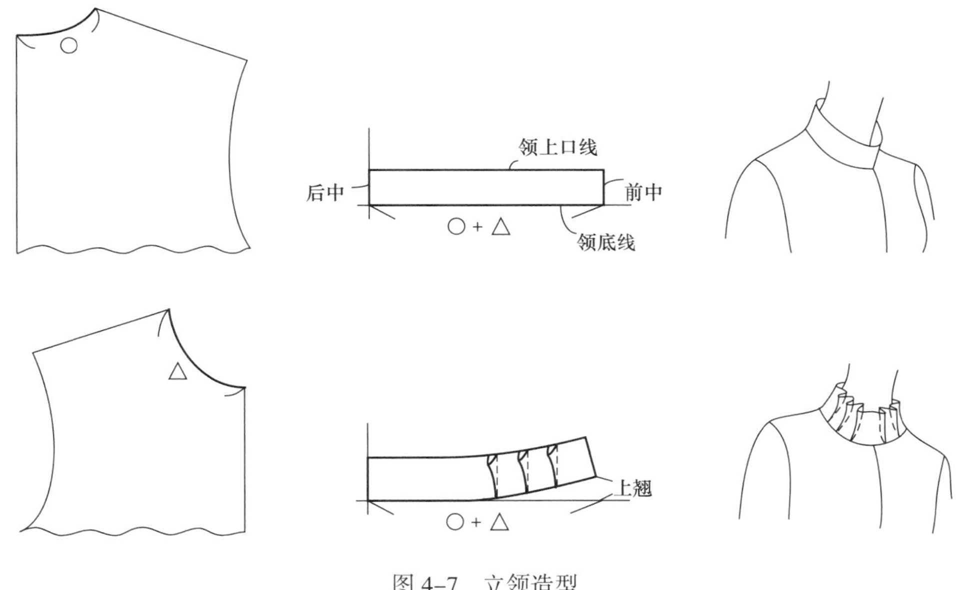

图 4–7　立领造型

以立领结构造型为基础再来分析领型的变化。立领造型是内收状态，样板是上翘的，当领型更加内收或者外展时，则变化出各种领型，从中了解领型结构变化原理。

其一，如图 4–8（a）所示，当领口开大，立领可更为内收，样板上翘值应该更大；当立领内收状态直至平贴于肩部时，领底线曲度与领口线曲度相等，立领成为明贴边。

其二，如图 4–8（b）所示，当领型外展时，其领上口线不需要符合颈部结构，即不需要减小，而是要加大。领底线长度依然不变，加大领上口线长度，其结构样板就呈现下弯状

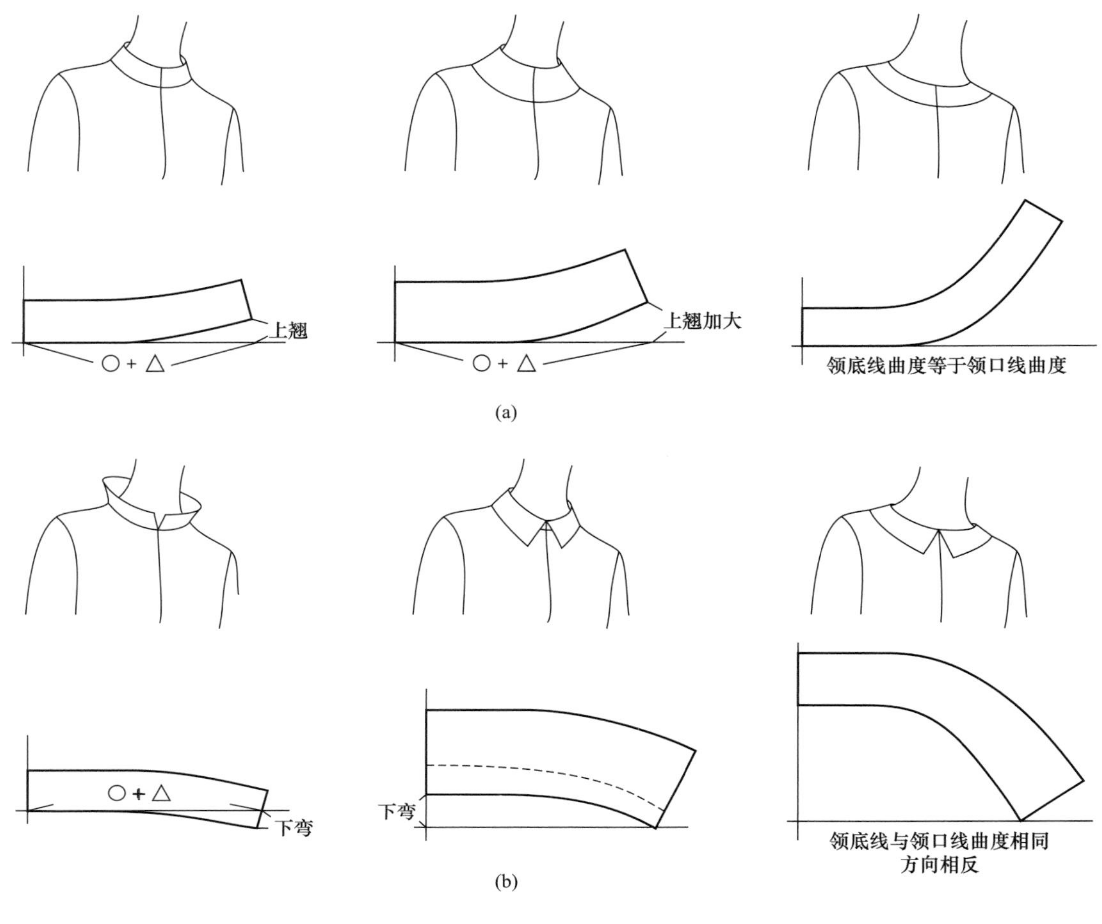

图 4–8　立领原理

态，因此，外展领型样板不是上翘，而是下弯。当领型更加外展，领面增大时，有一部分领面支撑不住就会翻下来，这样就形成了领座与领面，领型则演变为连裁企领，其样板的下弯值也会越大，从中可以总结出，领子越向外展，下弯值越大，领面则越大，领座则越小。领子继续外展，当领面完全翻折平伏于肩部时，领底线与领口线曲度相同、方向相反，立领则演变成平领。

从以上变化可以总结出上翘值、下弯值与领座、领面之间的变化关系，也是领型结构造型的关键，在各种领型中根据款式设计需要灵活运用。

二、立领设计

1. 一般立领

图 4–9 所示，款式领为一般立领，领口为原型领口，立领之上有一粒扣。其绘制步骤如下。

（1）在横竖坐标轴上绘制，横坐标上量取前、后领口线之和“○ + △”。

（2）将“○ + △”长度三等分，并以第二个等分点为轴心，将第三个等分线段上抬 1.5cm。

（3）纵坐标轴即为领后中线取立领高度 3.5cm，对上抬线段作短垂线，此为领前中线，

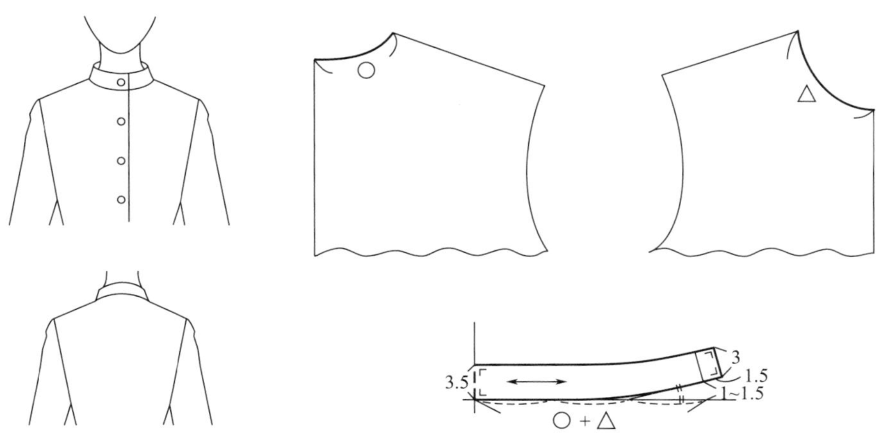

图 4-9　一般立领

长度为：立领高 -0.5cm，为 3cm，对后中上端点作垂线，对前中线作垂线，两垂线交角修顺成弧形，前中线之外加入搭门量 1.5cm，修顺领底线，标记扣位，后中线画虚线表示连裁。

立领的上翘量可以按照公式计算得出，公式为：

上翘量 =（衣领底线长度 - 衣领上口线长度）÷ 3

这个公式适用于合体的立领结构上翘度的理论依据，实际操作时可以根据计算出的数据上下浮动。一般立领上翘量一般为 1 ~ 2cm，如果领口开大，理论领上口线需要符合颈部围度，其上翘值就需要加大。

2. **旗袍领**

图 4-10 所示，款式领为旗袍领，其结构与一般立领相似，只是旗袍领更加挺立、服帖，更符合人体颈部。其领底线上翘为 2cm，立领高度为 3.5 ~ 4cm。

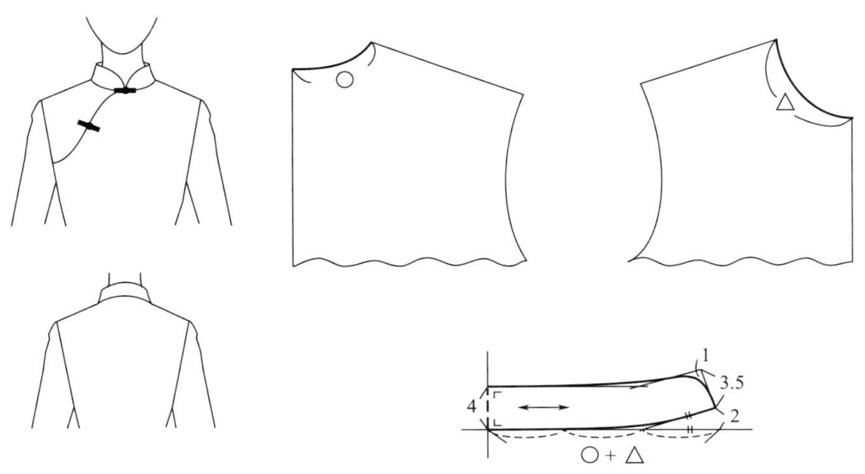

图 4-10　旗袍领

3. **高立领**

立领还可以用于秋冬的外套，如图 4-11 所示，款式的领座较高，并有两粒扣。秋冬外套

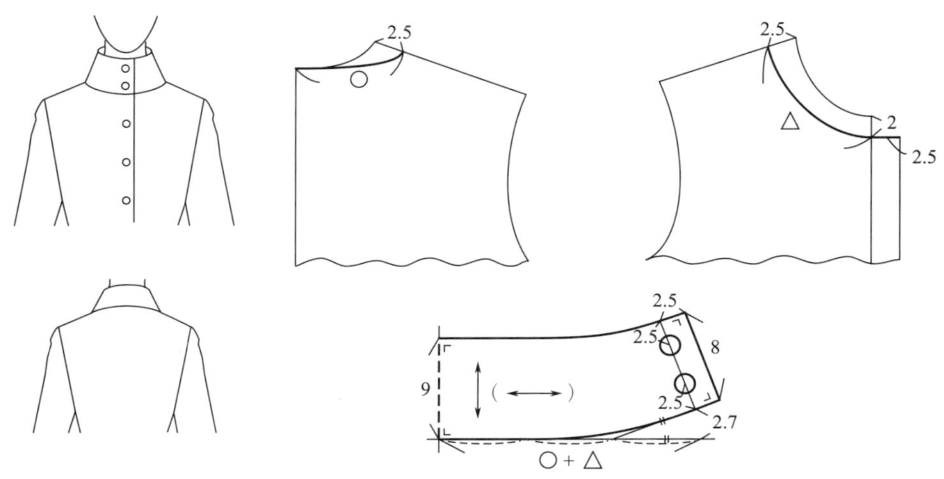

图 4-11　高立领

由于内穿衣服较厚，领口也需要开大。其绘制步骤如下。

前、后领口开宽 2.5cm，前领口开深 2cm，将前中加出 2.5cm 搭门量，有领结构后中线一般不开深，重新绘制领口，前、后领口线要与前、后中线呈直角。领子样板绘制首先要在横坐标轴上量取前后领口长度“○ + △”，并将其分成三等份，以公式计算上翘值为依据可取 2.5 ~ 3cm，后中线（纵坐标）取值 9cm，前中取“立领高 -1”，连顺领上口线，并垂直于前、后中线。在前中线上加出 2cm 搭门量，并在距上下边缘各 2.5cm 处定扣位。布丝方向为直丝，平行于后中线。

4. **外展立领**

如图 4-12 所示，款式领可以用于旗袍的领型，领座宽，且向外展开，又称为“凤仙领”。其绘制步骤如下。

在横坐标轴之上取前、后领口长度“○ + △”，并三等分，以第二个等分点为轴心，下落 3cm，作前中垂线。在后中线（纵坐标）取领座高 10cm，前中取 9cm，并作前后中的垂线。

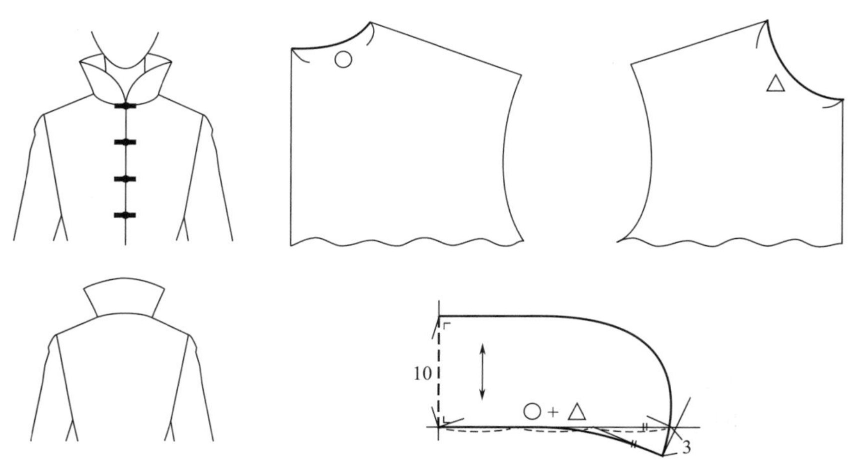

图 4-12　外展立领

后领口长度之前按照外展立领的外形修顺领外口线，呈弧线。

5. *原身出立领*

所谓原身出立领如图 4–13 所示，结构是在衣身之上直接加出立领，此结构需要处理颈部与身体形成凹势所带来的余量，要领服帖，则需将余量捏合成省，还需要将立领与肩线连顺。图 4–13 所示款式前领口有曲线形开口，前、后颈根处各有两个领省。其绘制步骤如下。

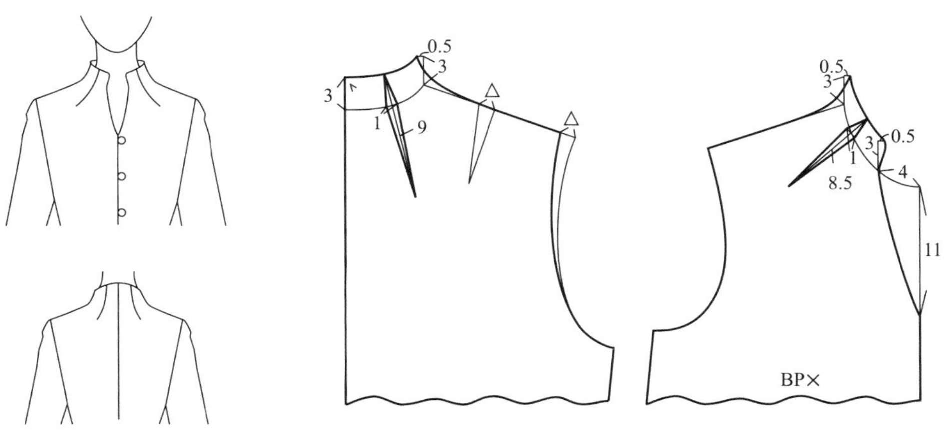

图 4–13　原身出立领

将后中线、前后侧缝都竖直向上延长立领高度 3cm，侧缝加出的领高分别向内收 0.5cm，使与颈围相符。将后片立领上口线连顺，并使后中线呈直角。将肩胛省量从肩线末端去掉，将立领内收点与肩线连顺。前衣身在领口线上取 4cm，设定为一半开口量，从此点向上做领高 3cm，将前领上口线画顺，前门襟的领口按照开口的形状绘制。前后的领省是取原型领口线中点，并取省量 1cm，作成菱形省，省之上至领上口线，下省长：前省为 8.5cm，后省长为 9cm。

第三节　平领结构设计

平领也被称为扁领、坦领，是有领面无领座或领座极低的领型，根据领宽与领口形状的变化设计领型，广泛使用于女装与童装中。平领的样板是直接在衣片领口上绘制，直观、易把握领造型。

一、平领的样板分析

以一个常见的平领为例（图 4–14），如果平领无领座，则领底线与领口线曲度一致，其样板是将前、后衣片侧颈点、肩线重合，以领口线为领底线，在后中线上设定领面款式，再直接画出领子的外形即完成扁领制板。领底线与领口线缝合后，边缘会显露线迹，外观不够完美，如果有一点领座则可以将线迹隐藏，根据领型结构原理，下弯曲度减小，领座则会增大，对于平领来说，下弯曲度减小的方法则是以侧颈点为轴心，将后片下落，使前、后衣片

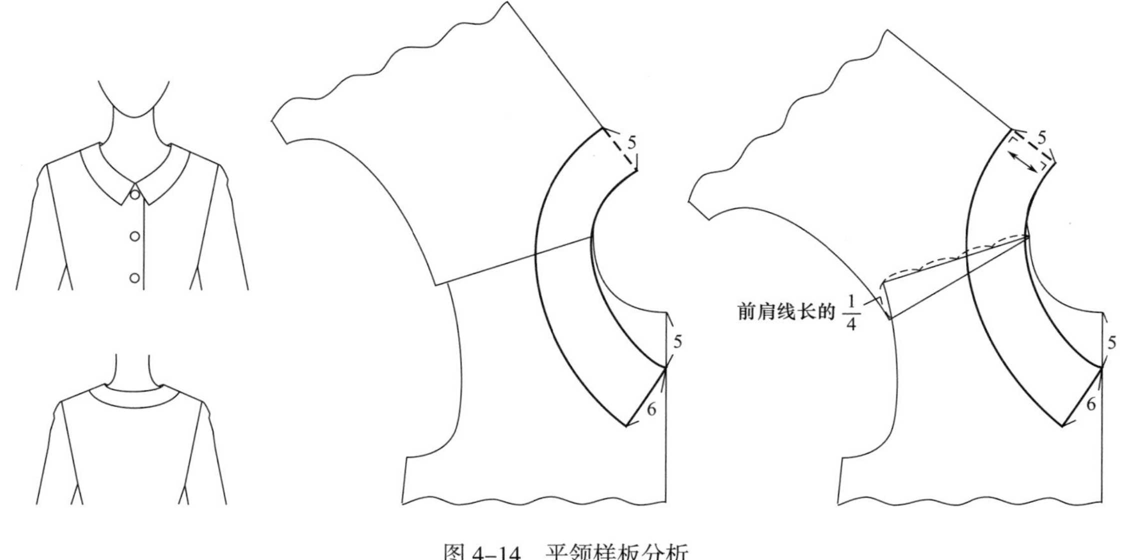

图 4-14　平领样板分析

肩部有重叠，重叠的大小决定领底线的曲度大小、平领领座的高低，因此，肩部重合量是扁领造型的主要因素。

二、平领设计

1. 铜盆领

铜盆领是经典的平领（图 4-15），领座极低，前领角成小圆弧状，显得可爱、活泼。铜盆领领座高低是根据设计需求而定的，没有固定的数值要求。其绘制步骤如下。

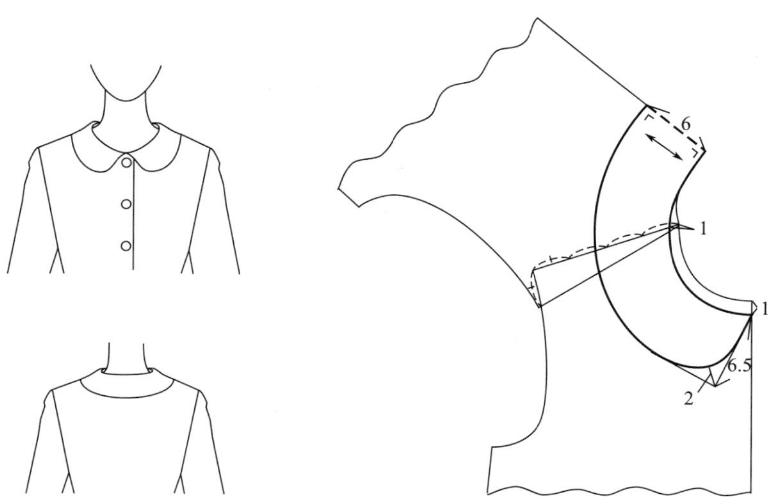

图 4-15　铜盆领

将前、后衣片测定点重合，并以侧颈点为轴心将后衣片下落，肩部重合量为$\frac{前肩线}{4}$，这样会使领子有 1 ~ 1.5cm 的小领座。将前颈点开深 1cm，重新绘制领口线。在后中线上取领面宽 6cm，依照领口形状绘制领外口线的形状，并垂直于后中线，与前领宽线成直角，作直角平分线，在平分线上取 2cm，画弧线，完成前领角的圆弧。

2. **海军领**

海军领是后领较宽的方领（图 4–16），来源于海军军服，故称为海军领。该款式后领口上抬 0.5cm，侧颈点延长 0.5cm，前领口开深为 10cm，为 V 字造型，肩点重合量取 1.5cm，后重新绘制领口。后中线取 12cm 为领宽，然后作后领宽垂线，长度至与袖窿曲线相距 1 ~ 1.5cm 为止。然后再作该线的垂线，过肩线后作弧线至领开深点。布丝方向平行于后中线。

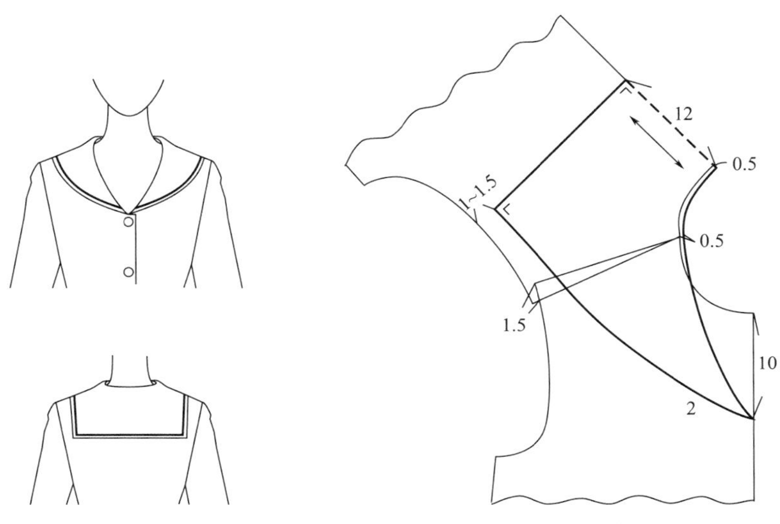

图 4–16　海军领

3. **波浪领**

波浪领（图 4–17），领外口线有余量形成自然褶皱，外观似荷叶边。外口线的余量需要

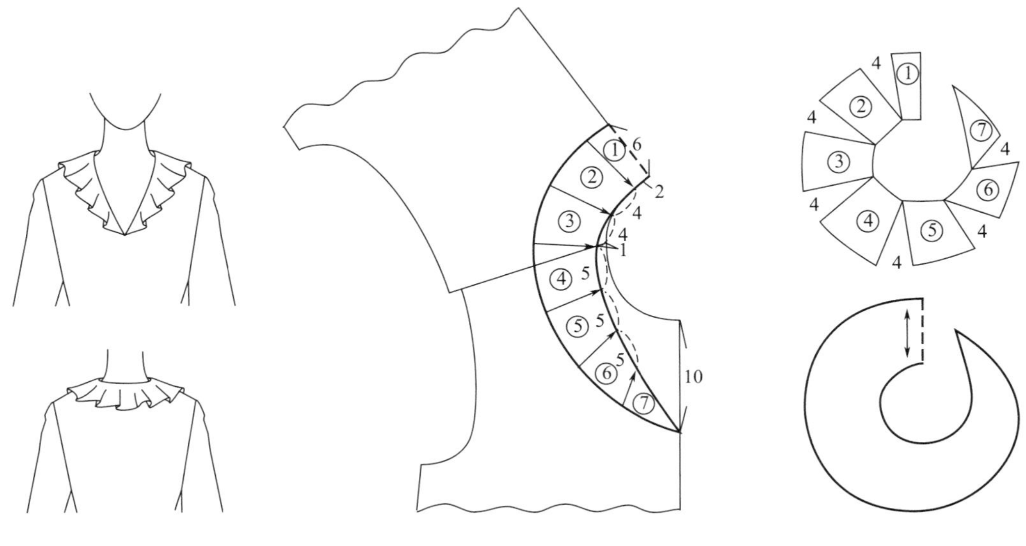

图 4–17　波浪领

切展而得，凡是领外口线需要切展的平领不需要进行肩部重合，因为经过切展后的领底线曲度变大，抵消了肩部重合所减小领底曲度。

该款式线开深前领口 10cm，重新绘制领口；在后中线取领宽 6cm，作领外口线，并垂直于后中线。在领底线上取等分点，从外领口线向等分点画切展线，每个切展量为 4cm。展开图需要按照切展量切展，并修顺领底线与领外口线。布丝方向平行于后中线。

第四节　企领结构设计

企领有着较完整的衣领结构，是既有领座又有领面的领型，通常用作衬衣领和外套的领型。企领又分为分体企领和连裁企领。

一、分体企领

分体企领是领座和领面分开，由两个裁片组成，领座与立领的结构一致，样板为上翘，领面外翻，样板为下弯。

1. 一般分体企领（衬衣领）

一般分体企领的样板绘制，领口不开宽、不开深，领座上翘取值为 1 ~ 1.5cm，下弯值则为 2 ~ 3cm，领面宽至少要比领座高多出 1cm，以便于领面下翻时能够盖住领座。领尖的大小与形状是根据其美观性自由设计的，前领宽线具体绘制如下。

如图 4–18 所示，领座的样板制图与立领一致，在横坐标轴上量取前、后领口线长度“○ + △”，领底线上翘 1.5cm，领座高 3cm，搭门量 1.5cm，搭门量上口为圆角。在领座高之上量取领面下弯度量 3cm，再向上量取领面宽 4.5cm，作领面下口线。下口线在后领长度内保持水平，之后逐渐弯曲，交于领座上口线，长度与领座上口线一致。领尖部分是从领面下口线端点竖直向上量取 6cm，过该点水平向外延长 4cm，后连接外领口线，依然是在后领口长度内保持水平，之后与领尖点相连。

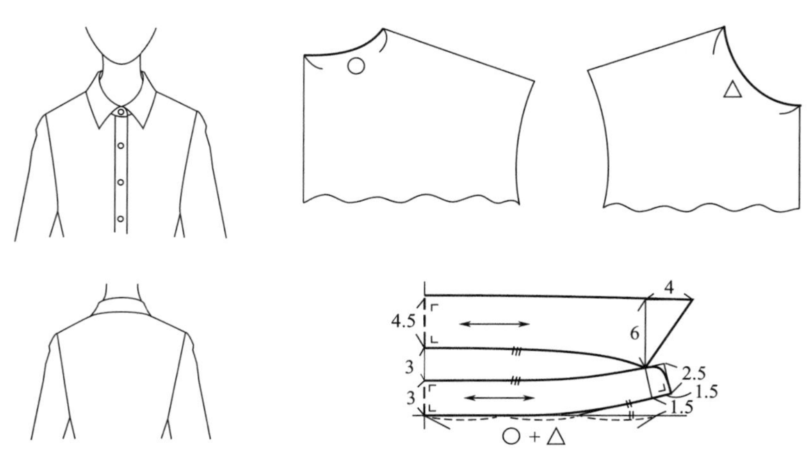

图 4–18　一般分体企领

2. 分体企领造型原理分析

分体企领的领座和领面的造型分别是由上翘值与下弯值决定的，将上翘值设定为 a，下弯值设定为 b，来分析两者之间的关系（图 4–19）。

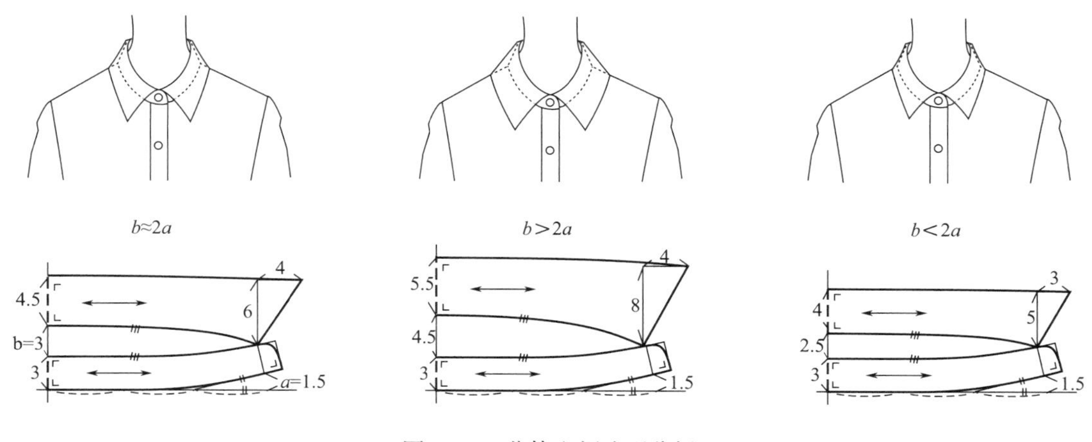

图 4–19　分体企领造型分析

当 $b \approx 2a$，如果对领面单独作横坐标轴的话，可以视为下弯度与上翘度大约相等，使得领面下翻时与领座服帖。

当 $b > 2a$，即下弯度大于上翘度，领面翻折容易，并与领座之间空隙大。

当 $b < 2a$，即下弯度小于上翘度，如小于的值在 0.5cm 之内，领面与领座呈贴紧状态，如大于 0.5cm，则领面翻折困难。

由上可知，一般情况下，下弯度 b 值是不小于 2 倍上翘值 a 的，而 b 小于 $2a$ 的情况较少，b 的取值也有限制。此外，当分体企领用于外衣时，领口需要开宽、开深，为了使领口符合颈部特征，领上翘值需要加大，下弯值以 $b \geqslant 2a$ 为参考取值。

二、连裁企领

连裁企领是领座与领面在一起，为一个下弯曲度的裁片，决定其造型的主要参数为下弯值。

1. 一般连裁企领

连裁企领设计如图 4–20 所示，在纵坐标轴上先取下弯值 4cm，过此点作水平线，长度为后领口线长“○”，接着画直线为前领口线长度“△”，并与横坐标轴相交，修顺领底曲线。在下弯取值之上取领座高 2.5cm，再取领面宽 5cm。在领底线前端点向上画竖直线 9cm，过该点作水平线 3cm 定点，为领尖点，连接领外口线与前领宽线。

2. 连裁企领造型原理

分体企领的领座与领面是分别造型的，领座可以很好地符合颈部特征，而连裁企领中领座与领面在一个裁片上，就决定了它不能很完美地迎合颈部曲线，领面翻折后也不会像分体企领那样能够扣合紧密，领座与领面会有空隙。

连裁企领的造型原理与立领原理相契合，下弯曲度越大，领向外翻折的程度越大，致使

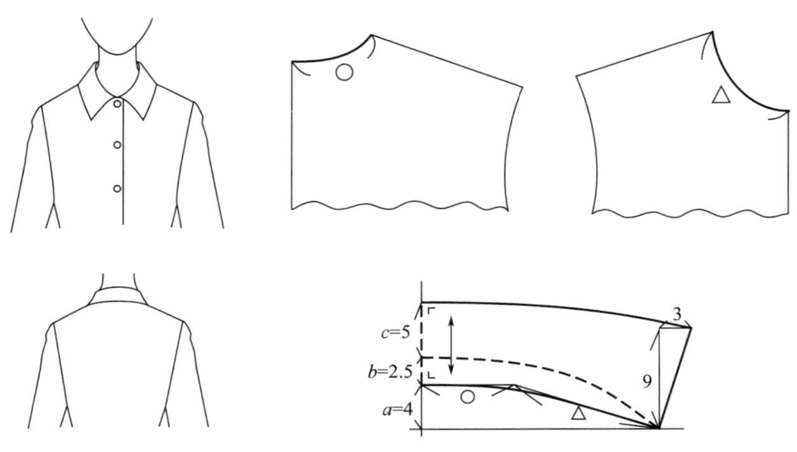

图 4-20　连裁企领

立起的领座减小，翻折的领面增大，即下弯值与领座成反比，与领面成正比。现设定下弯值为“a”，领座高度为“b”，领面宽度为“c”，则是 a 与 b 成反比，a 与 c 成正比。下弯曲度 a 值与 c、b 的取值有着必然关系，当 $a=c-b$ 时，领座与领面空隙较小；当 $a>c-b$ 时，领座与领面空隙增大。

3. **切展法绘制连裁企领**

这种方法是先在领口上画出成品衣领的形态，如图 4-21 所示，然后绘制无下弯曲度的衣领裁片，通过切展法将领外口线展开，使之符合成品衣领外领口线长度。具体绘制如下。

（1）后衣领。将后中线竖直向上延长领座高度 2.5cm，再向下量取领面宽度 5cm。从侧颈点画竖直线 2.5cm，内收 0.5cm。从该点画衣领在肩部的倾斜状态，原则上斜线长度可自由设计，一般衬衣在侧边的领子长度与领后中宽度一致或相差 0.5 ~ 1cm。连接领子翻折线、外领口线。

（2）前衣领。前侧颈点与后侧颈点一致，向上作竖直线 2.5cm，内收 0.5cm，画斜线，长度与后片一致。绘制成品前领宽线，连接领外口线。领尖的角度设定为“α”。

（3）衣领裁片。在横坐标轴上量取前、后领口线长度之和“○ + △”，纵坐标轴上先量取领座高 2.5cm，再量取领面宽 5cm。前领宽长度与成品前领宽一致，领尖等于 α 角，绘制外领口线，并垂直于后中线。

（4）切展。量取成品领后外领口线长度“m”和前外领口线长度“n”之和，与衣领裁片的外领口线长度“l”相对比，其差值为切展量。展开后，外领口线长度最终与设定好的成品外领口线“$m+n$”一致。切展位置有三种。

①第一种。将切展点靠前设定，如以后领口长度点作切展点，从领外口线数值向切展点作切展，下弯值较大，领座与领面空隙较大。

②第二种。将切展量均分到两个或三个切展中，如量取领底线的中点，再左右各取 4 ~ 5cm 定切展点，以三个点位切展点进行切展，切展量平均，得出的下弯值也比较大，领底线与领外口线弧度均匀。

③第三种。将切展点靠后设定，如领底曲线三等分，在第二个等分点作切展，下弯值较

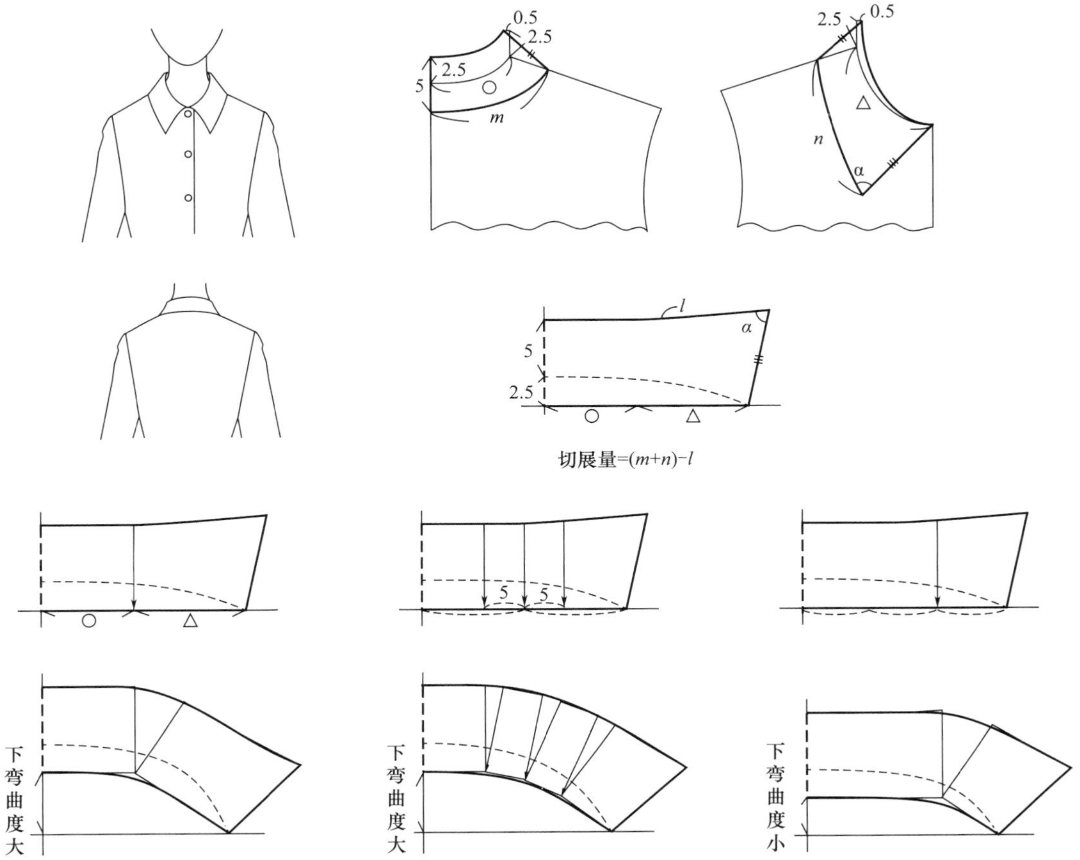

切展量$=(m+n)-l$

图 4–21　连裁企领切展法

小，领座与领面空隙较小。

可以根据领型需求在不同部位进行切展，展开后下弯曲度自然形成，最后修顺领外口线与领底线。

第五节　西服领结构设计

一、西服领设计

西服领是西服最有特色的结构之一。西服领由翻领和驳领组成，因此又称为翻驳领，翻折线称驳口线。翻领与衣片领口与串口线连接，有领座、领面，驳领是衣身裁片的一部分，有领面、无领座驳领上口线为串口线，翻领与驳领连接处形成的角为领嘴（图 4–22）。下面介绍常见的翻领。

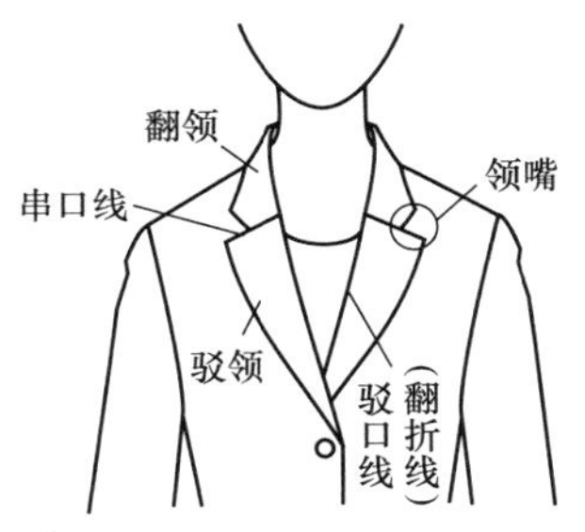

图 4–22　西服领结构

1. 平驳领

平驳领也被称为八字领，领嘴形成“八”字形状，是西服领中最为常见的领型。其特点是领开深到腰围线，驳领宽 7 ~ 8.5cm；翻领后中线领座高 2.5cm，领面宽 3.5cm；领嘴角度小于等于 90°。翻领造型关键参数为倒伏量，其原理类似于企领的下弯曲度，经典平驳领的倒伏量为 2.5 ~ 3.5cm。以原型衣片为例，平驳领具体绘制如下（图 4–23）。

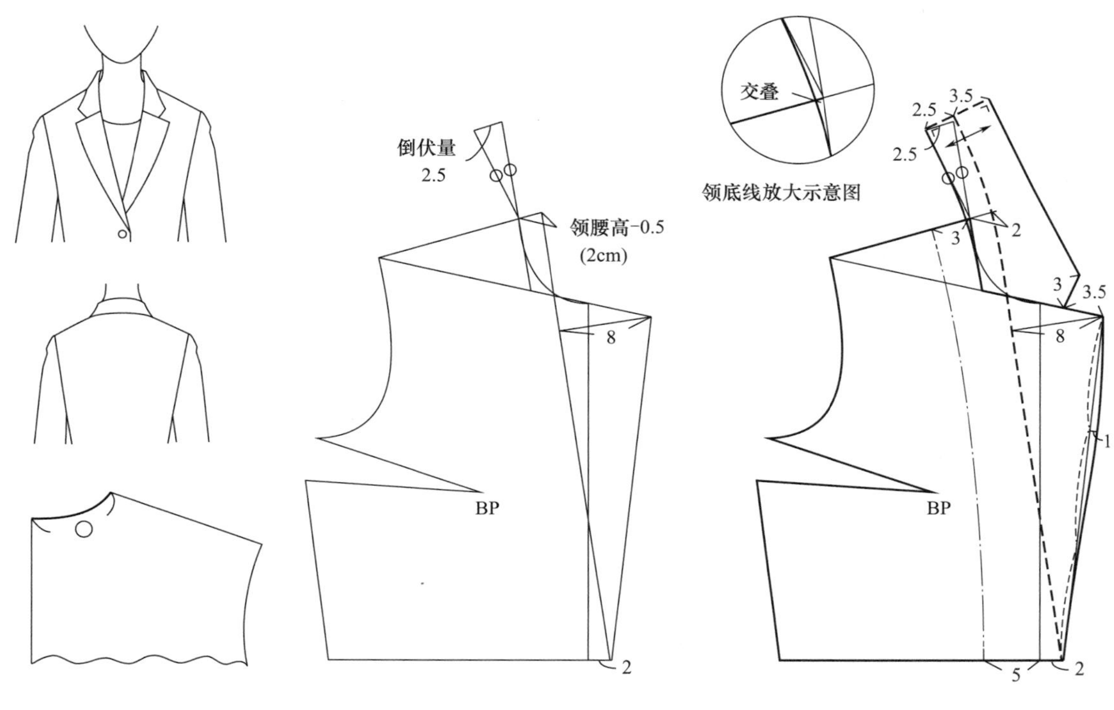

图 4–23 平驳领

（1）驳领。在腰线前中加出搭门量 2cm，向领口方向延长肩线，取领座高 –0.5cm（2cm），连接两点形成翻折线。连接肩线中点与前颈点，形成串口线。过侧颈点作翻折线的短平行线，与串口线相交。作驳领宽 8cm，连接驳领外口斜线，为了使驳领外口线呈微凸弧线，将领外口斜线三等分，第一个等分点垂直向外 1cm，连接驳领外口线。

（2）过面。过面是贴缝在门襟与前领口的裁片，西服领结构翻折在外的驳领是过面裁片。一般在肩线上取 3 ~ 4cm，距离前中线 7cm，连顺成弧线，为点划线，即过面边缘线，点划线右侧衣身裁片为过面裁片。

（3）翻领。在侧颈点平行线上取后领口长度“○”，以侧颈点为轴心将后领口长度向后倾倒 2.5cm，此数据被称为倒伏量，是翻领造型的主要因素。对倾倒后的直线作垂线，为后中线。在后中线上取领座高 2.5cm，再取领面宽 3.5cm。驳领前端取 3.5cm，再作 3cm 直线，角度≤ 90°，形成领嘴。从领面宽右侧点作肩领外口线，与领嘴相连，并垂直于后中线。修顺领底曲线，在折角处抹 0.5cm 弧线，即翻领与衣身有一小部分交叠，分解时需补足。

平驳领的款式结构变化可以在领开深、领面宽度、串口线等方面进行变化，前两者会影响倒伏量的变化，在后文中介绍。而串口线的变化是平面的，倒伏量不变，它可以抬高、下落、上斜、下斜、曲折，配合领面与领开深的变化能够使翻领外观有很大不同（图 4–24）。

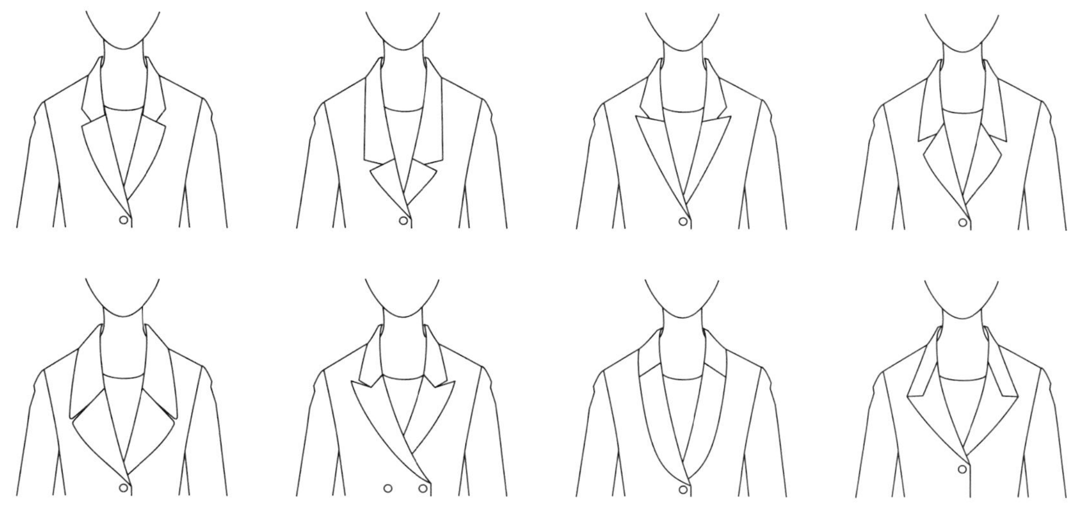

图 4–24　串口线变化

2. 戗驳领

戗驳领（图 4–25）结构与平驳领相似，只是在驳领前端多出尖角，被称为"戗驳头"，戗驳头各尺寸 *a* 为 3cm，*b* 为 4.5cm，*c* 为 5.5cm，可以紧贴翻领，也可相隔 1cm 左右。

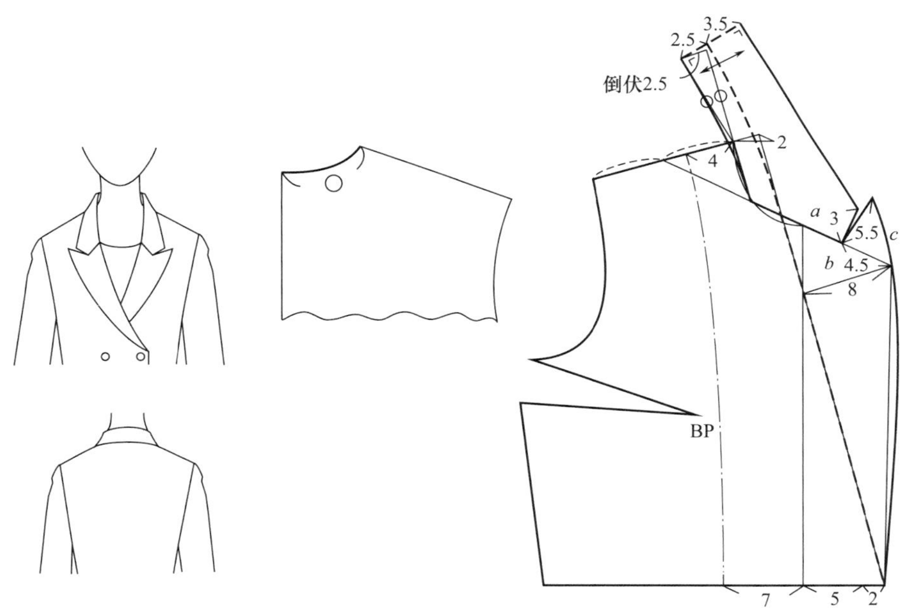

图 4–25　戗驳领

3. 青果领

青果领结构与平驳领基本相似，只是外领口线上无领嘴，是平顺流畅的弧线，领面上无串口线，即青果领是一个完整裁片。如图 4–26 所示，但领底曲线与衣身有小部分交叠，为了便于裁片分解，在领里部分设计串口线分割，领面即过面部分采用另外的分解方法。在过

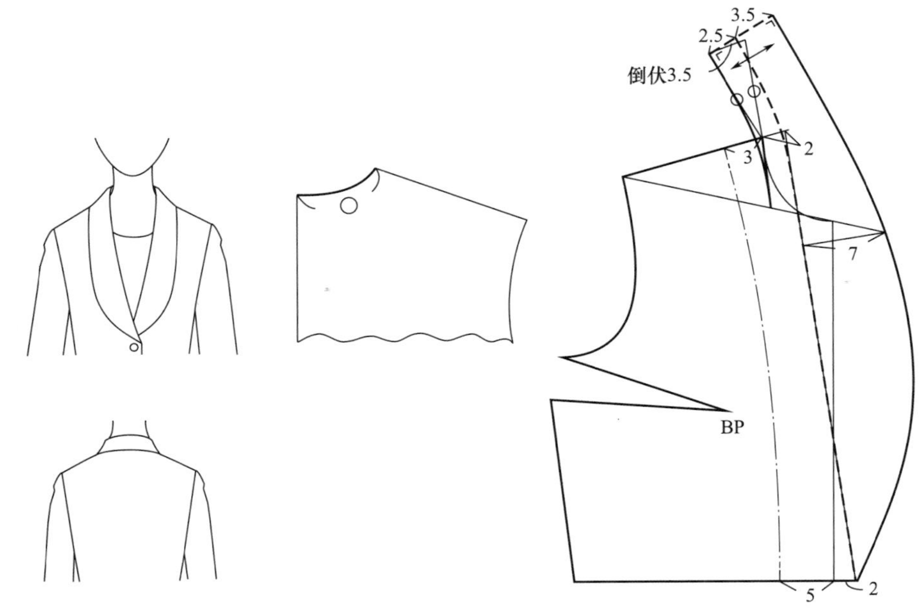

图 4-26 青果领

面裁片上端取 3 ~ 4cm 长的部分，合并至后领口的贴边处，避开交叠量，易于分解领面，如图 4-27 所示。青果领的款式结构可以通过改变领子外形、设置分割线等方式来设计。

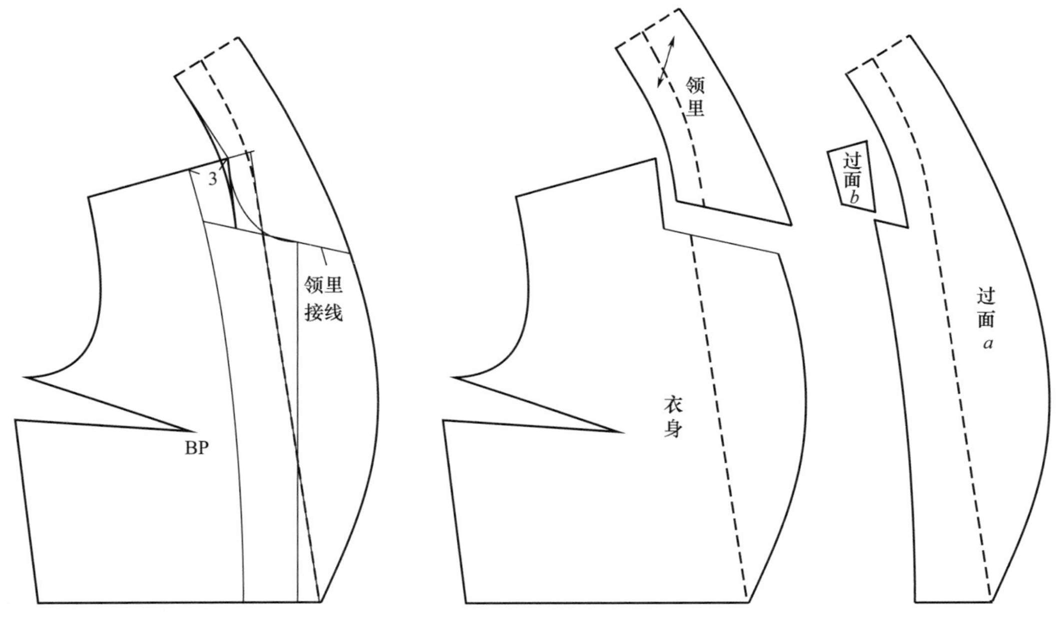

图 4-27 青果领分解

4. 弧线翻折线翻领结构

该领型外观类似青果领，翻折线处呈弧线形，结构上又类似于平领，领座小，甚至无领座。具体绘制方法如下（图 4–28）。

领开深处加搭门量，搭门量点与侧颈点相连为翻折线辅助线，此线中点垂直缩进 1.5cm，绘制弧线翻折线。并过 1.5 点作翻折线辅助线的平行线，交于肩线，在线上量取后领口长度“○”，向后倾倒 3cm，连顺领底曲线，并向下连顺至前中线，使领底曲线长度 = 后领口线 + 翻折线，这样会使领底曲度增大，领面易于翻折。作领后中线 6cm，绘制领外口线。

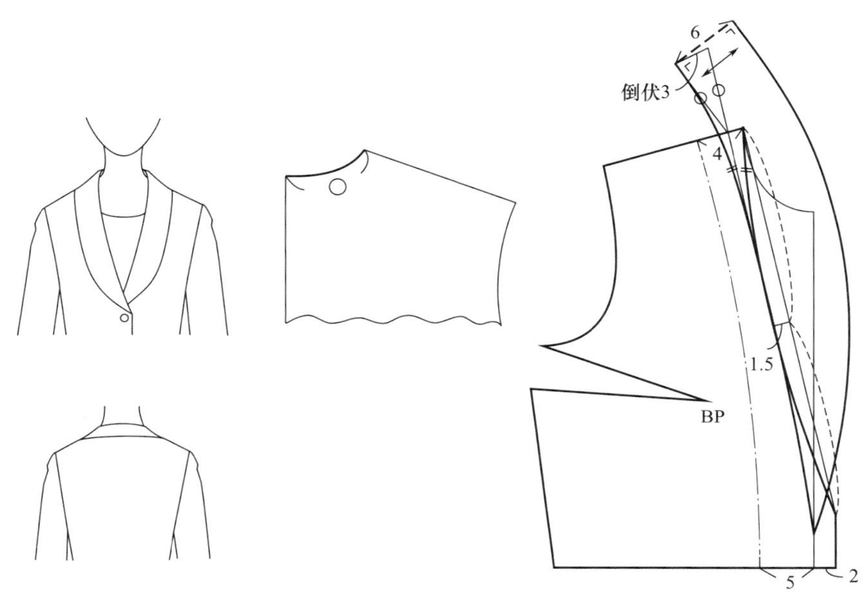

图 4–28　弧线翻折线翻领

二、翻领的分体结构

翻领的分体结构，即翻领分为领座与领面两部分，领座面积相对于衬衫领要小。这样的翻领更能够贴服于颈部，常用于合体西服中。具体绘制方法如下。

（1）驳领绘制方法一致，只是数据根据款式不同有变化，领开深提高 1 个扣位（10cm），双排扣（搭门量 7cm），领座高 3.5cm，领面宽 5cm，驳领宽 10cm。翻领部分的框架与平驳领一致［图 4–29（a）］。

（2）量取领底曲线距离串口线 3.5cm 点为领座末端点，设定领座领底线长度为“1”。将领底辅助线延长，向上抬 1cm，连接新领座领底曲线长度与原领座领底线长度一致为“1”。在后中线取 2.5cm 领座高，连接领座上口曲线，设定长度为“△”。

（3）从领座高点至 2.5cm 处领座末端点连接成弧线，从末端向上量取“△”，在末端重新画领面后中线，剩余部分长度设定为“●”，从领面对侧颈点作切展线，切展量为“●”［图 4–29（b）］。

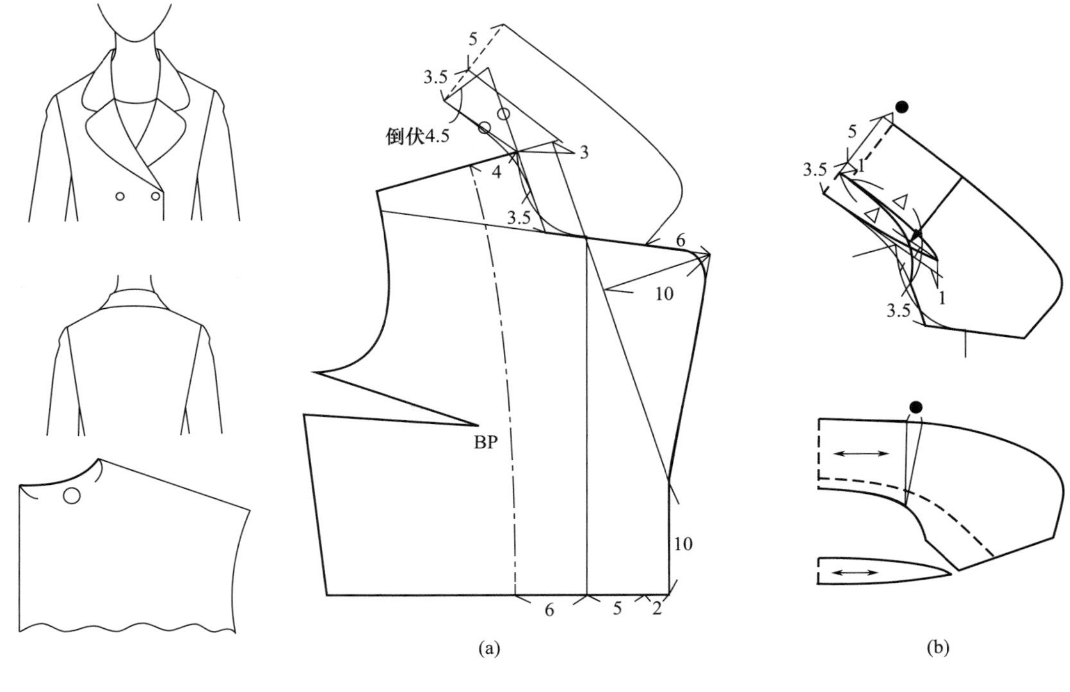

图 4–29　翻领的分体结构

三、切展法绘制翻驳领

这种方法与上一章节中企领的切展法有相似之处，通过切展法可以求得倒伏量。具体绘制方法如下（图 4–30）。

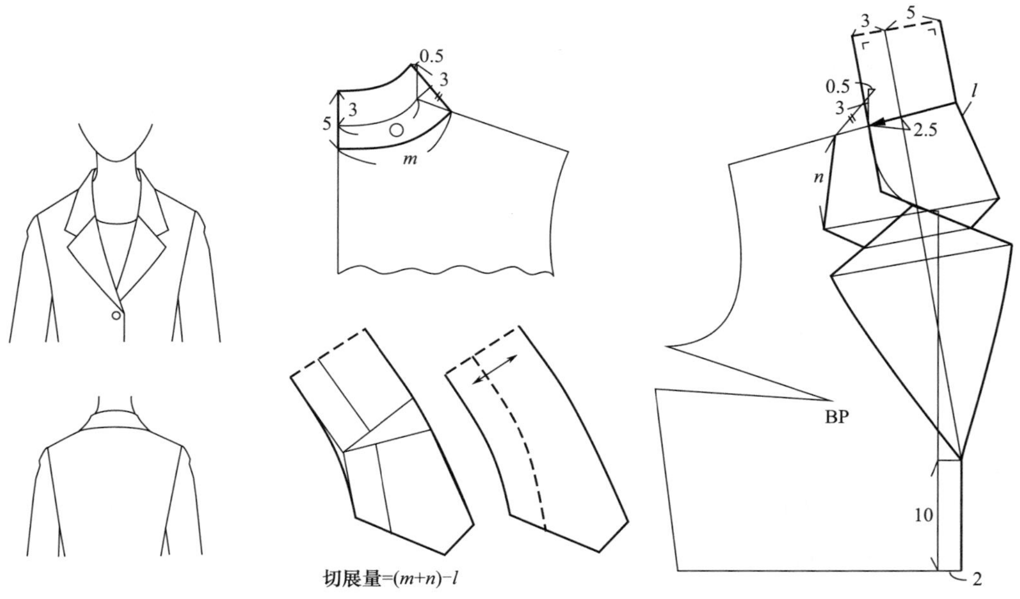

图 4–30　切展法绘制翻领

在原型后片领口绘制出成品翻领的形态，领座 3cm，领面 5cm，绘制完后领口线长为“m”。前片领开深在腰线基础上提高 1 个扣位 10cm，绘制出翻折线以及侧颈点的平行线，再按照切展法绘制翻领部分，接着画出驳领形状，翻领外领口线长度为“n”。以翻折线为中心线，在另一边绘制出翻领、驳领的对称形。在侧颈点的平行线上量取后领线长度，作后中线，量取领座、领面，在领面端点作后中垂线，与对称翻领线相交。量取现有外领口线长度“l”，与“$m+n$”的差值为切展量，在翻线处作切展。

四、西服领结构分析

1. 倒伏量的计算

倒伏量是影响西服领外翻部分造型的主要因素，它的作用与下弯曲度相似，倒伏量大则领底曲线曲度大，领座与领面差值相对大，外领口线长，易于翻折；倒伏量小则领底曲线曲度小，领座与领面差值相对小，外领口线短，倒伏量 = 基本松度 + 领宽差 + 调节松度。

（1）基本松度。为面料厚度所需要的翻折松度，薄型面料取值为 1cm，中厚型为 1.5cm，厚型面料为 2cm。

（2）领宽差。为领面与领座差值，取值为$\frac{（领面-领座）}{2}$，如果领面小于领座则不计。

（3）调节松度。翻领的领嘴具有调节外领口线长度的作用，当外领口长度稍有不够，领嘴可以被拉大，弥补小部分长度。因此，有领嘴的翻领取值为 1cm，无领嘴的翻领取值为 2cm，增加倒伏量是加长外领口线边长。

以经典平驳领为例计算倒伏量，领宽差为 0.5cm，调节松度为 1cm，随着基本松度的变化，倒伏量为 2.5cm、3cm、3.5cm。

2. 西服领结构变化与倒伏量的设计

倒伏量可以通过公式计算得出，但当西服领的某些结构发生变化，倒伏量也需要相应变化，在经典平驳领倒伏量的基础上加量（图 4–31）。

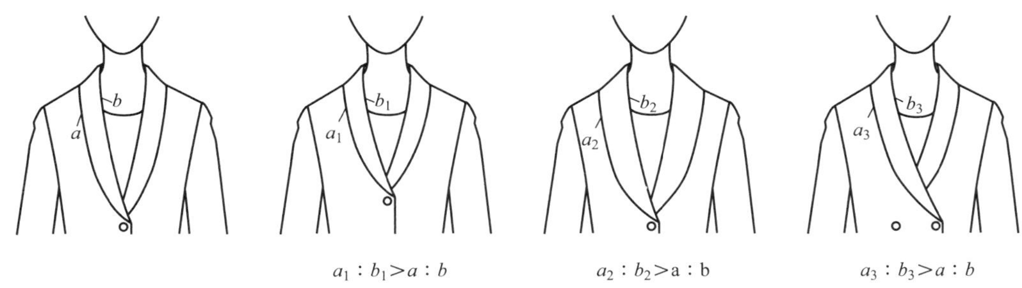

图 4–31 倒伏量设计

（1）领开深。当领开深在腰线的基础上提高时，由于纵深距离的改变，外领口线与翻折线的比值加大，$a_1:b_1>a:b$，即需要加大外领口线长度，倒伏量需要加大。一个扣位以 10cm 为单位计算，提高 1 个扣位，倒伏量加 1cm。

（2）领宽增大。当领子宽度加大时，同样会使得外领口线与翻折线的比值加大，$a_2:b_2>$

$a:b$，倒伏量需要加大。以领面与领座的比值为基准，倒伏量加出比值大于1的部分，例如，领面 6cm，领座 4cm，$\frac{6}{4}$=1.5cm，则倒伏量加 0.5cm。

（3）双排扣。当西服领为双排扣款式时，由于横向距离增大，使得 $a_3:b_3>a:b$，倒伏量需要加大，其加量属于微调，加 0.5cm。

（4）无领嘴。已经解释了领嘴在西服领中的功能性作用，因此，无领嘴的西服领，可以在经典平驳领倒伏量的基础上加 1cm。

（5）材质。服装面料也会影响领子的翻折，在面料不加入弹性纤维的情况下，当天然成分面料含羊毛成分高，面料通常弹性会好于化学纤维面料，倒伏量可控制在 0.5cm 左右浮动。

3. 以实例来看领型变化与倒伏量的关系

设置领开深提高$\frac{1}{2}$个扣位，领座高 3cm，领面宽 5cm，驳领宽 10cm，双排扣，八字领，普通面料。

绘制方法与前面一致，只是倒伏量不同。根据以上变化原理计算出倒伏量：领开深提高$\frac{1}{2}$个扣位，倒伏量在一般平驳领倒伏量 2.5cm 的基础上增加 0.5cm；$\frac{领面}{领座}=\frac{5}{3}\approx 1.7$，倒伏量在一般平驳领倒伏量 2.5cm 的基础上增加 0.7cm；双排扣倒伏量增加 0.5cm；材质为普通面料，可以不增减。倒伏量共计 4.2cm，可取 4 ~ 4.5cm（图 4–32）。

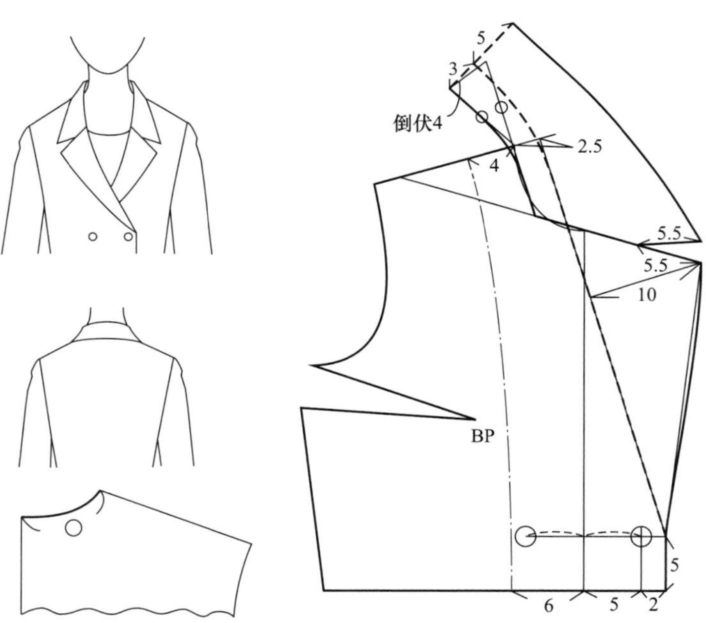

图 4–32　倒伏量变化实例

第六节 连帽结构设计

连帽结构可以视为领口延伸出去的部分，又称为帽领结构，帽底曲线与领底曲线的原理一致。连帽的关键尺寸包括帽高、帽宽。帽高尺寸是侧颈点至头顶的弧线尺寸，帽高尺寸较大时，帽边缘会垂坠于肩部，常用帽高尺寸为 30 ~ 40cm。帽宽与头围尺寸相关，大约等于 $\frac{1}{2}$头围 ±（0 ~ 3）cm，中号型头围尺寸为 56cm。

一、连帽设计

1. 两片连帽

两片连帽是最简单、最常用的连帽类型。是以头顶至后颈点为中线，左右各一个裁片。具体绘制方法如下（图 4–33）。

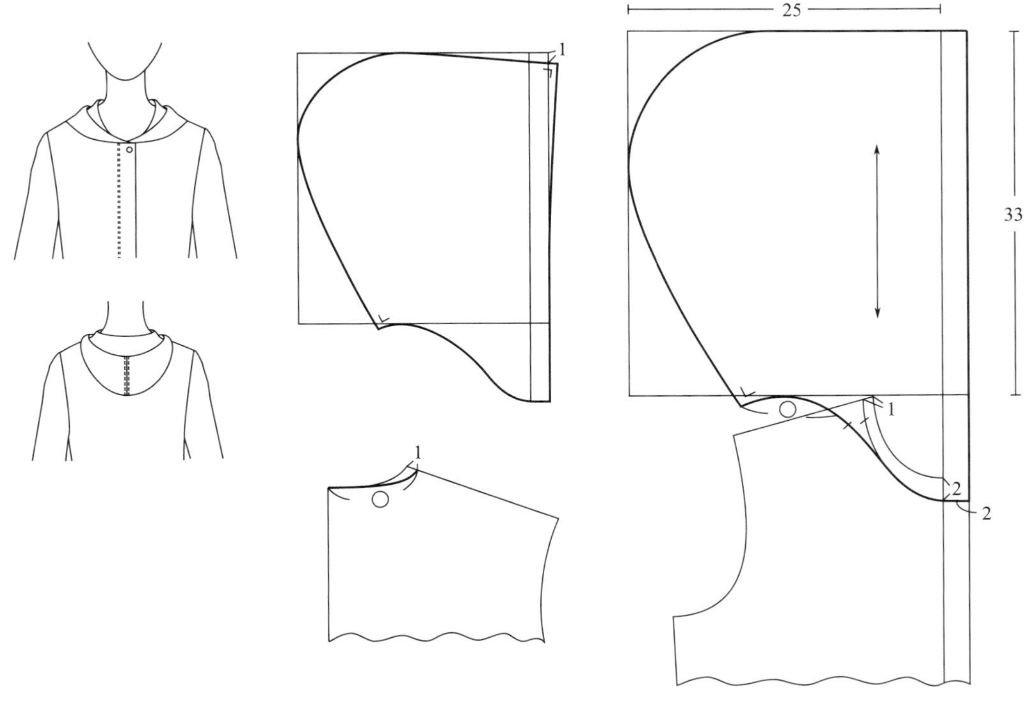

图 4–33 两片连帽

（1）领口。领口开宽 1cm，前颈点开深 2cm，重新绘制领口线。

（2）帽底曲线。从侧颈点作水平线，从前颈点作帽底曲线，长度等于前、后领口之和，并与水平线相交。

（3）帽身。前中线向上延长，从与侧颈点水平线的交点开始计算帽高 33cm，画帽宽

25cm，与水平线共同形成矩形，左上角切大圆弧，与帽底曲线相连，并呈直角。帽顶部线可以下落 1 ~ 1.5cm，前中线稍偏移与其垂直，这样可以使帽子能扣住头部，不易滑落。

2. **三片连帽**

三片连帽是帽子顶部有一片窄长的裁片，左右各一裁片，一共三片，也是常用的连帽结构。具体绘制方法如下（图 4–34）。

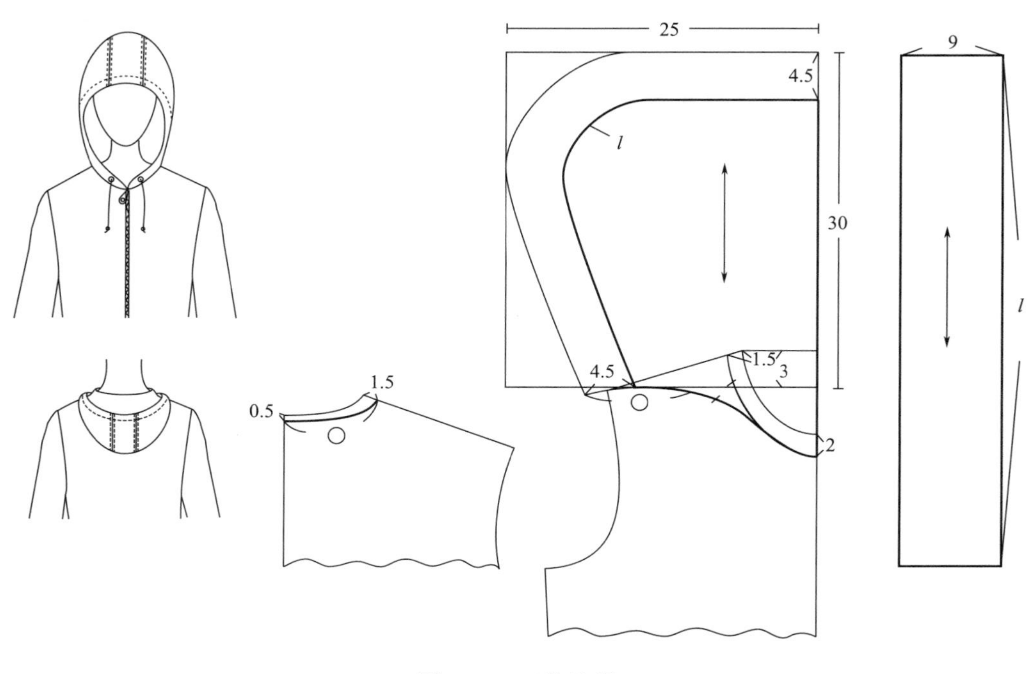

图 4–34 三片连帽

（1）领口。领口开宽 1.5cm，后颈点开深 0.5cm，前颈点开深 2cm，重新绘制领口线。

（2）帽底曲线。从侧颈点下落 3cm 作水平线，从前颈点作帽底曲线。

（3）帽身。前中线向上延长，从与侧颈点水平线的交点开始计算帽高 30cm，画帽宽 25cm，与水平线共同形成矩形，画出帽子轮廓线。在帽身平行去除$\frac{1}{2}$的中间裁片宽度 4.5cm，重新绘制边缘线，并量取长度 l，中间裁片则长度为 l，宽度为 9cm 的长方形。

3. **其他连帽设计**

在连帽底端可以设计省，使帽顶曲线曲度变小，连帽外型较好，如图 4–35 所示。

披肩帽是帽中线处设置拉链，当拉链拉开时，帽子像扁领一样平伏于肩部，当拉链拉合时则是连帽，但这种连帽的功能性不如两片连帽、三片连帽。其样板设计按照扁领方式制作，如图 4–36 所示。

缩褶帽是帽边缘有抽褶设计，通常情况下，帽边缘比头部外轮廓线要长，可以设计抽带，边缘就会形成一定的缩褶，但如果要明显的装饰，则需要从帽边缘向帽中线作切展获得褶量，如图 4–37 所示。

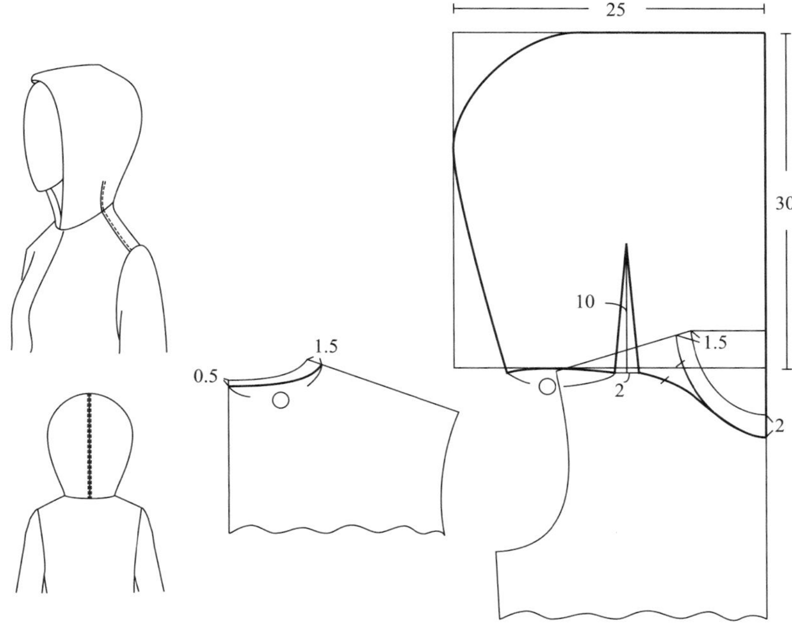

图 4-35　有省连帽

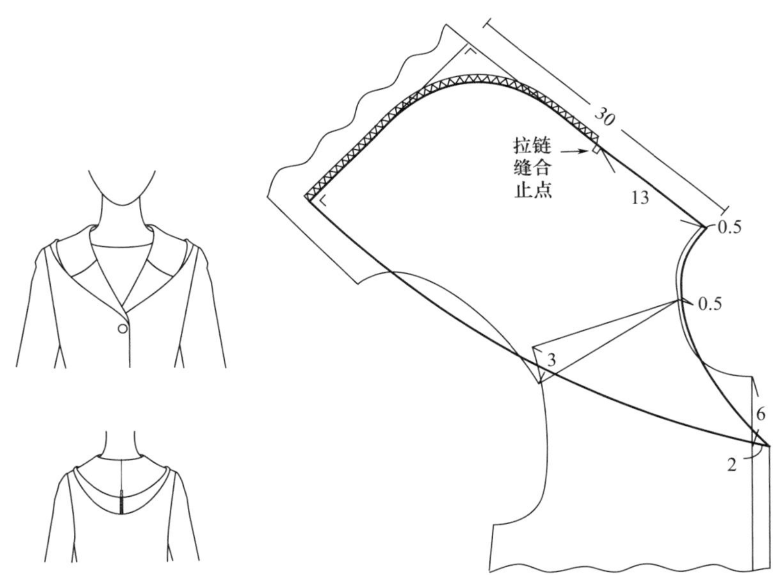

图 4-36　披肩帽

二、连帽结构变化原理

连帽结构变化的主要因素为帽底曲线，而帽底曲度是由帽底曲线的水平辅助线的高低而定，帽底曲度的趋势变化大体有三种情况（图 4-38）。

（1）当帽底曲线的水平辅助线在侧颈点位置，如 *a* 线，帽底曲度是适中状态。即翻折状

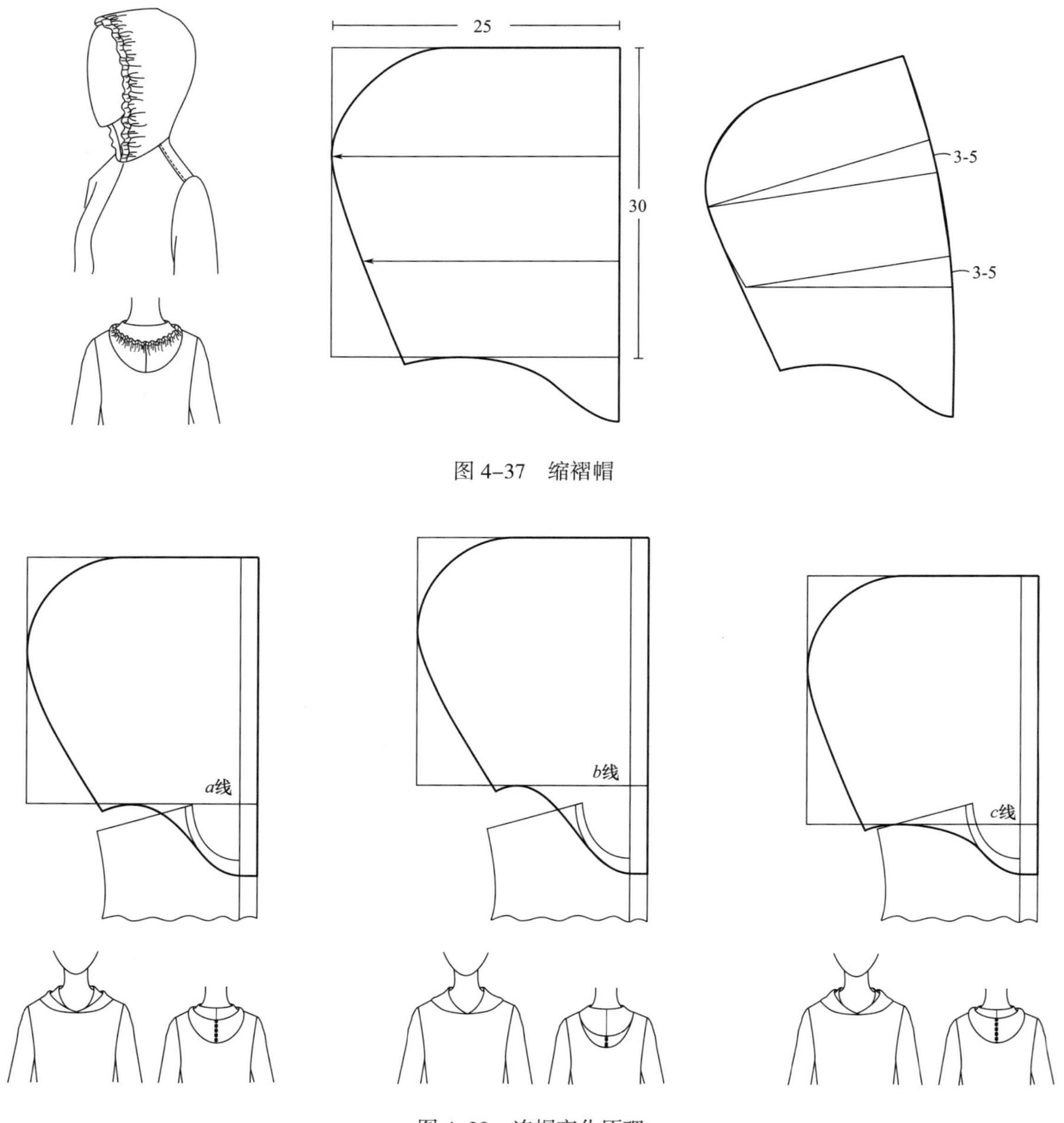

图 4-37　缩褶帽

图 4-38　连帽变化原理

况，翻折后，帽子在肩部的平伏程度都良好，帽内容量适中。

（2）当帽底曲线的水平辅助线高于侧颈点位置，如 b 线，帽底曲度加大，帽子易于翻折，摘下后自然平伏贴于肩上，帽内高度减少，容量减少，帽子易滑落。

（3）当帽底曲线的水平辅助线低于侧颈点位置，如 c 线，帽底曲度减小，帽子摘下后围堆于肩上，帽内高度大，容量大，帽子不易滑落。

根据款式需求和结构、外观需求选择不同的帽底曲度来制出合适的板型。

成衣结构设计——

女裙结构设计

课题名称：女裙结构设计

课题内容：女裙原型绘制

女裙造型概述

基本裙型结构设计

各类裙子结构设计与应用

课题时间：8学时

教学目的：了解各种裙型设计原理，并能够灵活运用

教学方法：讲授

教学要求：1．掌握裙子基本型的绘制

2．熟练掌握基本裙型的绘制

3．熟练掌握各类裙子的综合设计与板型绘制

课前（后）准备：设计不同裙子并绘制样板

第五章　女裙结构设计

半身裙是运用省、分割线、褶三大造型手段，来变化其结构的，变化原理与衣身一致，其内部结构变化的关键在于如何合理分配腰臀的差值，将其与设计相符。

第一节　女裙原型绘制

一、裙片原型结构名称

如图 5–1 所示，裙片左边样片为后裙片，右边样片为前裙片。裙片原型主要结构包括结构线、凹凸点、省道。

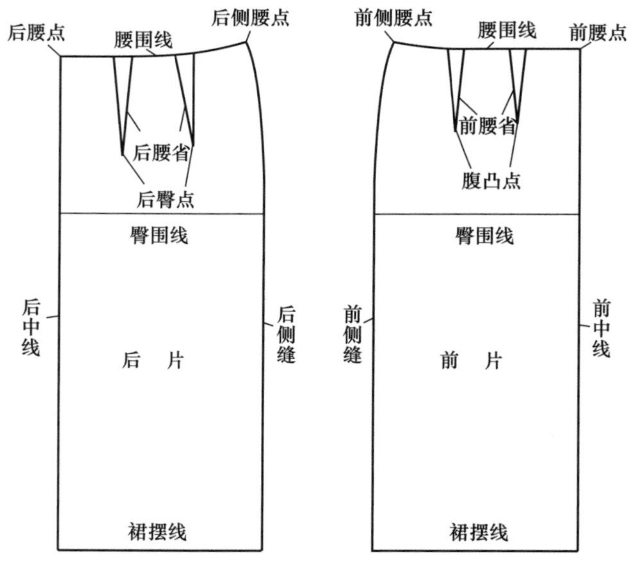

图 5–1　裙片原型结构名称

（1）线。裙片原型的线包括腰围线、臀围线、前后中线、裙摆线、侧缝线。

（2）点。裙片主要围绕腹凸、臀凸和腰臀差来造型，包括前后腰点、前后侧腰点、后臀点、腹凸点。

（3）省道。前腰省、后腰省。

二、裙片原型绘制步骤

与裙片相关的尺寸为裙长，M号腰围（W）为68cm，臀围（H）为90cm，腰长为20cm，裙长习惯取60cm，长度大约刚好盖住膝盖。

裙片原型平面结构制图的步骤如下（图5–2）。

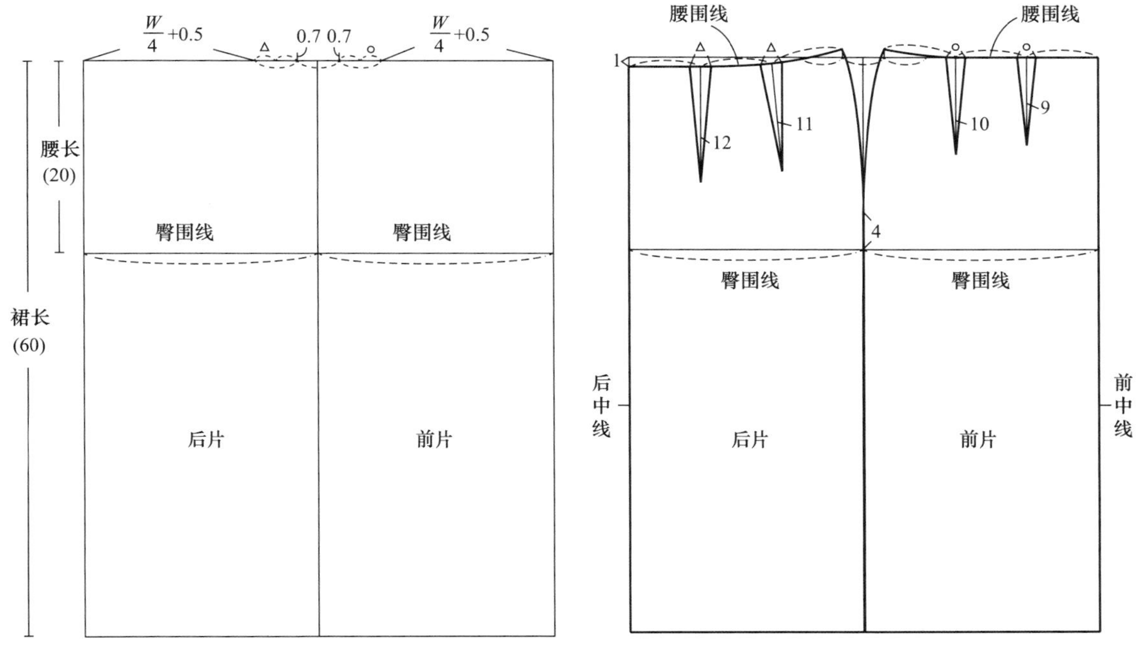

图5–2　原型裙片

1. 基础线

（1）原型外框。画竖直线，为60cm裙长，也为后中线。从后腰点向下取20cm腰长，作标记点，过标记点作$\frac{H}{2}$+2cm水平线，为臀围线，以裙长、臀围线为边长，完成矩形绘制。矩形上边长为腰围辅助线，下边长为裙摆线。

（2）侧缝辅助线。取臀围线中点，过中点作竖直线，平分矩形。

2. 轮廓线

（1）前、后侧缝线。在腰围辅助线上从前、后腰点开始量取$\frac{W}{4}$+0.5cm，作标记点。前后标记点间的长度为腰臀差，将腰臀差长度三等分，这三等分分别分配到前裙片、后裙片与侧缝中。将两个等分点竖直向上取0.7cm点，此点为前、后侧腰点。过侧腰点作弧线，与距臀围线4cm处侧缝辅助线重合，直至裙摆。

（2）前腰围线。过前腰点作前侧缝垂线，并与腰辅助线弧形连顺。

（3）后腰围线。后中线顶点向下取1cm定点，为后腰点，将后腰点与测腰点以弧线连接，腰围线要垂直于后中线与后侧缝。

（4）裙摆线。为矩形下边长线。

3. **省道**

（1）前腰省。将前裙片分配到的腰臀差值分为两等份，每一等份命名为“○”，作为前裙片的省量。再将前腰围线三等分，过两个等分点分别作 9cm、10cm 腰线的垂线，为前腰省中线，每个腰省分配一个“○”省量，连接省道边。

（2）后腰省。将后裙片分配到的腰臀差值分为两等份，每一等份命名为“△”，作为后裙片的省量。再将后腰围线三等分，过两个等分点分别作 11cm、12cm 腰线的垂线，为后腰省中线，每个腰省分配一个“△”省量，连接省道边。

第二节　女裙造型概述

裙子是最能表现女性化特征的服装类型，其造型变化不仅在于内部结构，还包括廓型、长度、腰节高低的变化。

一、裙结构设计原理

女裙结构是针对腹凸和臀凸开展的造型设计，裙片原型就是半身裙的样板，将腰臀差分成三份，侧缝、前、后裙片各一份，前、后裙片各有两个 2cm 的省量，这样就比较均匀地分配了腰臀差，使得裙型良好。因此，在分配原型省量时，尽量均匀，如在一处放入过多的省量，会使省尖点处出现鼓包或尖端凸起。

裙腰省的省尖点分别指向腹凸和臀凸，可以水平移动，在进行结构变化时，尽量使省、结构分割线、褶经过凸起部位，便于将腰省转移。腰省还可以转移至裙摆作为摆量，加大裙摆或者通过切展在腰臀腹间加出褶量，在裙摆处增加摆量，这样可以改变裙的外廓型。

此外，裙子的长短和腰线的高低是跟随流行趋势变化而变化，而裙腰的高低则在一定程度上还可以改变人体上下身的比例，弥补体型的不足。

二、裙外廓型变化

裙的基本裙型就是筒裙，属于基本 H 型裙，通过结构变化可以变化出 A 型裙、T 型裙、O 型裙、鱼尾裙。

1. **H 型裙**

H 型裙也称为筒裙，腰臀部位合体，侧缝从臀围线开始垂直向下或略为内收，如裙片原型制成的裙型，给人以稳重、端庄、干练的感觉，可以与职业装搭配。H 型裙还可以在腰围和裙摆同时加量，使裙身有竖向褶裥，但不改变直筒的造型。这类裙子由于褶裥的加入则更显现女性化的娴静。

2. **A 型裙**

A 型裙是从腰部开始，裙型向外扩展至裙摆，形成 A 字造型，根据裙摆大小，又有小 A 型和大 A 型之分，大 A 型裙在自然状态下，裙摆形成垂褶，具有飘逸感，轻松休闲。

3. T 型裙

T 型裙在腰部加入褶裥，裙摆不变，强调腰臀部位的围度差异，突出曲线，展现人体美，显出女性的优美干练。

4. O 型裙

O 型裙在腰部、裙摆同时加入褶裥，裙身蓬起，裙摆收拢，造型有体量感，显得活泼、生动。

5. 鱼尾裙

鱼尾裙在腰臀部位保持 H 型裙造型，在裙身处加出摆量，裙摆呈 A 型，整体形似鱼尾，一般要与分割线结合形成造型，显得端庄、优雅。

三、裙腰变化

裙子腰位的高低也是结构变化的形式，以自然腰节为基准，腰位向上设计有连腰裙、高腰裙，最后发展至连衣裙，向下则是无腰裙、低腰裙（图 5-3）。

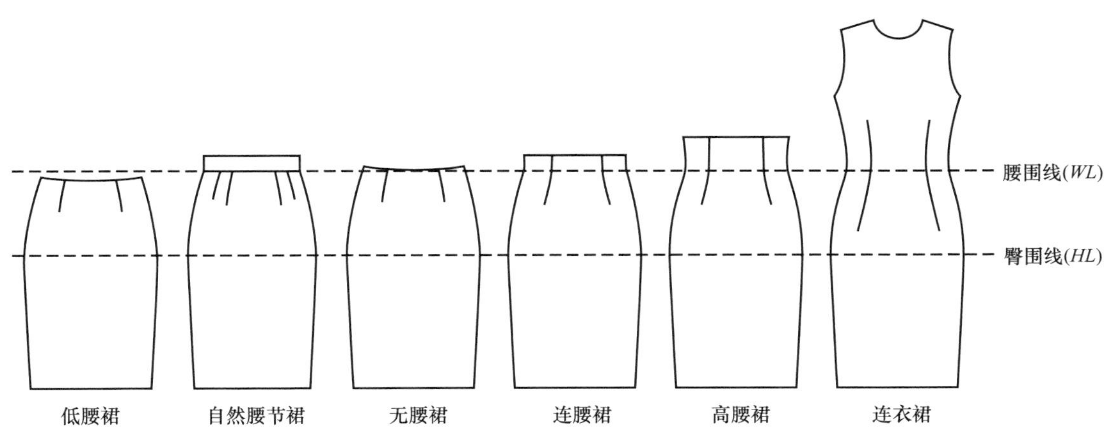

图 5-3　裙腰变化

1. 自然腰节裙

腰围线位于人体腰部最细处，腰头宽 3 ~ 4cm。

2. 无腰裙

位于腰围线上方 0 ~ 1cm 处，无腰头，内有 3 ~ 4cm 贴边。

3. 低腰裙

前中在腰线下方 2 ~ 4cm 处，无腰头或腰头裁片呈弧形。

4. 连腰裙

将腰头与裙身连在一起，在人体腰围线上直接加出腰头宽 3 ~ 4cm，内附贴边。

5. 高腰裙

裙腰线在人体腰线之上，最高可达胸部下方，如高腰加量在 6cm 以内，可直接在自然腰线上加出，超出则需要与衣身结合制图。

6. **连衣裙**

裙子与衣身连在一起。

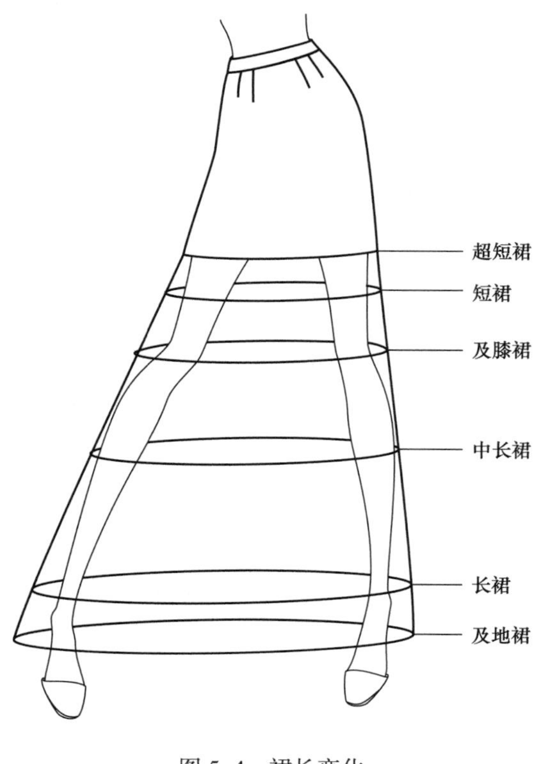

图 5-4 裙长变化

四、裙长变化

裙子长度可分为超短、短、及膝、中长、长、及地等（图 5-4）。

1. **超短裙**

也称为迷你裙，裙子长度到大腿$\frac{1}{2}$处，长约 40cm，能使腿显得修长，充满活力。

2. **短裙**

裙长没有明显界限，在大腿中部至膝盖之间，适合年轻人穿着。

3. **及膝裙**

裙长在膝盖上下的位置，这一长度适合范围较广。

4. **中长裙**

裙摆在小腿肚$\frac{1}{2}$附近，这种长度显得端庄稳重。

5. **长裙**

裙摆在脚踝附近，这种长度一般用于比较正式场合裙装，如礼服裙，或者是有民族风格的长裙。

6. **及地裙**

裙摆及地，甚至有裙拖，通常用于隆重场合服装，如晚礼服、婚纱等。

第三节 基本裙型结构设计

基本裙型指的是在裙片原型基础上进行简单裙型变化的类型，没有过多、复杂的结构设计。即是针对 H 型、A 型、T 型这三类裙型的基本结构设计。

一、H 型裙结构设计

1. **西服裙**

西服裙也被称为直裙、窄裙、一步裙，是在原型基础上稍加改动的合体裙，是与西服上衣搭配的标准裙型。前裙片前中连裁，后裙片后中有接缝并有开衩，拉链、腰头系扣皆在后中线。前、后片与裙片原型一致，都是左右各两个省。裙摆处可以按原型垂直向下，也可以内收使裙贴身。西服裙成品规格见表5–1，其绘制步骤如下（图5–5）。

表5–1　西服裙成品规格表　　单位：cm

号型	部位名称	裙长	腰长	腰围	臀围	腰头宽
160/68A	净尺寸	60	20	68	90	—
	加放尺寸	0	0	1	4	—
	成品尺寸	60	20	69	94	3

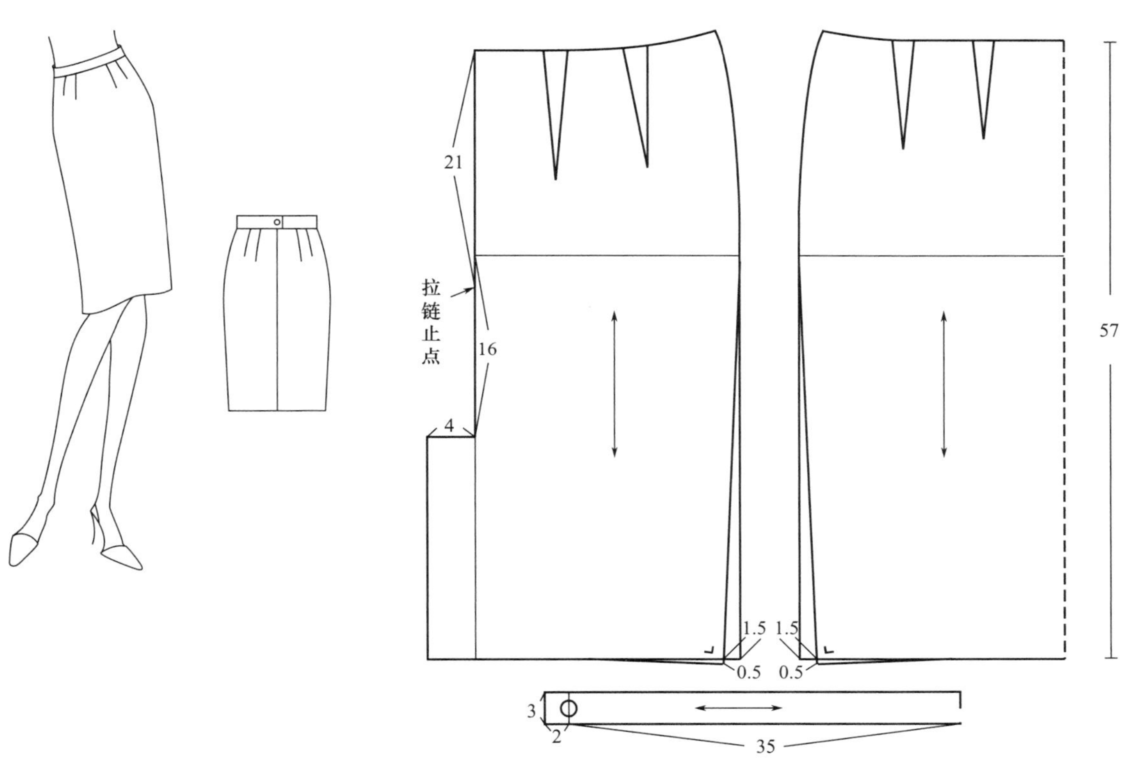

图5–5　西服裙

（1）复制原型。复制裙片原型，使前、后片的臀围线（HL）在同一水平线上，取裙长57cm。

（2）后中开衩。后中线臀围线之下量取16cm定点，从该点向左加出4cm水平线，再向下画竖直线，与裙摆延长线相交。

（3）裙摆内收。将前、后片侧缝在裙摆处各内收1.5cm，并向下延长0.5cm，作短的垂线，与裙摆连顺。

（4）腰头。画腰头宽3cm，长为$\frac{1}{2}$净腰围加上1cm，为35cm，加2cm搭门量。前中画虚线，后中线中点画扣位符号。

（5）裙身制成线。前片画原型外轮廓线，前中线为虚线。后片画外轮廓线包括后开衩边缘线，后中线为实线。前、后裙片布丝方向平行于前、后中线。

2. **百褶裙**

百褶裙属于 H 型裙，腰间为规律褶至裙摆，规律褶折叠后的裙型是合体的，但由于规律褶下端是不固定的，折叠的褶量会随着人体活动而撑开，得到活动量，也呈现出褶的灵动。因而，百褶裙外观稳重又不失活泼，常被用作校服裙。

百褶裙的制图关键就在于腰臀差的分配，腰臀差需要均匀分配进每个褶。腰臀差是成品的臀围尺寸减去腰围尺寸而得，即 94cm−70cm=24cm，为了数值计算方便，可以将百褶裙褶的个数设计为 24，得出每个褶分 1cm 的腰臀差。百褶裙成品规格表见表 5−2，其绘制步骤如下（图 5−6）。

表 5−2　百褶裙成品规格表　　单位：cm

号型	部位名称	裙长	腰长	腰围	臀围	腰头宽
160/68A	净尺寸	50	20	68	90	—
	加放尺寸	0	0	2	4	—
	成品尺寸	50	20	70	94	3.5

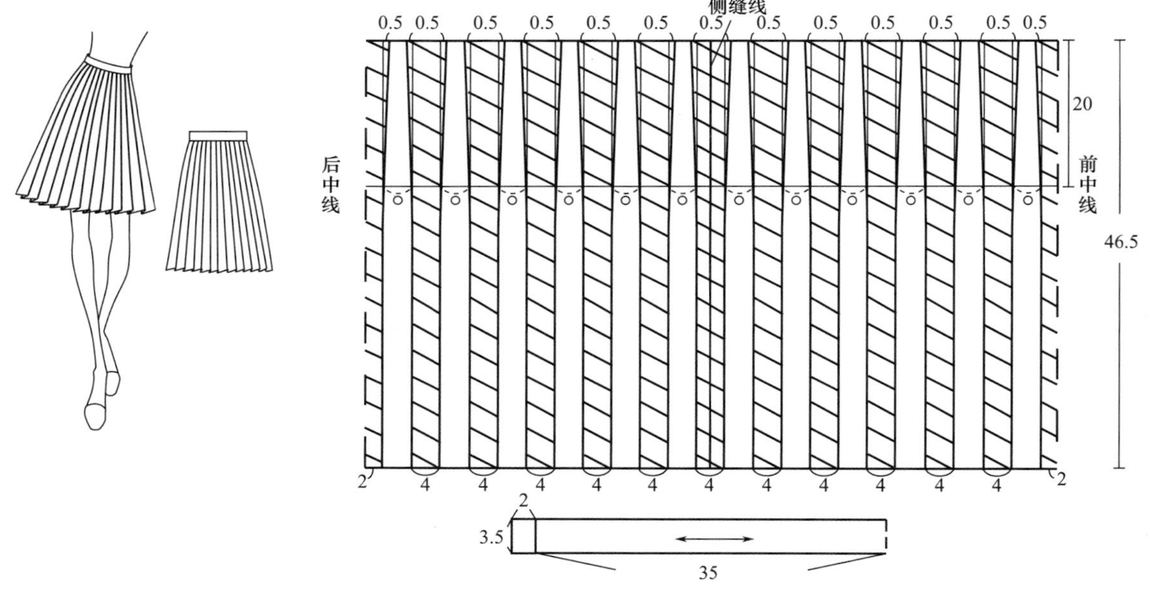

图 5−6　百褶裙

（1）基础线。绘制竖直线，为裙长 46.5cm；从顶点量取腰长 20cm，过腰长点画水平线，长为$\frac{H}{2}$+2cm，完成矩形。

（2）设定切展线。将臀围线分成 12 等份，每一等份为“○”，过每个等分点作切展线，切展量为 4cm。

（3）切展。将所有切展线剪切，平行展开 4cm 褶量，在前、后中线各加 2cm 褶量，复制现有裁片。

（4）分配省量。在腰线上，每个褶的两边各加 0.5cm 省量（腰臀差），并将 0.5cm 点与褶的臀围线交点相连。

（5）腰头。画腰头宽 3.5cm，长为$\frac{1}{2}$净腰围加 1cm，为 35cm，加 2cm 搭门量。画虚线与扣位符号。

（6）制成线。将外轮廓线、每个褶位画制成线，褶位用斜线表示褶的折叠方向，前、后中连裁画虚线，侧缝画断开实线。

二、A 型裙结构设计

1. 小 A 型裙

小 A 型裙的裙摆加量，前、后裙片的腰间左右各有一个省。该款样板需要将原型中的一个省转移至下摆增加摆量，并为了摆量均匀，在侧缝处需要加入$\frac{1}{2}$增加的摆量。小 A 裙成品规格见表 5–3，其绘制步骤如下（图 5–7）。

表 5–3 小 A 裙成品规格表 单位：cm

号型	部位名称	裙长	腰长	腰围	臀围	腰头宽
160/68A	净尺寸	60	20	68	90	—
	加放尺寸	0	0	2	4 以上	—
	成品尺寸	60	20	70	不计	3.5

（1）复制原型。复制裙片原型，使前、后片的臀围线（HL）在同一水平线上。取裙长 56.5cm。

（2）设置切展线。从裙摆处作竖直切展线指向靠近前、后中线的省尖点。

（3）省移。按住省尖点转移裙片，合并原型腰省，从裙摆的切展点复制裙摆、侧缝、腰线至合并后的省位点，前、后片一致。

（4）侧缝加量。向侧缝一边延长裙摆线 4cm，从此点作侧缝弧线的切线，为新的侧缝。沿裙摆线画弧，在侧缝处作侧缝的垂线。

（5）设置腰省。在腰线中点作腰线垂线，垂线两边各 1cm，共 2cm 省量，前片省长 10cm，后片省长 12cm，连接省道边。

（6）腰头。画腰头宽 3.5cm，长为净围加 1cm，为 35cm，前中线画虚线，后中线中点画扣位符号。

（7）制成线。将样裙片板轮廓、省道画成制成线，前、后中线为虚线。

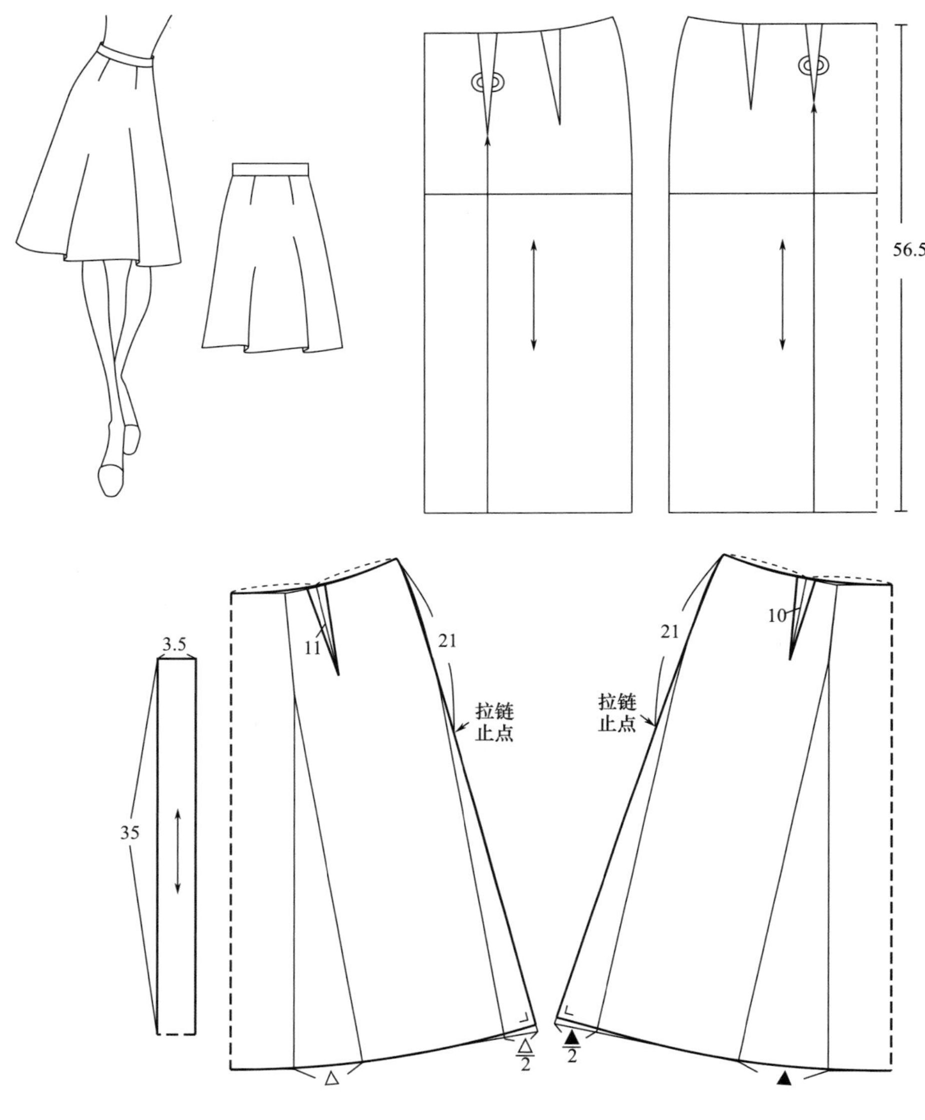

图 5-7 小 A 裙

2. 斜裙

斜裙的裙摆量比较大，形成自然垂褶，腰间无省。其样板是将原型裙片上的两个腰省全部转移至裙摆，并且为了摆量均匀，在侧缝处需要加入$\frac{1}{2}$增加的摆量。斜裙成品规格见表 5-4，其绘制步骤如下（图 5-8）。

表 5-4 斜裙成品规格表

单位：cm

号型	部位名称	裙长	腰长	腰围	臀围	腰头宽
160/68A	净尺寸	60	20	68	90	—
	加放尺寸	0	0	2	—	—
	成品尺寸	60	20	70	不计	3.5

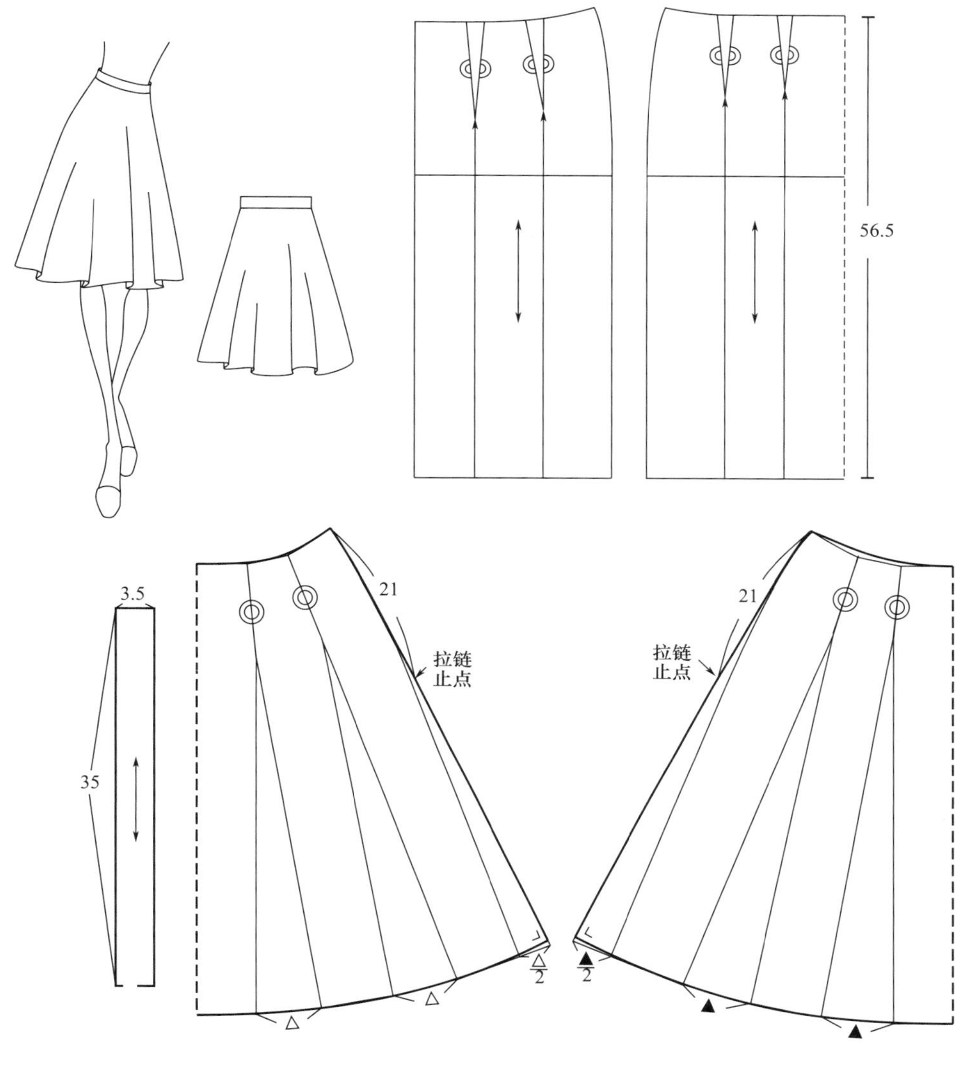

图 5-8　斜裙

（1）复制原型。复制裙片原型，使前、后片的臀围线（HL）在同一水平线上。取裙长 56.5cm。

（2）设置切展线。从裙摆处作两根竖直切展线指向两个原型腰省。

（3）省移。按住靠近前、后中线的省尖点转移裙片，合并第一个腰省，裙摆从第一个切展点复制到第二个切展点，腰线从第一个省位复制到第二个省位点；然后，按住第二个省尖点转移裙片，合并第二个腰省，从裙摆第二个切展点复制裙摆、侧缝、腰线至第二个省位点，前、后片一致。

（4）侧缝加量。向侧缝一边延长裙摆线 4cm，从此点作侧缝弧线的切线，为新的侧缝。沿裙摆线画弧，在侧缝处作侧缝的垂线。

（5）腰头。画腰头宽 3.5cm，长为净腰围加 1cm，为 35cm，前中线画虚线，后中线中点画扣位符号。

（6）制成线。将样板轮廓、省道画成制成线，前、后中线为虚线。

3. 整圆裙与半圆裙

半圆裙是指裙子平展开后是半圆，裙摆呈 180°；整圆裙则是展开后为正圆，裙摆呈 360°。半圆裙与整圆裙的裙摆都非常大，裙摆自然垂褶丰富，造型优美，适合悬垂性好的面料。

半圆裙与整圆裙的腰线也是圆弧形，所绘制出的腰围线长度要与成品腰围一致，绘制腰围线关键在于圆弧的半径，以圆周的计算公式 $C=2\pi R$ 可以计算出半径长度。半圆裙与整圆裙成品规格见表 5–5，其绘制步骤如下（图 5–9）。

表 5–5 半圆裙与整圆裙成品规格表

单位：cm

号型	部位名称	裙长	腰长	腰围	臀围	腰头宽
160/68A	净尺寸	60	20	68	90	—
	加放尺寸	0	—	2	—	—
	成品尺寸	60	不计	70	不计	3.5

（1）整圆裙。如图 5–9（a）所示。

①计算半径。$W'=2\pi r$，$r=\frac{W'}{2\pi}=\frac{70}{2\times 3.14}\approx 11.2$（cm）。[1]

②画腰线。作两条相互垂直的直线，半径皆为 11.2cm，以交点为圆心，以 11.2cm 为半径画$\frac{圆弧}{4}$。

③画裙身。延长两条直线，长度为裙长 56.5cm。以 11.2cm+56.5cm 为半径画$\frac{圆弧}{4}$。后中腰线下落 1cm。

④裙摆处理。布丝方向是平行于前、后中线的，但到裙片中部则为斜丝，斜丝弹性大，会比两端下垂，因此在裙摆中间回缩 3 ~ 4cm，将裙摆连顺。

⑤腰头。画腰头宽 3.5cm，长$\frac{W'}{2}$为 35cm，前中线画虚线，后中线中点画扣位符号。

⑥制成线。将样板轮廓画成制成线，前、后中线为虚线。

（2）半圆裙。半圆裙如图 5–9（b）所示。

①计算半径。$2W'=2\pi R \quad R=\frac{2W'}{2\pi} \quad R=\frac{2\times 70}{2\times 3.14}\approx 22.4$

②画腰线。作两条呈 45° 角的直线，皆为半径 22.4cm，以交点为圆心，依半径画$\frac{1}{8}$圆弧。

[1] W表示净腰围尺寸，W'表示加放量后腰围尺寸。

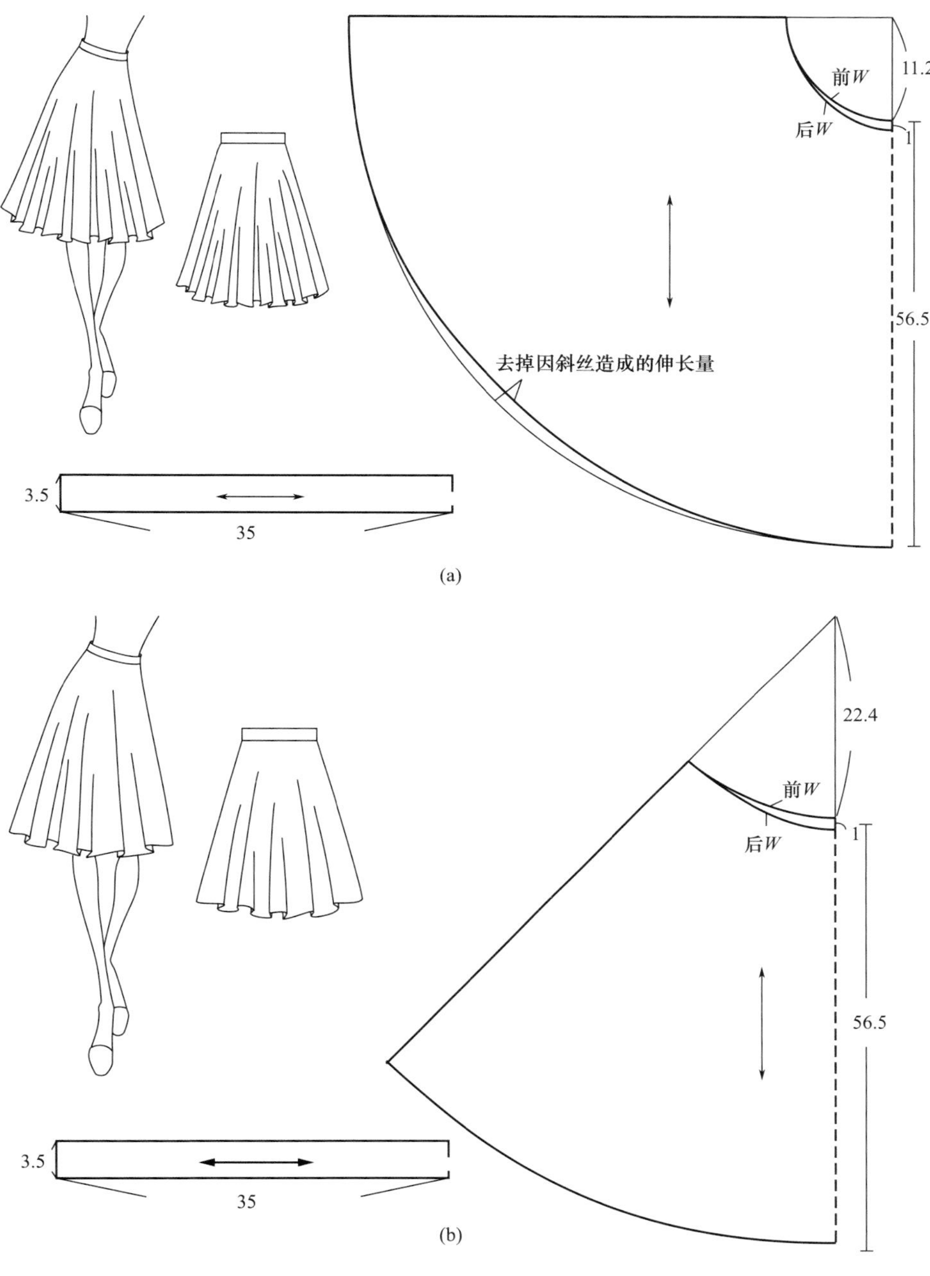

图 5-9 整圆裙与半圆裙

③画裙身。延长两条直线，长度为裙长 60cm。以 22.4+60cm 为半径画$\frac{1}{8}$圆弧。后中腰线下落 1cm。

④制成线。将样板轮廓画成制成线，前后中为虚线。

⑤腰头。画腰头宽 3.5cm，长$\frac{W}{2}$+1cm，为 35cm，加 2cm 搭门量。后中画虚线，前中中

点画扣位符号。

三、T 型裙结构设计

该款 T 型裙为无腰结构，前片裙身上端有斜向分割线的育克结构，分割线之下有碎褶。后片裙身在靠近后中线处有省，省的右侧斜向分割线，分割线之下有褶，后中线有开衩。该款式分割线设计要偏上，褶量需要切展而得。T 型裙成品规格见表 5-6，其绘制步骤如下（图 5-10）。

表 5-6 T 型裙成品规格表 单位：cm

号型	部位名称	裙长	腰长	腰围	臀围	腰头宽
160/68A	净尺寸	60	20	68	90	—
	加放尺寸	0	0	2	—	—
	成品尺寸	60	20	70	不计	0

（1）复制原型。复制原型裙片，使前、后片的臀围线（HL）在同一水平线上。取裙长 60cm。

（2）设置分割线。从前裙片前中线顶点向下取 8cm 定点，从侧缝与腰围线的交点向下取 6cm 定点，两点连接成分割线，腰省被分割，育克部分腰省画整形符号，前中线为虚线。后片侧缝与腰围线的交点向下取 6cm 定点，靠近后中省的右边省道边取 6cm 定点，两点连线与腰线平行，被分割的腰省上端画整形符号，后中线为实线。

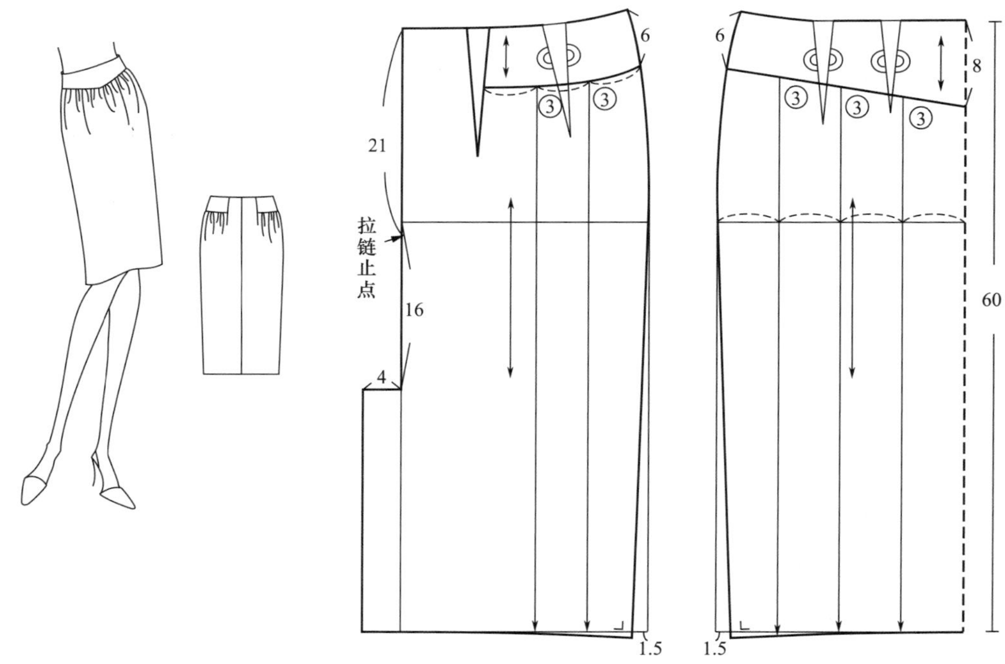

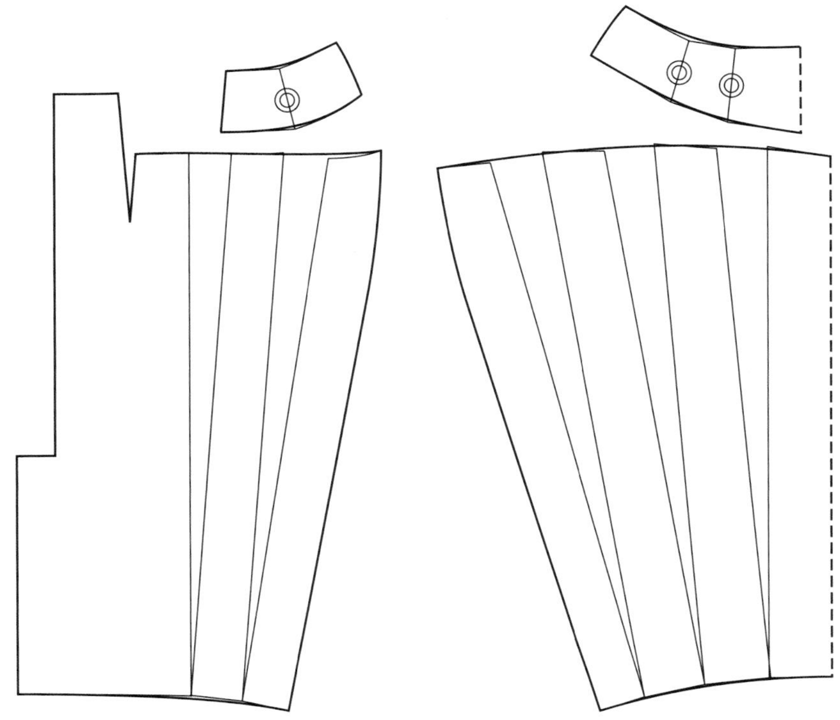

图 5-10 T 型裙

（3）设置切展线。前片臀围线分成四等份，过三个等分顶点作向下的切展线，与分割线相交，每个切展量为 3cm。后片将分割线三等分，过两个等分点向下作切展线，每个切展量为 3cm。

（4）后中开衩。从后中线与臀围线的交点向下量取 16cm 定点，从该点向左加出 4cm 作水平线，再向下画竖直线，与裙摆延长线相交。

（5）裙摆内收。为突出 T 型造型，将前、后裙片侧缝在裙摆处各内收 1.5cm，并向下延长 0.5cm，作短的垂线，与裙摆连顺。

（6）分解裁片。将分割线剪开，合并省道边，修顺边缘线。剪开切展线至裙摆，上端展开后修顺边缘线与裙摆。

（7）布丝方向。皆为平行于前、后中线的直丝，共四片裁片、四条布丝方向。

第四节 各类裙子结构设计与应用

裙子的款式变化很丰富，但其结构设计无非就是灵活运用省、分割线、褶三种手法，省可以设计在不同的位置，分割线又分为竖向、横向、斜向，褶包括碎褶、规律褶、自然垂褶等，这些可以单独运用，也可以综合运用。

一、裙子分割线设计

1. 四片裙筒裙

四片裙是前、后中线处有接缝，侧缝为接缝，前片两片，后片两片。原型腰省共为 4cm，需要合理分配，前、后中线和侧缝皆可放入省量，但不能过多，因此，四片筒裙在腰间要设计一个腰省，省量不超过 3cm，剩余省量可以放入前、后中线与侧缝。四片筒裙成品规格见表 5–7，其绘制步骤如下（图 5–11）。

表 5–7　四片筒裙成品规格表　　单位：cm

号型	部位名称	裙长	腰长	腰围	臀围	腰头宽
160/68A	净尺寸	50	20	68	90	—
	加放尺寸	0	0	2	4	—
	成品尺寸	50	20	70	94	3.5

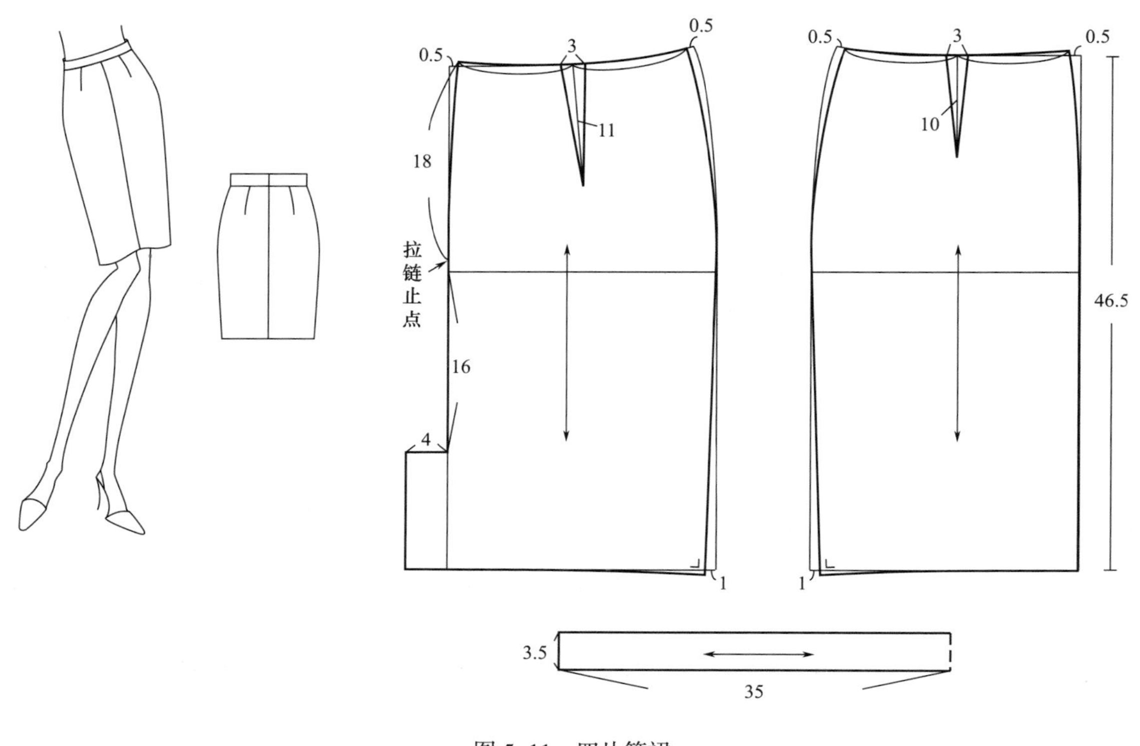

图 5–11　四片筒裙

（1）复制原型。复制裙片原型，使前、后片的臀围线（HL）在同一水平线上。取裙长 46.5cm。

（2）原省处理。将原型省 4cm 中的 3cm 作为一个省量，在腰围线上取中点为新省位，前片省长 10cm，后片省长 11cm。剩余 1cm 省量，其中 0.5cm 放入前、后中线处，0.5cm 放入侧缝处，修顺前、后中线与侧缝线。

（3）后中开衩。从后中线与臀围线的交点向下量取 16cm 定点，从该点向左加出 4cm 水平线，再向下画竖直线，与裙摆延长线相交。

（4）制成线。将外轮廓线画成制成线，前、后中线为实线。

2. **六片 A 型裙**

该款六片 A 型裙为高腰裙，前、后中线连裁，裙身有竖向分割线，前裙片三片，后裙片三片，并且上端有斜向分割的育克结构。A 型裙并不是只能靠将腰省转移为摆量才能形成造型的，还可以从分割线中加出摆量。可分配省量的有分割线和侧缝，以裙身为最多，侧缝次之。高腰为 5cm，可以直接在原型裙腰上加出，但要将上口线的围度适当加大，来符合从腰线向上身围度越大的人体特征。六片 A 型裙成品规格见表 5-8，其绘制步骤如下（图 5-12）。

表 5-8 六片 A 型裙成品规格表 单位：cm

号型	部位名称	裙长	腰长	腰围	臀围	腰头宽
160/68A	净尺寸	60	20	68	90	—
	加放尺寸	0	0	2	—	—
	成品尺寸	60	20	70	不计	3.5

（1）复制原型裙片。使前、后片的臀围线（HL）在同一水平线上。取裙长 55cm。

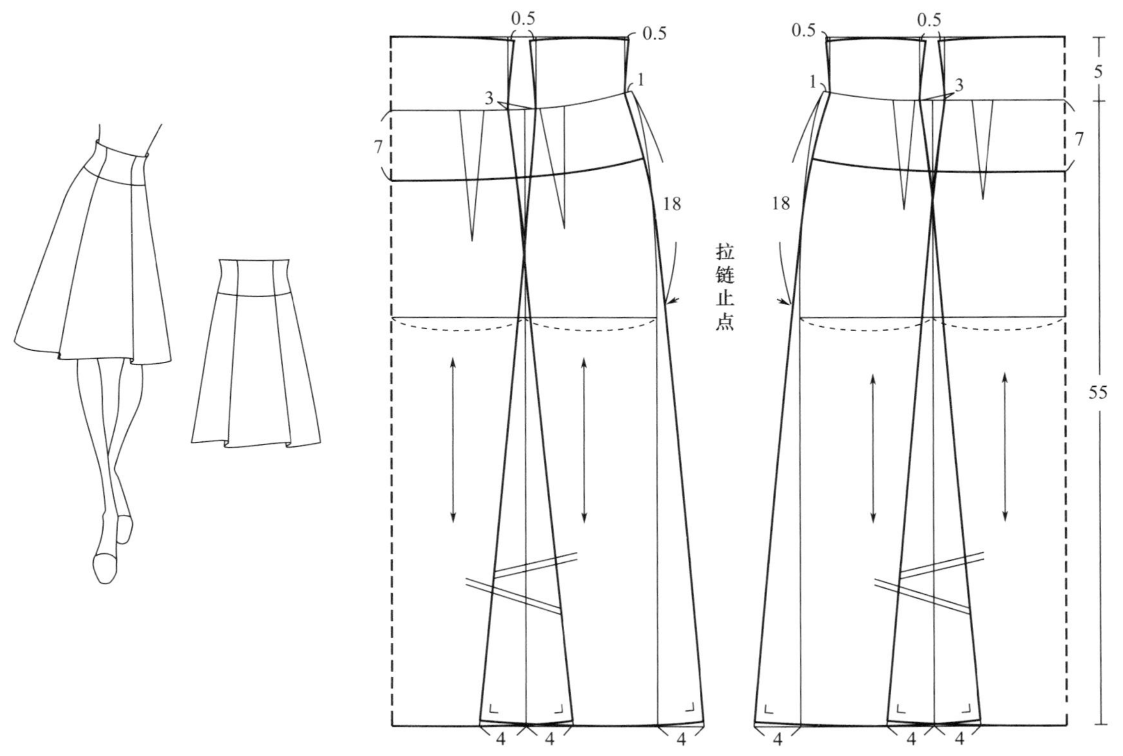

图 5-12 六片 A 型裙

（2）分割线与省量。将前、后裙片的臀围线两等分，以等分点为基点作竖直线为分割线。在分割线处分配 3cm 省量，侧缝分配 1cm 省量，修顺侧缝。

（3）摆量。分割线将前后裙身分割成四个裁片，除前后中线处裙摆外在每个裁片的裙摆处加入 4cm 摆量，摆量端点与省道端点相连，将侧缝轮廓线连顺，每个裁片的裙摆两侧需要成直角。

（4）高腰。在分割线、侧缝、前后中线端点向上作竖直线，将每个裁片向上加出，以前中线为准取 5cm，并以此点作水平线作为前后片的裙身上口线。将每个裁片的上口端点向外各加出 0.5cm，连顺各边缘线。

（5）育克。在前后中、侧缝各取 7cm，作原型腰线的平行线，将省道端点与高腰 0.5cm 点相连。

（6）制成线。将每个裁片外轮廓线画为制成线，在分割线处交叠处画上交叠符号，裁片皆为直丝。

3. 八片鱼尾裙

八片鱼尾裙是前、后中线、侧缝为断缝，裙侧有分割线，前片四片、后片四片，臀围线 15cm 之下开始在所有断缝处加摆量，形成鱼尾造型。八片鱼尾裙成品规格见表 5-9，其绘制步骤如下（图 5-13）。

表 5-9 八片鱼尾裙成品规格表 单位：cm

号型	部位名称	裙长	腰长	腰围	臀围	腰头宽
160/68A	净尺寸	70	20	68	90	—
	加放尺寸	0	0	2	4	—
	成品尺寸	70	20	70	94	3

（1）复制原型裙片，裙长为 67cm。

（2）分割线与省量。将前、后裙片的臀围线两等分，过等分点作竖直线为分割线。在分割线处分配 2cm 省量，前片省长 10cm，后片省长 12cm，侧缝分配 1cm，前、后中线处分配 1cm，修顺前、后中线与侧缝。

（3）鱼尾造型。在臀围线之下 15cm 处作为加摆量的起始位置，在每一裁片两侧都加摆量 5cm，修顺裙摆，两侧与侧缝呈直角。

（4）制成线。将每片裁片外轮廓线画成制成线，在加摆量交叠处画上交叠符号，裁片皆为直丝。

二、裙子褶裥设计

1. 多层裙

多层裙有多条横向分割线，将裙子分成多层，每层有褶。该款式板型简单，首先要设定层数，每一层可以是同样高度，也可以是递增关系。每一裁片都是矩形，第一层长度为所需腰围加入褶量，下面的每层上口线要再加褶量，最后呈现 A 字造型。多层裙成品规格见

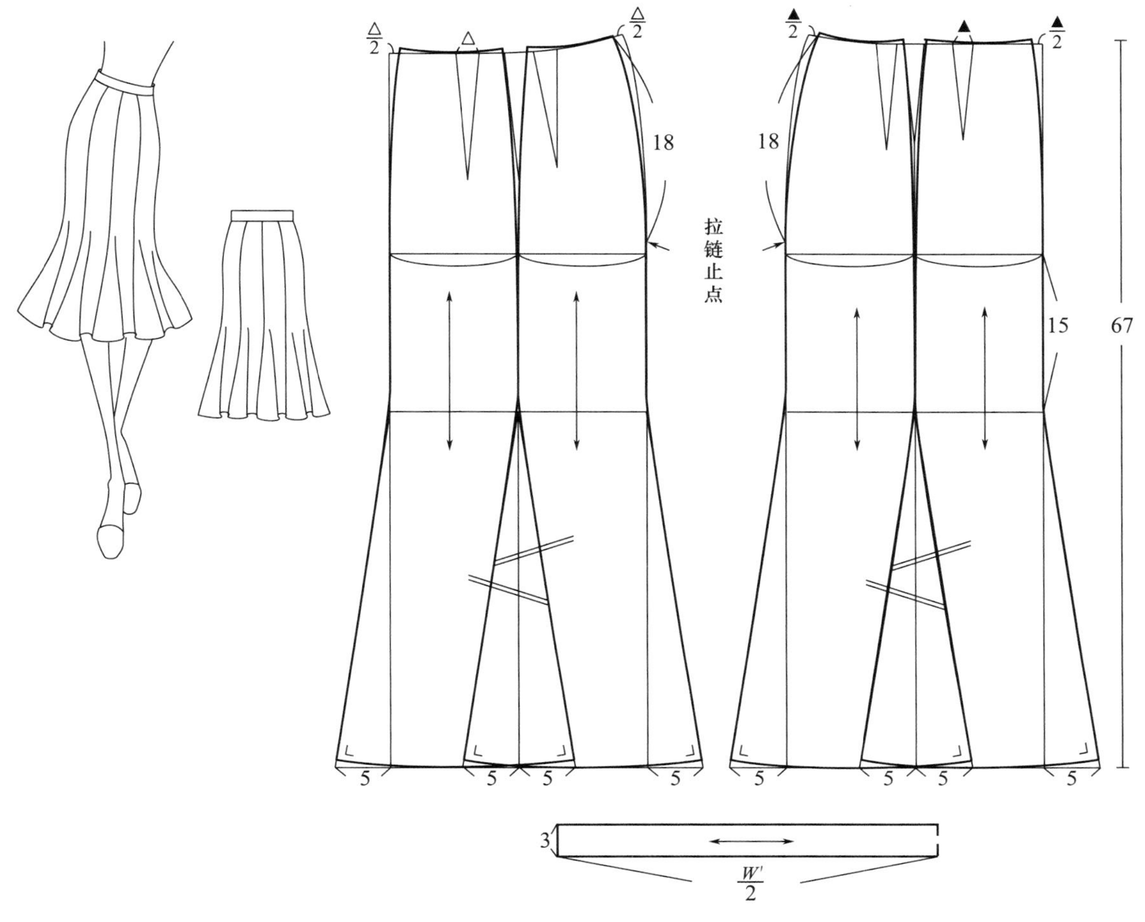

图 5-13　八片鱼尾裙

表 5-10，其绘制步骤如下（图 5-14）。

表 5-10　多层裙成品规格表　　单位：cm

号型	部位名称	裙长	腰长	腰围	臀围	腰头宽
160/68A	净尺寸	78	20	68	90	—
	加放尺寸	0	0	-8	—	—
	成品尺寸	78	20	60	不计	3.5

（1）分层。画后、前中线，取裙长 75cm，并将长度分别以 20cm、25cm、30cm 分成三份。

（2）设定褶量。第一层腰围线长度$\frac{W}{4}$+15cm（褶量），画第一层矩形裁片；在第一层长度基础上加其$\frac{1}{2}$长度，画第二层矩形裁片；在第二层的基础上加其$\frac{1}{2}$长度，画第三层矩形裁片。

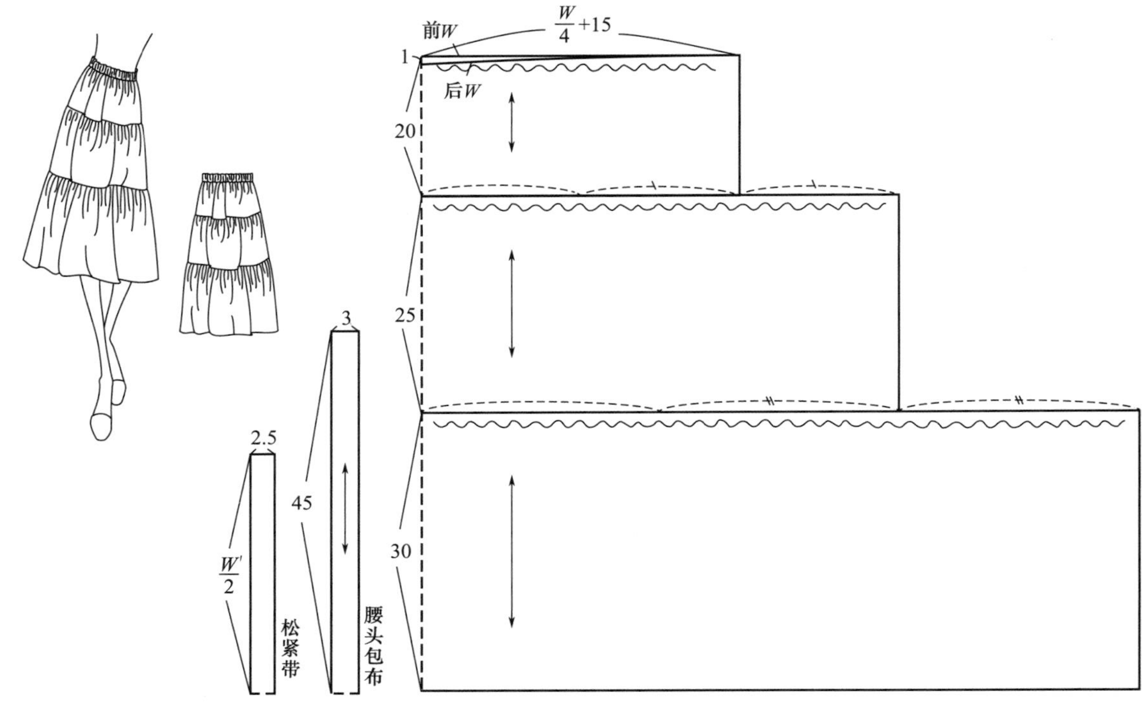

图 5-14　多层裙

（3）制成线。各层矩形裁片轮廓画制成线，前、后裁片基本一致，后腰围中线处下落1cm，前、后中线为虚线。矩形上端画抽褶符号，三层裁片皆为直丝。

（4）腰头。腰间松紧带长 60cm，松紧带长是包布长的 2/3，包布长 90cm。

2. **抽褶裙**

此款抽褶裙为 H 型裙，在裙上半部分前中线抽褶，后中有开衩。前片原型腰省可以转移为前中褶量，其余褶量切展而得，后片与西服裙一致。抽褶裙成品规格见表 5-11，其绘制步骤如下（图 5-15）。

表 5-11　抽褶裙成品规格表　　单位：cm

号型	部位名称	裙长	腰长	腰围	臀围	腰头宽
160/68A	净尺寸	60	20	68	90	—
	加放尺寸	0	0	2	4	—
	成品尺寸	60	20	70	94	3.5

（1）复制原型裙片。复制整个前裙片，裙长 57cm。

（2）转省将前裙片的两个省长都定为 9cm，在前中线取省尖点的水平线位置画切展线，通过两个省尖点。剪开切展线，合并原省，修顺腰围线。

（3）设置切展线。将前中切展点（省尖点水平线与前中线交点）至前中线上端点线段三

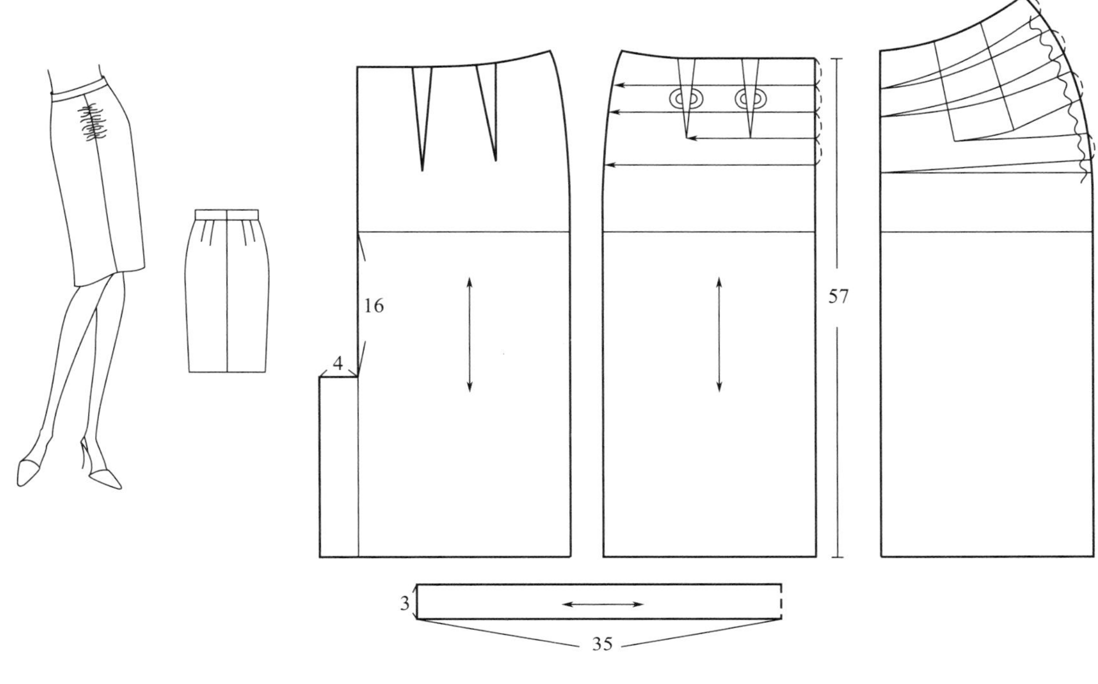

图 5-15　抽褶裙

等分，并过该点向下取一等份，以三个等分点为切展点向侧缝画切展线。

（4）切展。剪开切展线按量展开，至侧缝为直线，前中线修顺成圆顺的弧线。

（5）后中开衩。从后中 *HL* 线与臀围线的交点向下量取 16cm 定点，从该点向左水平画线加出 4cm，再向下画竖直线，与裙摆延长线相交。

三、综合设计

1. 育克 O 型裙

育克 O 型裙是裙身上部分有育克结构，育克分割线下是两端抽褶，中间蓬起的 O 型裙。其样板是先设计分割线将原型省量转移至育克结构中，然后下半部分作双向切展。O 型裙的蓬起还有一个关键的设计是里裙，里裙设计比外裙短，才能使外裙抽褶并与里裙缝合后呈灯笼状的蓬起效果。育克 O 型裙成品规格见表 5-12，其绘制步骤如下（图 5-16）。

表 5-12　育克 O 型裙成品规格表　　单位：cm

号型	部位名称	裙长	腰长	腰围	臀围	腰头宽
160/68A	净尺寸	60	20	68	90	—
	加放尺寸	0	0	2	—	—
	成品尺寸	60	20	70	不计	0

（1）复制裙片原型。取裙长 60cm，加内翻折长度 12cm。

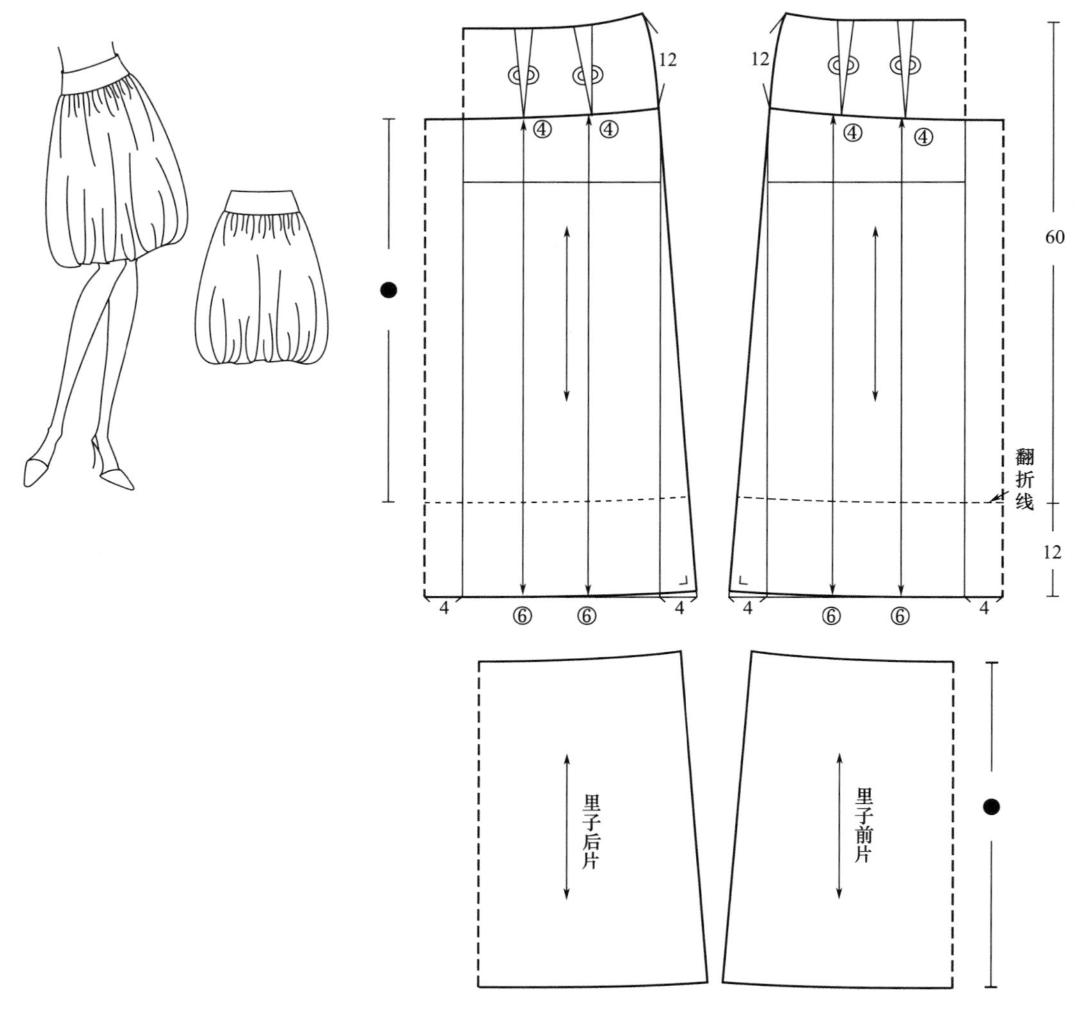

图 5-16　育克 O 型裙

（2）育克。将前、后片所有腰省省长定为 12cm，将育克分割线设置在通过省尖点的位置，在原省上标明整形符号。

（3）切展。将育克之下的裙片把臀围线三等分，依等分点作切展线，作双向切展，上端展开量为 4cm，下端展开量为 6cm，侧缝加摆量 4cm。修顺裙摆线并垂直于侧缝，修顺上口线。

（4）里裙。在育克之下，依裙片原型，取裙长 36cm。

2. **综合六片裙**

该款式是在六片裙基础上的变化款式，在前后侧片上部分有斜向分割，下部分为有自然垂褶的 A 字造型。其样板是先设计六片筒裙，将部分腰省分配至分割线，然后设计斜向分割，其位置通过省尖点，可将其中一个腰省省量转移至断缝。裙摆的自然垂褶需要通过切展获得。综合六片裙成品规格见表 5-13，其绘制步骤如下（图 5-17）。

表 5-13 综合六片裙成品规格表 单位：cm

号型	部位名称	裙长	腰长	腰围	臀围	腰头宽
160/68A	净尺寸	60	20	68	90	—
	加放尺寸	0	0	2	4	—
	成品尺寸	60	20	70	94 以上	3.5

（1）复制裙片原型。取裙长 56.5cm

（2）分割线。先按照六片裙设计竖向分割线，将 2cm 腰省量分配至分割线内，前片省长 10cm，后片省长 12cm；将剩余腰省省长设置为 11cm，设置斜向分割线过省尖点，分别交于前后分割线与侧缝处。

（3）摆量切展。将前、后侧片的臀围线两等分画切展线，从下而上切展，展开量为 5cm，侧缝加摆量 3cm，修顺裙摆线并垂直于侧缝，修顺上口线。

（4）制成线。将各裁片轮廓线画成制成线，前、后中线为虚线，布丝方向皆为直丝。

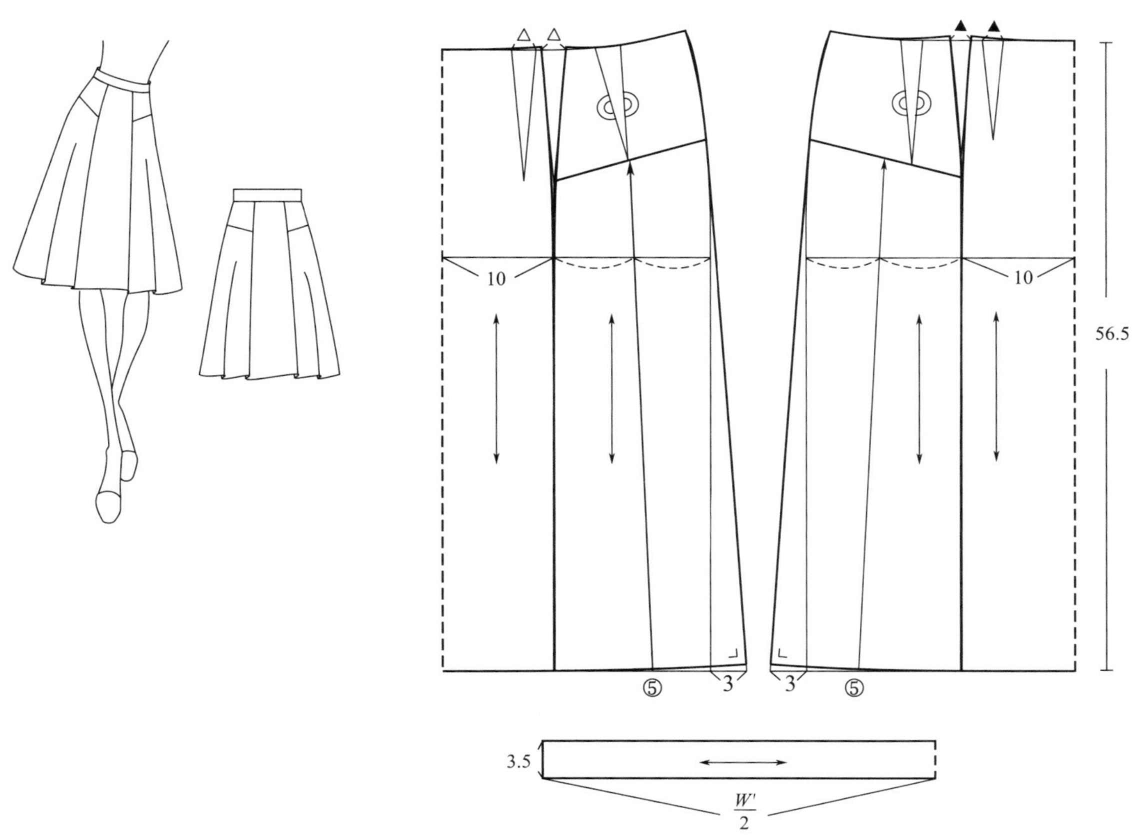

图 5-17 综合六片裙

成衣结构设计——

女裤结构设计

课题名称： 女裤结构设计

课题内容： 女裤概述

女裤基本样板结构设计

各类女裤结构设计与应用

课题时间： 4学时

教学目的： 了解各种裤型设计原理，并能够灵活运用合理设计裤子

教学方法： 讲授

教学要求： 1．能够绘制裤子基本纸样

2．能进行各种裤子造型的设计与纸样绘制

课前（后）准备： 设计不同裤子并绘制样板

第六章　女裤结构设计

女裤的结构设计与女裙有相似之处，需要处理腰围与臀围之间差值，即合理分配省量，设计省、缝、褶裥的原理也相似，不同之处裤子还需要正确把握立裆（股上）、大小裆弯、后中斜度与后翘等的尺寸与比例关系，才能准确设计裤子的合体度与造型。

第一节　女裤概述

裤子的设计除了内部结构的变化，其裤长、外廓型虽是平面的变化，但却能使裤子外观有很大不同。

一、裤长变化

依照长度变化，常见的裤子有热裤（hop pants）、超短裤（mini pants）、五分裤、七分裤、八分裤、九分裤、长裤，在英美则分类更细，对某些长度有特定的称谓，如牙买加短裤（Jamaica shorts）、百慕大短裤（Bermuda shorts），五分裤也叫作甲板短裤（deck pants），七分裤也叫骑车裤（pedal pushers），九分裤也叫卡普里裤（Capri pants）。

热裤长至大腿根；超短裤长至大腿$\frac{1}{3}$处；牙买加短裤长至大腿$\frac{2}{3}$处；百慕大短裤长至大腿$\frac{1}{2}$处；五分裤长至膝盖处；七分裤长至小腿肚；八分裤长至小腿$\frac{1}{2}$处；九分裤长至脚踝之上；长裤长在脚踝之下。

二、廓型变化

裤子按照外廓型可分为直筒裤、锥型裤、喇叭裤、灯笼裤、哈伦裤。

直筒裤是裤腿轮廓为直线 H 型，还可以加入褶裥为裙裤。锥型裤是指腰臀部通过褶裥扩其造型，裤腿逐渐缩小成锥状。喇叭裤是裤型上半部合体，下半部裤口展开，呈喇叭状。灯笼裤是指腰臀部与裤口都有褶裥，并在裤口束紧，使外观呈现两头收紧、中间蓬松，形似灯笼状。哈伦裤是近些年流行起来的裤型，来源于伊斯兰后宫女子服饰，原与灯笼裤相似，而发展至今，造型基本是裤型腰臀部在侧缝处宽大形成褶，形至膝盖稍加内收，小腿部分设计为合体或紧身款式。

三、基本结构变化

裤子结构比较复杂，涉及参数较多，主要有臀围的松量、腰间省量、立裆长、裆弯宽度、后中斜度、后翘尺寸。

在不计算面料弹性的情况下，臀围松量取 6 ～ 8cm 为适体型，内可以穿着衬裤。松量为 2 ～ 4cm 为贴体型，贴身穿着。宽松裤型没有具体的数值衡量标准，一般大于适体型的松量。腰间省量与裙子基本一致，主要是合理分配腰臀差。立裆长基本为定值，中号型立裆为 26cm。裆弯宽度是体现裤子裆部舒适度的关键尺寸，可由比例公式计算而得，一般后裆弯宽度不大于前裆弯宽度。后中斜度是根据人体臀部形状而搭配不同比值。后翘尺寸是因人体活动而使后中尺寸不足的加量，一般在 2.5cm，可进行微调。

第二节　女裤基本样板结构设计

女裤的基本样板指的是西裤样板，在各部位的尺寸与结构都是传统而经典的，有着固定的尺寸范围，是其他裤装结构原理和变化的基础。

一、裤子样板的基本知识

绘制裤子基本样板之前，首先要了解裤子样板各部位结构线的名称与作用，还要了解裤子的各种裤型、宽松度的放松量，裤子的成品规格等。

1. **裤子样板的结构名称**（图 6–1）

（1）前、后腰线。前腰线较为平直，后腰线由于后翘尺寸而呈倾斜状态，因此，裤子腰线为前低后高。

（2）横裆线。平行于腰线辅助线，与腰围线的距离为立裆长（股上），裆弯宽度的量取以此线为依据，是裤子与裙子区别最大的结构线之一。

（3）臀围线。平行于腰线与横裆线，在立裆长的 2/3 处，臀围线尺寸是由净臀围加入松量而得。根据人体臀凸大于腹凸的特征，后裤片大于前裤片，因此，后臀围大于前臀围尺寸。

（4）膝围线。在膝盖骨的位置，也称中裆线、髌骨线，可以按照需要上下移动，是裤筒造型设计的基准线，膝围线尺

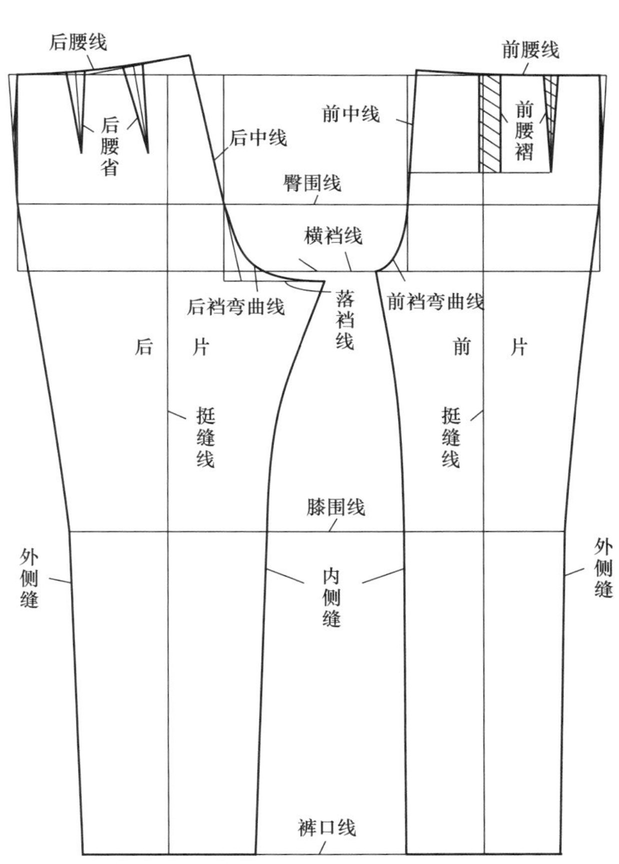

图 6–1　裤子样板的结构名称

寸与裤口线尺寸呈比例关系，并且后膝围线大于前膝围线。

（5）裤口线。裤口线是裤子最底端的边缘线，根据裤型变化而变化，与前、后臀围线、前、后膝围线都是后裤口线大于前裤口线。

（6）前、后中线。前、后中线是位于裤子前、后中心位置的结构线。前中线与前裆弯曲线连接，由于前中线稍加内收，成向内弯曲的弧线。后中线与后裆弯曲线连接，为符合人体臀部形状，后中线向内倾斜，斜度根据臀部形状不同，比例不同。

（7）前、后裆弯曲线。前、后裆弯曲线位于臀围线之下，与前后中线连接。前裆弯曲线是由腹部向裆底部的曲线，由于腹凸不明显且靠上，所以曲度小而平缓，裆弯宽度也相对小。后裆弯曲线是由臀部向裆底部的曲线，臀凸明显且靠下，因而曲度大而陡，位置也低一些，裆弯宽度也相对大。裆弯宽度与臀围尺寸呈一定比例关系。

（8）落裆线。落裆线是指后裆弯曲线低于前裆弯曲线的一条基准线，平行于横裆线，落裆的设计是为了使裤子穿着更舒适、适体。

（9）挺缝线。挺缝线位于裤子的裤筒前后片的中心位置，西裤造型需要用熨斗压烫定型成折线，外观显出裤型的挺阔。

（10）内侧缝线。内侧缝线为裤子内侧的结构线，上与前后裆弯曲线连接从大腿根至裤口，后内侧缝曲度大于前内侧缝，长度相等。

（11）外侧缝线。外侧缝线为裤子外侧的结构线，作用于腰臀、腿部至裤口，后外侧缝曲度大于前外侧缝曲度，长度一致。

（12）前、后省裥。裤子腰部的省裥大小和数量是要根据腰臀差值而定，设计风格线也要尽量经过省尖点，以便可以转移省量。

2. **裤子成品规格设计**

成品规格是决定裤子板型的重要尺寸依据，虽然裤子结构复杂，参数较多，但也是以主要部位的围度与长度尺寸为基础，代入一定的公式中计算得出。因此，成品规格设计显得尤为重要。

长度设计主要根据号型中的号，即身高为依据，常见的女裤号型见表 6–1，M 码对应号型为 160/68A，表示身高 160cm，腰围 68cm，标准体型，以 5 · 4 系列为标准。

表 6–1　常见裤子号型　　单位：cm

码号	S	M	L	XL	XXL
号型	155/64A	160/68A	165/72A	170/76A	175/80A

裤长以号为标准，按照 160cm 代入，游泳裤长度约$\frac{1}{10}$号，为 16cm；超短裤长度约为$\frac{1}{5}$号，为 32cm；短裤长度约为$\frac{1}{4}$号 +1.5cm，为 41.5cm；七分裤长度约为$\frac{2}{5}$号 +4cm，为 68cm；便装裤约为$\frac{3}{5}$号，为 96cm；长裤长度约为$\frac{3}{5}$号 +（2 ~ 8）cm，为 98 ~ 104cm。在设计裤长尺寸时以此为参考尺寸，可以进行调整。

围度设计主要是腰围、臀围、裤口设计，都是在净尺寸上加松量。腰围尺寸比较固定，臀围和裤口尺寸随着裤型不同，尺寸也会不同，则加的松量也不同。表 6–2 可知直筒裤腰围松量为 0 ~ 2cm，臀围松量为 4 ~ 10cm，裤口松量为 10 ~ 30cm，这些松量都是在不计算面料弹性的基础上设计的。

表 6–2　女裤围度松量参考表　　单位：cm

裤型 / 松量 / 部位	喇叭裤	直筒裤	锥型裤	灯笼裤	哈伦裤
腰围	0 ～ 2	0 ～ 2	0 ～ 2	0 ～ 2	0 ～ 2
臀围	2 ～ 6	4 ～ 10	6 ～ 16	＞ 20	＞ 20
裤口	20 ～ 30	10 ～ 30	3 ～ 6	1 ～ 3	3 ～ 6

二、裤子基本样板的绘制

裤子基本样板即西裤样板，款式是比较传统的直筒造型，腰间前片做两个褶，后片为两个省，其中一个褶位与挺缝线一致。西裤一般不贴身，是适体型，显得端庄、稳重。在制图过程中，前、后片的横向基础线都是一致的，并且臀围尺寸需要用成品臀围尺寸来表示，为了与净尺寸予以区别，符号上 H、W 表示净尺寸，H'、W' 表示成品尺寸。表 6–3 为裤子基本样板（西裤）成品规格。

表 6–3　裤子基本样板（西裤）成品规格表　　单位：cm

号型	部位名称	裤长	股上（立裆）	腰围	臀围	腰头
160/68A	净尺寸	100	26	68	90	—
	加放尺寸	0	0	2	6	—
	成品尺寸	100	26	70	96	3

1. 基础线（图 6–2）

（1）腰围辅助线。作长水平线，前、后片共用。

（2）横裆线。从腰围辅助线向下取立裆长 $-\dfrac{腰头宽}{2}$ =24.5cm，并作长水平线。

（3）臀围线。将 24.5cm 三等分，过第二个等分点，作长水平线。

（4）侧缝辅助线。在水平线左端与右端分别作竖直线，与腰围线、臀围线、横裆线相交，为前后侧缝辅助线。后侧缝辅助线向下延长与膝围线相交。

（5）前后中辅助线。前片臀围线上，从前侧缝辅助线向左取$\dfrac{H'}{4}$ –1cm 定点（23cm），过该点作竖直线交腰围辅助线和横裆线，为前中辅助线；后片臀围线上，从后侧缝辅助线向右取$\dfrac{H'}{4}$ +1 cm 定点（25cm），过该点作竖直线交腰围辅助线和横裆线，为后中辅助线。

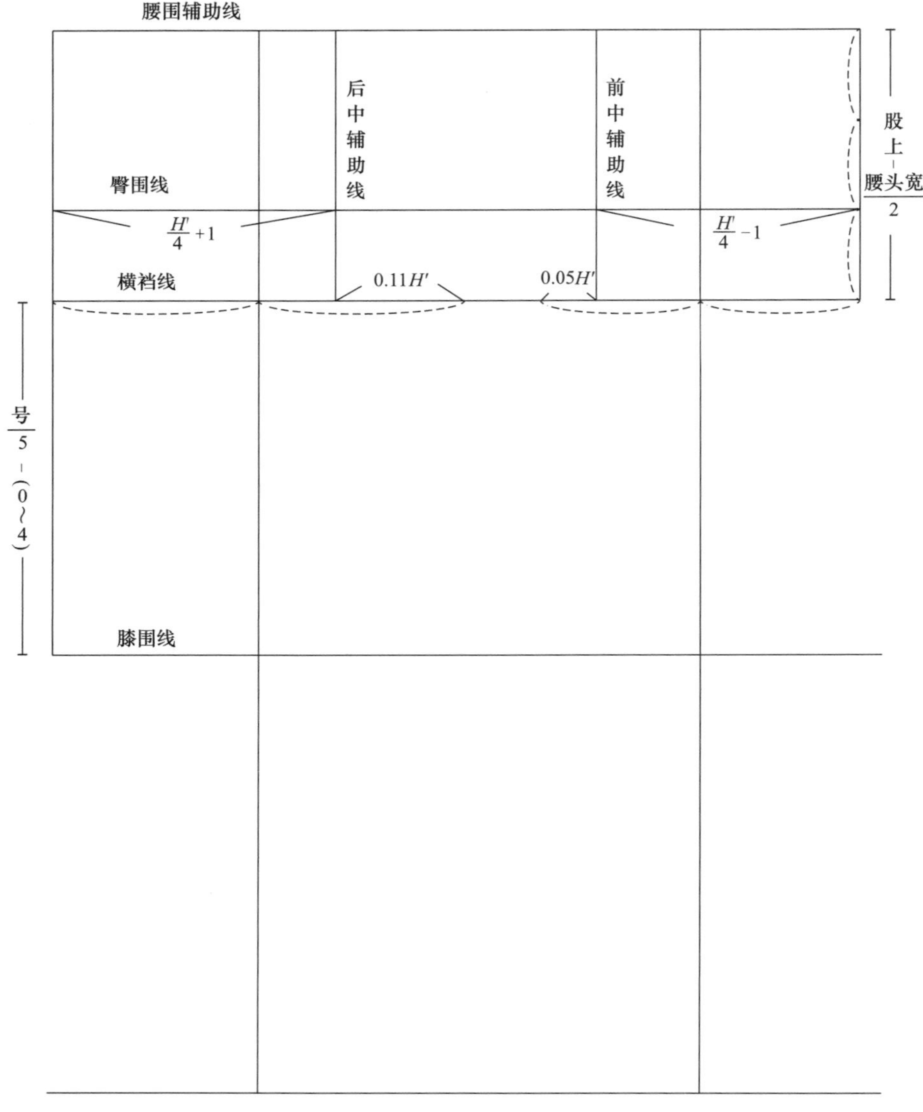

图 6-2　裤基本样板基础线

（6）裆弯宽度。在横裆线上，从前中辅助线向左取 0.05 H'（4.8cm），从后中辅助线向右取 0.11 H'（10.56cm）。

（7）挺缝线。在横裆线上，取前、后裆弯宽度端点与前、后侧缝端点之间线段的中点，过中点作竖直线，向上相交于腰围辅助线，长度为裤长 - 腰头宽（97cm）。

（8）裤口线。过挺缝线下端点作水平线。

（9）膝围线。距离横裆线$\frac{号}{5}$ -（0 ～ 4）cm，在此取 0，为 32cm，并作水平线。

2. **结构线（图 6-3）**

（1）前、后中线。前片腰围线内收 1cm，并与臀围线交点相连；后片以臀围线交点为始

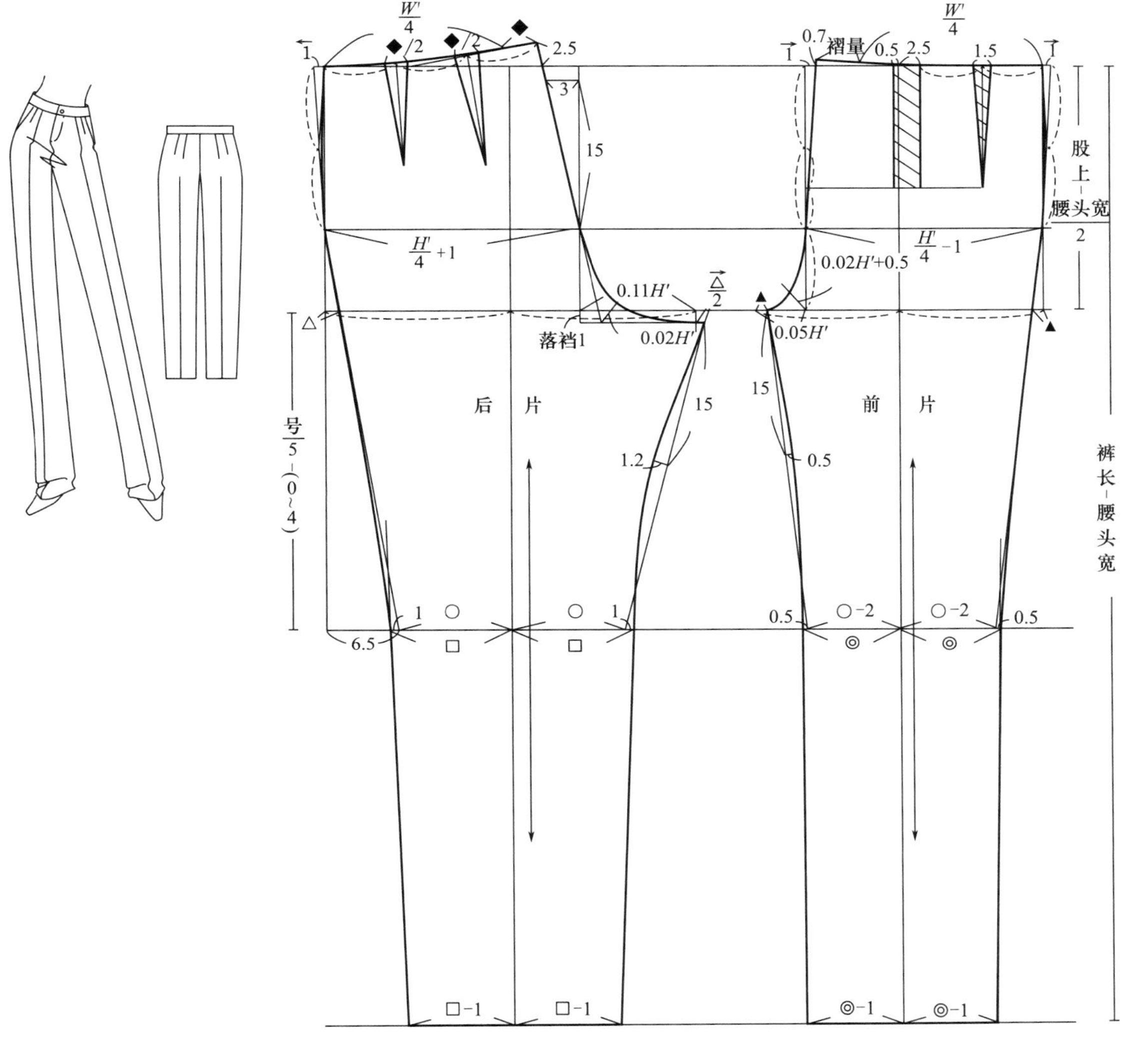

图 6-3　裤基本样板结构线

点，在后中辅助线上量取 15cm，再向左作 3cm 水平线，将其端点与臀围线交点相连并向上延长，超出腰围辅助线 2.5cm，此为后翘。

（2）后片膝围线宽度。从外侧缝线与膝围线交点向左量取 6.5cm 定点，将此点与臀围线左端点相连，与横裆线相交，为外侧缝斜线辅助线，与横裆线相交点至外侧缝距离命名为“△”。后片膝围与外侧缝交点至挺缝线的距离命名为“○”，并从此点向左量取 1cm，将 1cm 点至挺缝线距离命名为“□”。分别将这两个长度在挺缝线右侧量出。

（3）前片膝围线宽度。在膝围线两侧量取○ –2cm，右边端点连接臀围线右端点，与横裆线相交，将此交点至外侧缝距离命名为“▲”。再向两端加量 0.5cm，将此点至挺缝线距离命名为“◎”。

（4）前裆弯曲线。前片裆弯宽度在 4.8cm 基础上减去“▲”的量，为最终前裆弯宽度。对前中辅助线与横裆线的外直角作角平分线，长为 0.02 H'+0.5cm(2.42cm)，连接臀围线端点、角平线点与裆弯宽端点成弧线，并与前中线相接。

（5）后裆弯曲线。横裆线下落 1cm 画落裆线，取裆弯宽度数值，并向外加出“$\frac{\triangle}{2}$”为最终后裆弯宽度。将后中斜线向下延长与之相交，对交角作角平分线，长为 0.02 H'（1.92cm），连接臀围线端点、角平分线点与裆弯宽端点成弧线，并与后中线相接。

（6）腰围线。前片将前中端点上抬 0.7cm 作垂线，与腰围辅助线连顺。后片对后翘后的后中线作垂线，与腰围辅助线连顺成弧线。

（7）裤口线。前片裤口线以挺缝线为中心线，左右各量取◎ –1cm，后片裤口线左右各量取□ –1cm。

（8）内侧缝线。前片将○ –2cm 点与裆弯宽度点相连，从上向下量取 15cm 定点，过该点作垂线并垂直向内量取 0.5cm 点，将裤口线左端点与 0.5cm 点相连并向上略延长，与裆弯宽度点、内收 0.5cm 点连顺，膝围线之上为弧线，之下为直线。后片将“○”点与裆弯宽度点相连，从上向下量取 15cm 定点，过该点作垂线并垂直向内量取 1.2cm 点，将裤口线右端点与 1cm 点相连并向上略延长，并与裆弯宽度点、内收 1.2cm 点连顺，膝围线之上为内凹弧线，之下为直线。

（9）外侧缝弧线。将前、后腰围线端点向外量 1cm，将此点与臀围线端点相连取中点，并将中点与腰围端点相连与侧缝辅助线形成细长三角形，三角形的垂线终点为外侧缝弧线连接点，过该点与腰围线端点弧线连接与臀围端点连接成微有弧度的曲线。

（10）外侧缝线。前片将裤口右端点与膝围线处 0.5cm 点相连并向上略延长，并与外侧缝弧线、斜线辅助线连顺。后片将裤口左端点与膝围线处 1cm 点相连，并与外侧缝弧线、斜线辅助线连顺。

（11）前腰褶。在腰线上量取$\frac{W'}{4}$，剩余量为褶量 4.5cm。褶分成两个，第一个褶在挺缝线处，左侧取褶量 0.5cm，右侧取褶量 2.5cm，在第一个褶端点与腰侧点之间取中点，分配 1.5cm 褶量，褶的长度取立裆长第二等分线段的中点水平线位置。

（12）后腰省。在腰线上量取$\frac{W'}{4}$，剩余量为省量，命名为“◆”，将腰围线三等分，两个等分点为省位，左省省长 9cm，右省省长 10cm，分别分配$\frac{◆}{2}$的省量。

（13）布丝方向。平行于挺缝线。

3. **零部件**（图 6–4）

除了裤子主体的样板，一些零部件也很重要，如腰头、里襟与门襟是前中以拉链形式封口款式的必要裁片。

（1）腰头。腰头宽 3cm，长为 W'（70cm），在一侧加上 3cm 搭门量。

（2）里襟与门襟。女裤结构左前片为门襟，右前片为里襟，门襟是沿着裤片前中形状设计，宽 3cm，长为臀围线之下 2cm，约 19cm。里襟为上宽 6cm，下宽 5cm，长 19cm，中间需折叠。

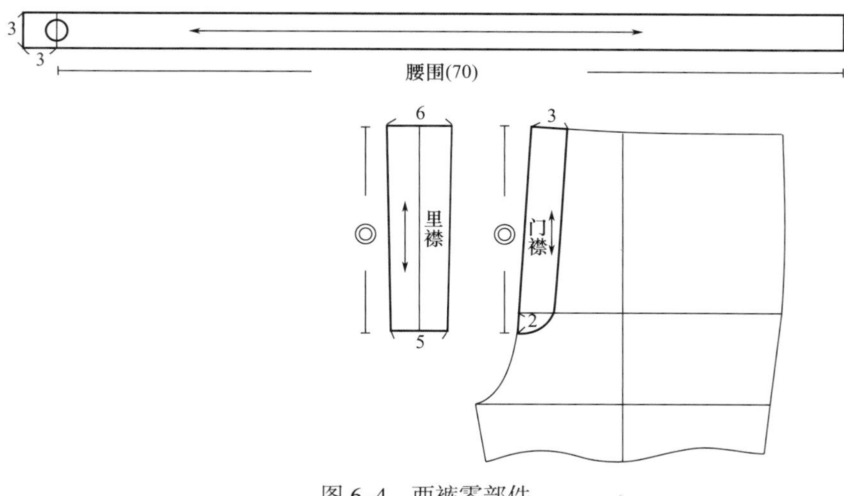

图 6-4 西裤零部件

三、裤子样板的结构分析

裤子样板的参数是依据人体形态和裤型要求而变化的，这些变化也有一定规律可循，下面就裆弯宽度、后中斜度、腰臀差等方面对裤子结构进行详细分析。

1. 裆弯宽度配比

裤子裆部的合体度与舒适度主要取决于裆弯曲线，而裆弯宽度是决定裆弯曲线的重要尺寸，以成品臀围尺寸为依据，前、后裆弯宽度之和为 0.16 H'，并且后裆弯宽度是大于等于前裆弯宽度的。随着裤型的变化，前、后裆弯宽度有两种配比形式如下（图 6-5）。

0.05 H'+0.11 H'=0.16 H'；0.07 H'+0.09 H'=0.16 H'。

对于标准人体来说，臀凸高而腹凸低，裤子要保证舒适度则后片裆弯宽度要大于前片的，第一种配比为前片 0.05H'，后片 0.11H'，前、后裆弯宽度差值大，结合位值在耻骨联合处，最具功能性，适合西裤、锥型裤、紧身裤等，这类裤型的统一特点是内外侧缝在髌骨线之上为内收状态，也就是裤腿围度相对较小，在腿部活动时会牵连后中裆弯曲线，因此，需

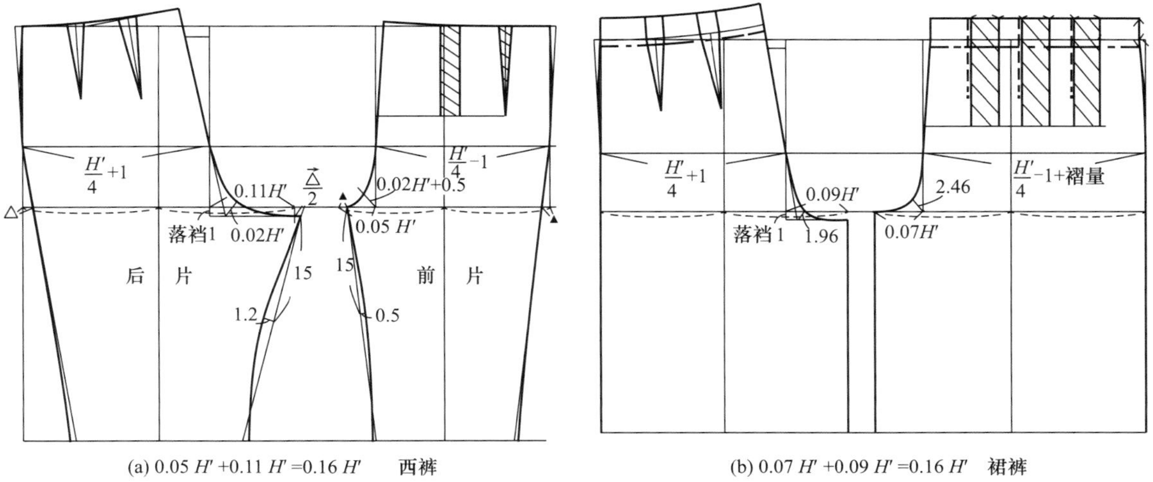

图 6-5 裆弯宽度配比

要更多的功能性。第二种配比为前片 0.07H'，后片 0.09H'，前、后裆弯宽度差值相对小，适合裙裤、灯笼裤、睡裤、三角裤（内裤），这几类裤型相对宽松，内外侧缝为竖直线或外展造型，对腿部约束力小，结构上也可以不用十分紧密。

2. **腰间褶裥与省**

所有下装腰臀差都需要合理分配，对裤子来说，后片臀围松量比前片要宽，因此，后片腰臀差要大于前片。对于基本样板西裤来说，前片是经典的双褶设计，后片是双省设计，其他款式的变化则可以将前后片都设置为省。

如果要减少省的数量或无省，则需要控制臀围松量，将部分腰臀差均匀分配到外侧缝、前后中线处，分配不均则需要设计分割线，将省量转移至断缝中，如牛仔裤的后片育克结构也是经典设计。此外，还可以设计低腰结构，使腰间省量减少，易于分配。

如果是要设计多个褶，如裙裤，则首先要增加臀围松量，加大腰臀差，才有足够余量做多个褶，相对后片的省也会多，单个省的省量也会大，一般来说，省量以不超过 3cm 为宜。

3. **后中线倾斜度**

裤子后中线为斜线，其倾斜度是根据臀部的形状而定。臀凸适中即腰臀差适中，其后中斜度比例为 15 ∶ 3；臀凸低即腰臀差偏小，其斜度比例为 15 ∶ 2 ~ 15 ∶ 3，减小斜度；臀凸高即腰臀差偏大，其斜度比例为 15 ∶ 3 ~ 15 ∶ 4，增大斜度；如果是连腰结构或腰头用松紧带的款式，后中斜度可以为无斜度（图 6–6）。

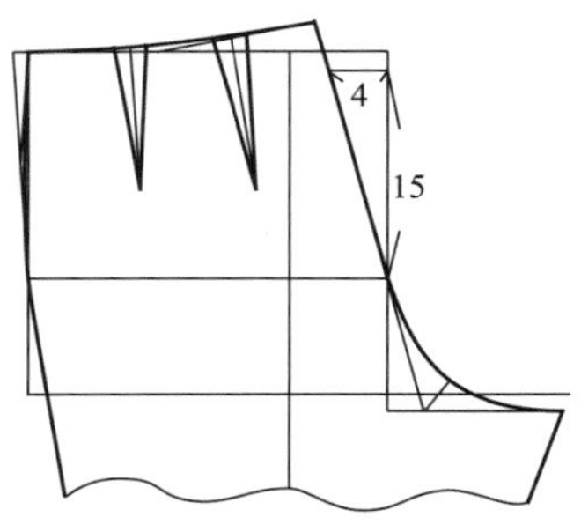

(a) 15：4后中线斜度大，腰围余量小，适合腰臀差大的体型

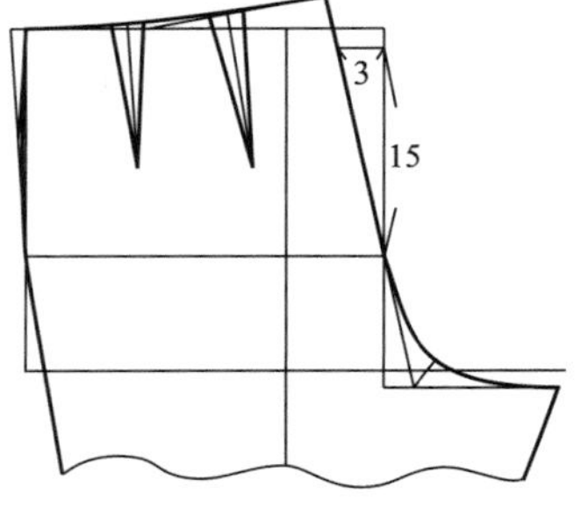

(b) 15：3后中线斜度适中，腰围余量适中，适合腰臀差适中的体型

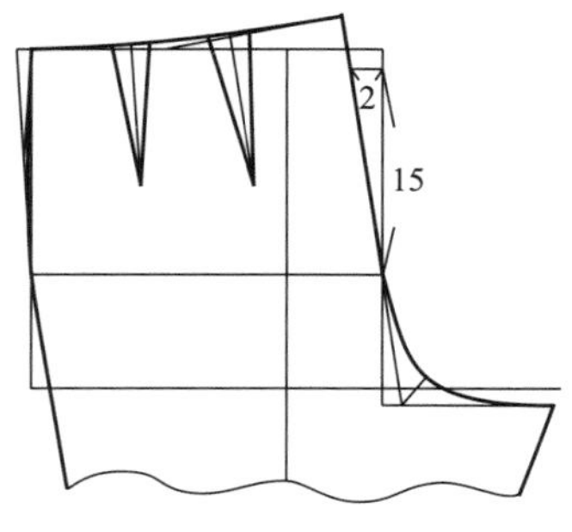

(c) 15：2后中线斜度小，腰围余量大，适合腰臀差小的体型

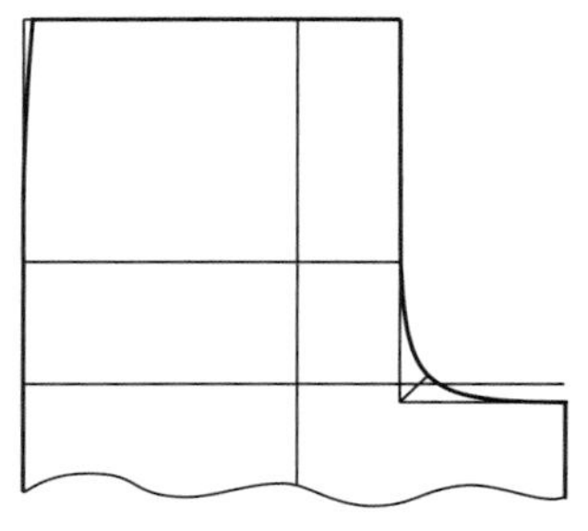
(d) 后中线无斜度，腰围余量最大，适合任意体型

图 6–6　后中线倾斜度变化

4. 膝围收势与裤口宽

膝围收势与裤口宽是变化裤型的重要尺寸，两者相配合。适体裤型如西裤、锥型裤，膝围收势为 6.5 ~ 7.5cm，贴体裤型如牛仔裤、铅笔裤，膝围收势为 8.5cm 左右，裙裤、睡裤为 0 或侧缝外展。

西裤的裤口宽为 21 ~ 23cm，锥型裤、铅笔裤裤口宽为 15 ~ 17cm，喇叭裤裤口宽为 25 ~ 26cm。

第三节　各类女裤结构设计与应用

一、锥型裤

锥型裤一般在腰部设计褶裥，加大臀围松量，使得腰臀部宽松，向裤口部位逐渐收小变窄，形似锥子或萝卜，因此，也称为萝卜裤，适合窄臀的女性穿着。该款式在前片腰部为两个褶，后片腰部为两个省，裤口为翻边款式，有斜插袋。在板型设计时，锥型裤的基础线与结构线都与西裤相似，只是臀围松量要比西裤大，膝围收势一致，裤口减小。锥型裤成品规格见表 6–4，其绘制步骤如下（图 6–7）。

表 6–4　锥型裤成品规格表　　单位：cm

号型	部位名称	裤长	股上	腰围	臀围	裤口	腰头
160/68A	净尺寸	98	26	68	90	—	—
	加放尺寸	0	0	2	10	—	—
	成品尺寸	98	26	70	100	32	3

1. 基础线

锥型裤的基础线与西裤大体相似，如腰围辅助线、横裆线、臀围线、前后中线辅助线、侧缝辅助线、裆弯宽度、挺缝线、裤口线、膝围线与西裤样板绘制方法一致，只是成品规格不同，数据不同，以下就不同之处予以说明。

（1）侧缝辅助线。由于臀围松量不同，臀围线上的取值就不同，前片$\frac{W'}{4}-1$cm 为 24cm，后片$\frac{H'}{4}+1$cm 为 26cm[❶]。

（2）裆弯宽度。在横裆线上，前片 0.05 H' 为 5cm，后片 0.11 H' 为 11cm。

（3）挺缝线。长度取裤长 – 腰头宽为 95cm。

❶ H表示净臀围尺寸，H'表示加放量后臀围尺寸。
W表示净腰围尺寸，W'表示加放量后腰围尺寸。

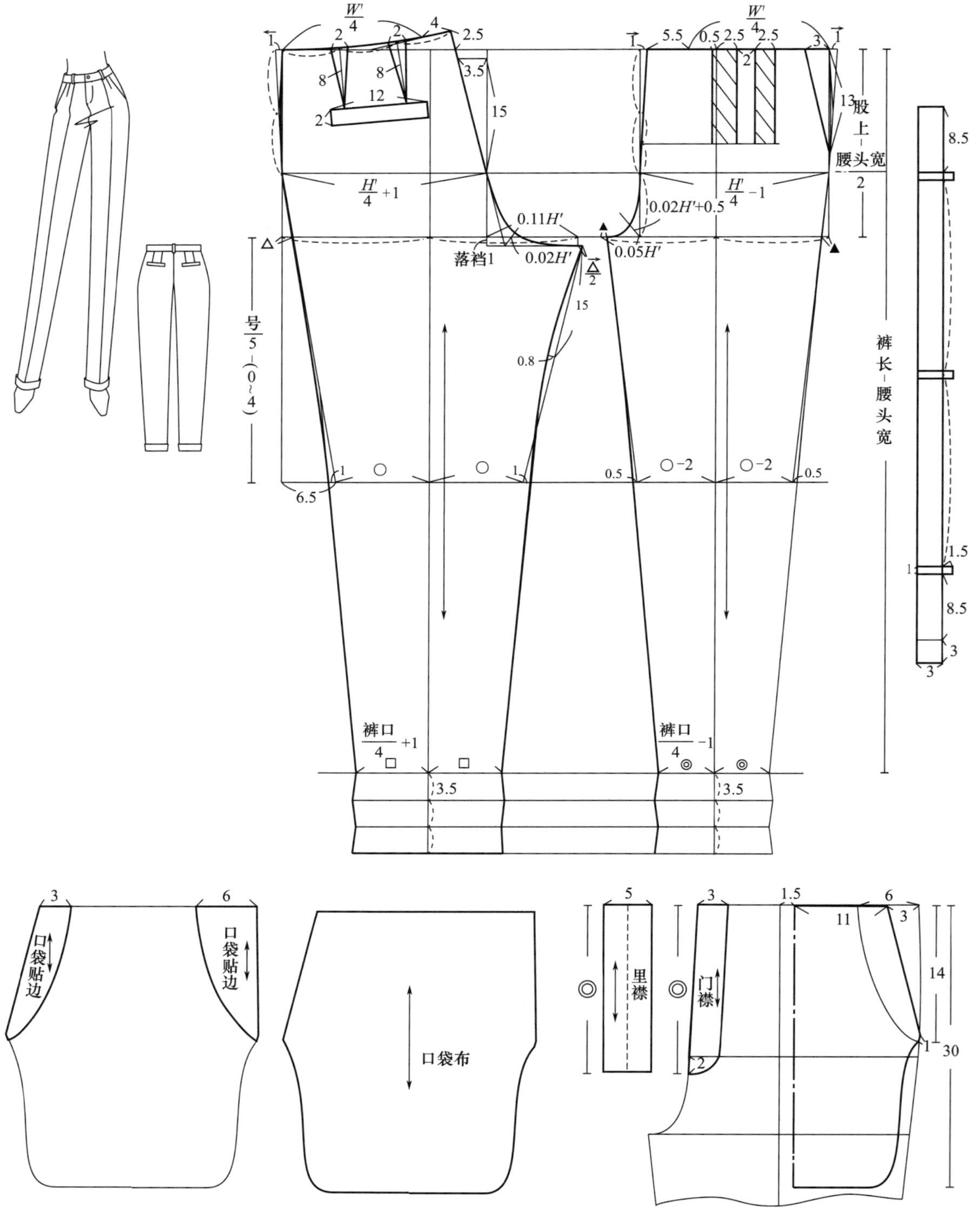

W'/4
2.5
3.5
15
12
H'/4 +1
0.11H'
落裆1
0.02H'
Δ/2
号/5 −(0~4)
0.8
6.5
5.5
0.5
13
股上−腰头宽/2
H'/4 −1
0.02H'+0.5
0.05H'
裤长−腰头宽
○−2
裤口/4 +1
裤口/4 −1
8.5
1.5
口袋贴边
口袋布
里襟
门襟
11
14
30

图 6-7　锥型裤

2. **结构线**

结构线的绘制方法也大体一致，局部和取值有些不同，以下说明不同之处。

（1）前、后中线。前片腰围线内收 1cm，后中斜度为 15 ∶ 3.5，即在后中辅助线上量取 15cm，再向左作 3.5cm 水平线，后翘尺寸为 2.5cm。

（2）裆弯曲线。前片前中辅助线与横裆线的外直角作角平分线，0.02 H'+0.5cm 为 2.5cm；后片后中斜线向下延长与之相交，对交角作角平分线，长为 0.02 H' 为 2cm。

（3）裤口线。后片以挺缝线为中心，左右各量取$\frac{裤口}{4}$+1cm 为 9cm，前片以挺缝线为中心、左右各量取$\frac{裤口}{4}$－1cm 为 7cm。

（4）外侧缝弧线。臀围线之上与西裤一致，之下的部分由于裤口小，与向外量取的 1cm 相连后，延长与膝围线处侧缝相交，连顺即可。

（5）内侧缝线。前片将裤口线左端点与 0.5cm 点（膝围线处）相连并向上延长，与横裆内侧缝连顺。后片在横裆内侧缝上量取 15cm 定点，过该点作垂线并垂直向内量取 0.8cm 点，裤口右端点与 1cm 点（膝围线处）相连并延长，与内收点、裆弯宽度点连顺。

（6）前腰褶。在腰线上量取$\frac{W'}{4}$，剩余量为褶量（5.5cm）。褶分成两个，第一个褶在挺缝线处，左侧取褶量 0.5cm，右侧取褶量 2.5cm，在距第一个褶端点 2cm 处设置第二个褶，褶量为 2.5cm，褶的长度取立裆长第二等分线段的中点水平线位置。

（7）后腰省。在腰线上量取$\frac{W'}{4}$，剩余量 4cm 为省量，将腰围线三等分，两个等分点为省位，省长均为 8cm，分别分配 2cm 省量。

（8）裤口翻边。外翻边宽度设定为 3.5cm，在现有裤口向下量取三个 3.5cm，分别依据翻边折叠后的内外侧缝形状设定。

（9）布丝方向。平行于挺缝线。

3. **零部件**

该款裤子的里襟和门襟与基本样板一致，另设计有斜插袋，腰头有腰带襻，后片有单开线口袋。

（1）里襟与门襟。门襟宽 3cm，长为臀围线之下 2cm，与前裤片前中线部位形状一致。里襟为宽 5cm，长与门襟垂直长度一致为“◎”，中间需折叠。

（2）斜插袋。口袋为侧缝斜插袋，距侧腰点 3cm，长 13cm。口袋裁片由口袋贴边与口袋布组成。口袋贴边有两片，一片是贴底部，沿着侧缝形状宽 6cm，长 14cm；一片贴口袋内侧，宽 3cm，长 14cm，边缘皆弧形封口。口袋布为双叠，沿着腰线与口袋边缘，宽 11cm，长 30cm，口袋右边缘下方为圆弧形，左边缘为直线，折叠线要画成点划线。布丝方向为直丝。

（3）后袋。后袋为单开线样式。取后片腰线中点，作腰线垂线，长 8cm，在垂线之下作单开线矩形，长 12cm，宽 2cm。布丝方向为直丝。

（4）腰头。腰头宽 3cm，长为 W'（70cm），在一侧加上 3cm 搭门量。在腰头裁片两侧距离前中线 8.5cm 处各设计一个腰带襻，宽 1cm 长出腰头 1.5cm，在后中线上设计一个腰带襻。标明布丝方向。

二、喇叭裤

该款喇叭裤为贴身牛仔裤，低腰结构，有后育克，经典的牛仔裤口袋，从膝围线处展开喇叭裤形。其板型臀围松量较小，低腰结构的腰头直接在基本样板上截取，后腰的省量可以转移至育克分割线，膝围线收势较大，裤口较大。喇叭裤成品规格见表 6–5，其绘制步骤如下（图 6–8）。

表 6–5　喇叭裤成品规格表

单位：cm

号型	部位名称	裤长	股上	腰围	臀围	裤口	腰头
160/68A	净尺寸	98	26	68	90	—	—
	加放尺寸	0	0	2	2	—	—
	成品尺寸	98	26	70	92	50	3.5

1. 基础线

基础线大体一致，臀围、裆弯宽度与裤长有变化，前臀围为 22cm，后臀围为 24cm，挺缝线长为 98cm。前裆弯宽度为 4.6cm，后裆弯宽度为 10.12cm。

2. 结构线

（1）前、后中线。前中线腰围线下落 1.5cm，内收 2cm，与臀围左端点相连。后中斜度为 15 ∶ 3.5，在后中辅助线上量取 15cm，再向左作 3.5cm 水平线，连接其端点与臀围右端点，后翘尺寸为 2.5cm。

（2）腰围线。前片侧缝内收 2cm，将前腰点与侧腰点连顺，分别垂直于前中线与侧缝。后片对后中斜线作垂线，侧腰点不动，并连顺后腰线。

（3）横裆线。后片膝围尺寸收势为 8.5cm，该点与臀围线左端点相连，将横裆线截去一部分，截去部分命名为“△”，在落裆线上加出“$\frac{\triangle}{2}$”。该点将距离挺缝线长度定为“○”，在前片膝围线上挺缝线两端各取○ –2cm，将右端点与臀围右端点相连，将横裆线截去一部分，截去部分命名为“▲”，前横裆宽减去“▲”。

（4）裆弯曲线。前片前中辅助线与横裆线的外直角作角平分线，角平分线取 0.02 H'+0.5cm 为 2.34cm 定点，过该点连接臀围左端点、横档左端点；后片落裆 1cm，后中斜线向下延长与落裆线相交，对交角作角平分线，在角平分线上取长为 0.02 H' 为 1.84cm 定点，过该点连接臀围右端点、后落裆线右端点。

（5）裤口线。后片以挺缝线为中心，左右各量取$\frac{裤口}{4}$+1cm 为 13.5cm，前片以挺缝线为中心，左右各量取$\frac{裤口}{4}$−1cm 为 11.5cm。

（6）后片侧缝线。后片在挺缝线右端量取“○”定点，过该点与后裆弯曲线端点相连，从连线上端向下取 15cm 定点，过该点垂直向内收 1.2cm。将现有膝围线两个端点各向外取 1cm，并与裤口线两个端点连接，右侧连线与内侧缝上端点、内收点连顺，形成完整内侧缝线。臀围之上外侧缝作侧缝弧线，从左侧裤口至膝围线之上连线，连顺外侧缝。

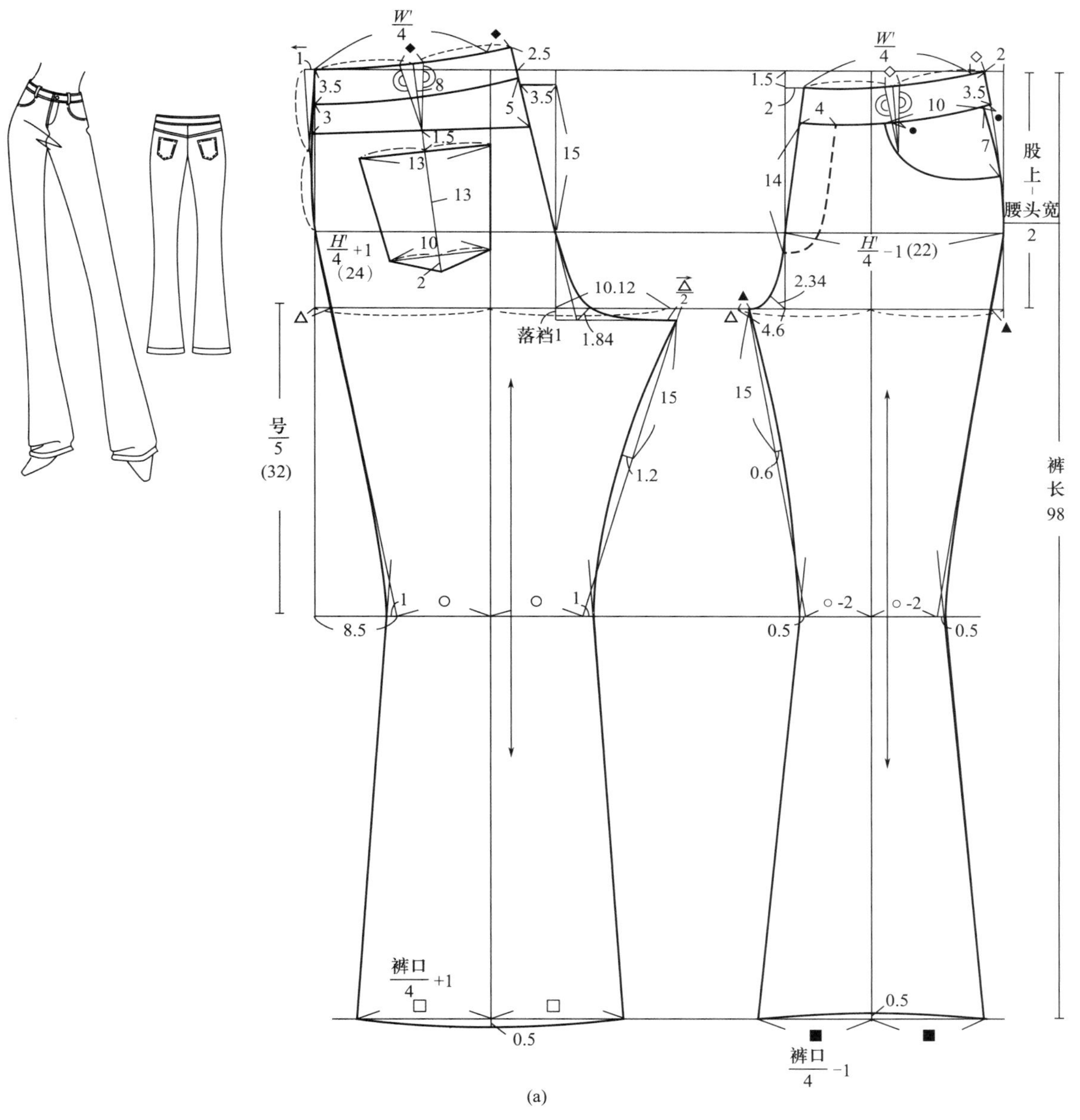

(a)

图 6–8

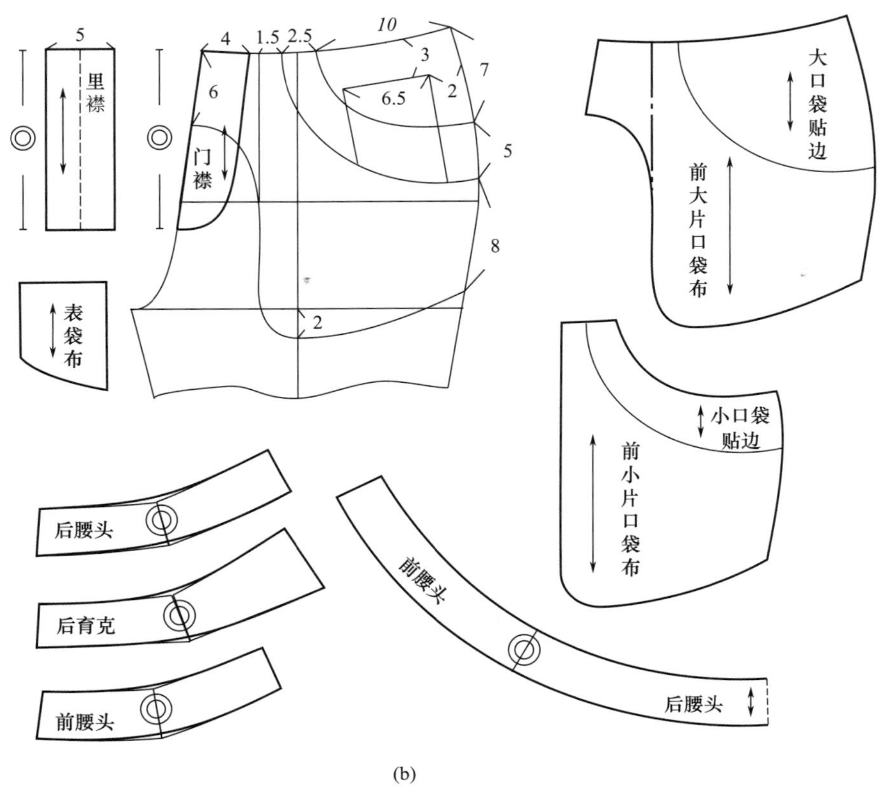

(b)

图 6–8　喇叭裤

（7）前片侧缝线。将现有膝围线左端点与前裆弯曲线端点相连，从连线上端向下取 15cm 定点，过该点垂直向内收 0.6cm。膝围线两个端点各向外取 0.5cm，并与裤口线两个端点连接，左侧连线与内侧缝上端点、内收点连顺，形成完整内侧缝。臀围之上外侧缝作侧缝弧线，右侧裤口至膝围线之上连线，连顺外侧缝。

（8）腰头、省与育克。在前、后片腰线上量取$\frac{W'}{4}$，前片剩余 1cm 省量，设在腰线中央，省长为 7cm，后片剩余省量 2.3cm，在腰线中央设置省，省长为 8cm。腰头宽为 3.5cm，分别平行于前、后腰线，将省截断，腰头部分省量画整形符号表示闭合省量。前片腰头下面剩余部分省量"●"，在侧缝处去除。后片在省尖点设置斜向分割线，后中取 5cm，侧缝取 3cm，标明合并省量的整形符号。

（9）布丝方向。平行于挺缝线。

3. **零部件**

零部件包括前、后口袋、里襟与门襟。

（1）里襟与门襟。门襟宽 4cm，长约 14cm，与前中线部位形状一致。里襟宽为 5cm，长与门襟垂直长度一致为"◎"，中间需折叠。

（2）前口袋：经典牛仔裤的前口袋包括一个大挖袋和表袋。大挖袋又由大小两个口袋贴边、大小两个口袋布构成。绘制步骤如下：

①大口袋贴边与大片口袋布。大口袋贴边宽距离侧腰点 12.5cm，长沿着侧缝量取 12cm，下方为圆弧形。大片口袋布上缘为腰围线，前中线向下量取 6cm 定点，以此为起始点画弧线，距离挺缝线 1.5cm 时直线向下，过挺缝线与横裆线交点向下 2cm 处弧线向上，交于侧缝处大口袋贴边底点向下 8cm 处。

②小口袋贴边与小片口袋布。小口袋贴边上缘线距离侧腰点 10cm，侧缝下移 7cm，连成弧线。腰围线处宽 2.5cm，侧缝线处宽 5cm，下缘连成弧线。小口袋布上缘线与小口袋贴边上缘线一致，腰围线处宽 4cm，直线向下与大口袋布重合，下缘线与大口袋布一致。

③表袋。挖口袋内的小口袋为表袋布，上缘距离腰围线 3cm，距离侧缝 2cm，宽度为 6.5cm，上端为矩形，下端与大口袋贴边相交，相交处采用大口袋贴边弧线。

（3）后贴袋。后腰省中线延长，距育克线 1.5cm 处作直线垂直于中线，取 13cm 长，为后贴袋袋口上边缘，在袋口与中线的交点向下方量取 13cm 定点，该点为口袋底点，从口袋底点向上取 2cm 定点，过该点作袋口上边缘线的平行线，长 10cm，连接几个端点，形成完整的后贴袋。

（4）腰头。将腰头裁片剪下，合并省量，修顺边缘线，腰头若是弯曲的裁片，裁剪布料时，需要前、后各裁两片。

三、铅笔裤

铅笔裤是紧身裤，裤脚口较窄，铅笔裤在侧缝处由弧线分割线至挺缝线，为低腰无腰头款式，后片有育克结构。其样板需要控制臀围松量，分割线需要设置在能转移省量的位置，裤口围度与锥型裤相似，无腰结构需要设计贴边。铅笔裤成品规格见表 6–6，其绘制步骤如下（图 6–9）。

表 6–6 铅笔裤成品规格表

单位：cm

号型	部位名称	裤长	股上	腰围	臀围	裤口	腰头
160/68A	净尺寸	98	26	68	90	—	—
	加放尺寸	0	0	2	2	—	—
	成品尺寸	98	26	70	92	30	0

1. 基础线

基础线中前臀围为 22cm，后臀围为 24cm，挺缝线长为 98cm，膝围线距横裆线 31cm，前裆弯宽度为 4.6cm，后裆弯宽度为 10.12cm，其他与基本样板一致。

2. 结构线

（1）前、后中线。前中线腰围线下落 2cm，内收 1.5cm，与臀围左端点相连。后中斜度为 15 ∶ 3.5，后翘尺寸为 2.5cm，画出后中斜线。

（2）腰围线。前片侧缝内收 1.5cm，将前腰点与侧腰点连顺，分别垂直于前中线与侧缝线。后片腰围线垂直于后中斜线，侧腰点不动，并连顺后腰线。

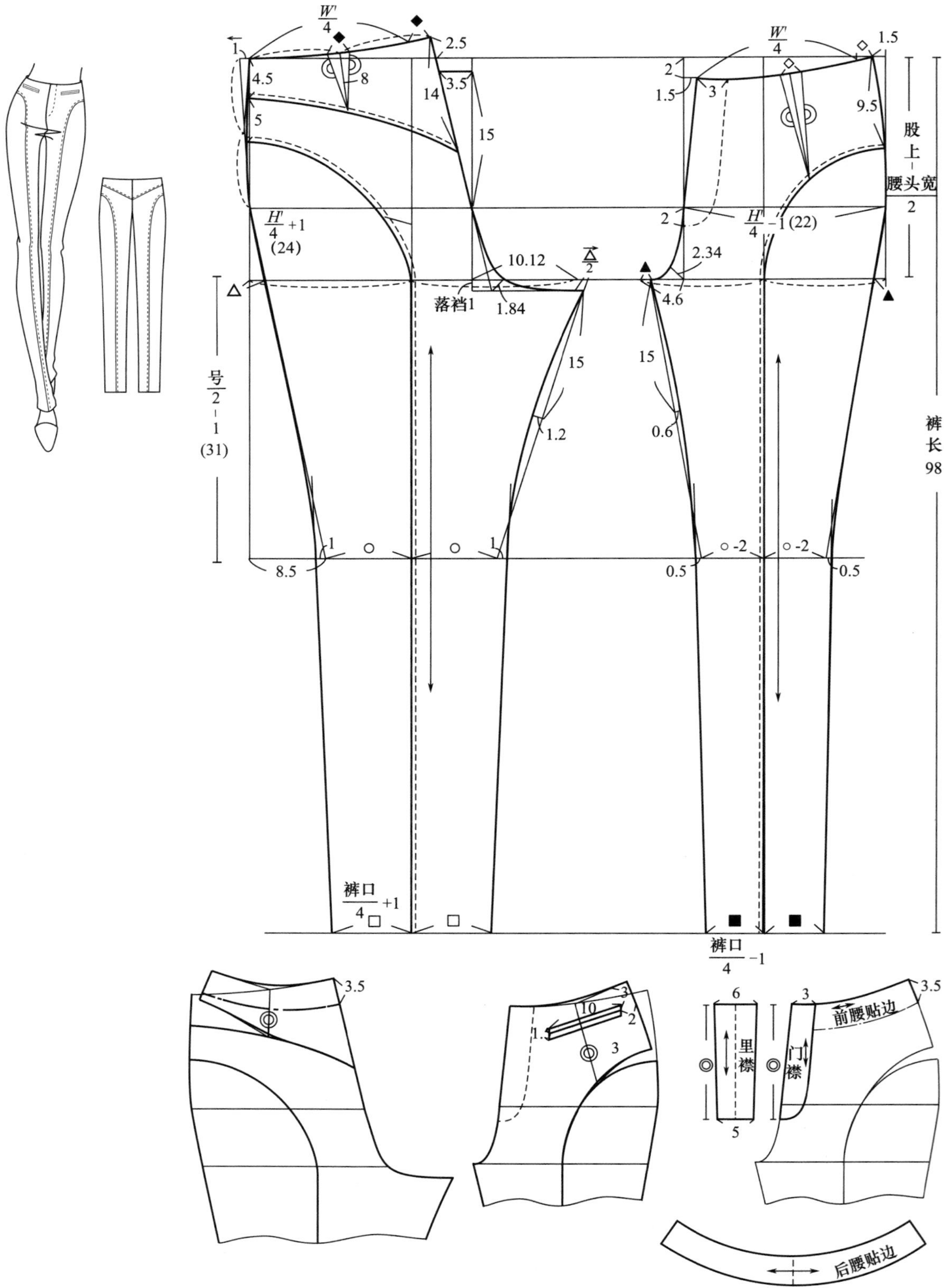
W'/4
2.5
1
4.5
8
14
3.5
5
15
H'/4 +1
(24)
10.12
△/2
落裆1
1.84
号/2 -1
(31)
15
1.2
1
8.5
W'/4
1.5
2
1.5
3
9.5
股上-腰头宽/2
2
H'/4 -1 (22)
2.34
4.6
15
0.6
0.5
-2
-2
0.5
裤长98
裤口/4 +1
裤口/4 -1
3.5
10
3
2
1.5
3
6
里襟
门襟
5
3
3.5
前腰贴边
后腰贴边

图 6-9 铅笔裤

（3）横裆线与膝围线。后片膝围收势为 8.5cm 定点，距离挺缝线长度命名为“○”，依照挺缝线两端膝部宽度相等原则，确定另一端点。将膝围收势点与臀围线左端点相连，将横裆线截去一部分，截去部分命名为“△”，在落裆线上加出“$\frac{\triangle}{2}$”，确定横裆线两个端点，将这两个端点与膝围两端点相连。前膝围线挺缝线两侧宽度各为“○ –2”，确定前膝部宽度。将前右侧膝部宽度端点与前片臀围线右侧端点连线，将横裆线截去一部分，截去部分命名为“▲”，将前裆弯宽度去掉“▲”定点，此点与左侧膝部宽度端点相连。

（4）裆弯曲线。前片前中辅助线与横裆线的外直角作角平分线，在角平分线上取 2.34cm 定点，过该点连接前裆弯曲线；后片落裆 1cm，后中斜线向下延长与之相交，对交角作角平分线，在角平分线上取 1.84cm 定点，过该点连接后裆弯曲线。

（5）裤口线。后片以挺缝线为中心，左右各量取$\frac{\text{裤口}}{4}$+1cm 为 8.5cm，前片以挺缝线为中心，左右各量取$\frac{\text{裤口}}{4}$–1cm 为 6.5cm。

（6）前后侧缝线：后片膝部宽度端点各向外量取 1cm 定点，前片膝部宽度端点各向外量取 0.5cm 定点，前后膝部定点分别与前后裤口两侧端点相连并向上延长与上半部分内外侧缝辅助线相交，分别弧线联顺前后外侧缝。后片内侧缝辅助线 15cm 处垂直内收 1.2cm，前片内侧缝辅助线 15cm 处垂直内收 0.6cm，分别连顺前后内侧缝。

（7）分割线。前、后片各侧缝下量取 9.5cm，从该点画弧线向下与挺缝线重合。

（8）省与育克。在前、后片腰线上量取$\frac{W'}{4}$，前片剩余 2cm 省量，在距侧腰点 9cm 处设置省，省长交于分割线，画整形符号。后片腰间剩余 2.3cm 省量，在腰线中央设置省，省长为 7cm，设置育克分割线，通过省尖点，呈弧形，育克后中线处取 14cm，侧缝处取 4.5cm，在省道边画整形符号。

（9）布丝方向。每片裁片各一个布丝方向，平行于挺缝线。

3. 零部件

零部件包括门襟、里襟、腰部贴边和前单嵌线袋。

（1）里襟与门襟。门襟宽 3cm，长 17cm，与前中形状一致。里襟为上宽 6cm，下宽 5cm，长与贴边垂直长度一致为“◎”，中间需折叠。

（2）腰部贴边。在前、后片合并省量之后取宽度 3.5cm，作腰线的平行线。

（3）口袋。为装饰性假口袋，无口袋布。距腰线 3cm，距侧缝 3cm，以腰线为基准作 10cm 直线，嵌线宽度为 1.5cm。

四、褶裥七分裤

该款七分裤为低腰结构，前片为牛仔裤样式挖口袋，在口袋边缘设计三个规律褶，裤腿宽松，下口缩褶缝接克夫。后片腰间也为规律褶。该款式可以设计为适体款式，臀围适中，裤腿宽松，前片内外侧缝竖直向下，后片裤腿按照前片围度来设定。前片的缩褶需要切展得到，为保持裤型良好，褶量易过大。褶裥七分裤成品规格见表6–7，其绘制步骤如下（图6–10）。

表6–7 褶裥七分裤成品规格表

单位：cm

号型	部位名称	裤长	股上	腰围	臀围	克夫长	腰头
160/68A	净尺寸	68	26	68	90	32	—
	加放尺寸	0	0	2	8	3	—
	成品尺寸	68	24.5	70	98	35	4

1. **基础线**

基础线中前臀围为23.5cm，后臀围为25.5cm，前裆弯宽度为4.9cm，后裆弯宽度为10.78cm，裤长为68cm，克夫的宽度3cm，其他与基本样板一致。

2. **结构线**

（1）前、后中线。前中线腰围线下落2cm，内收2cm，与臀围线左端点相连。后中斜度为15 ∶ 3，后翘尺寸为2.5cm。

（2）腰围线。前片侧缝内收2cm，将前腰点与侧腰点连顺，分别垂直于前中线与侧缝。后片对后中斜线作垂线，侧腰点不动，连顺后腰线。

（3）裆弯曲线。前片前中辅助线与横裆线的外直角作角平分线，在角平分线上取长2.46cm定点，过该点连接前裆弯曲线；后片落裆1cm，后中斜线向下延长与之相交，对交角作角平分线，在角平分线上取长1.96cm定点，过该点连接后裆弯曲线。

（4）前、后侧缝线。前片内外侧缝是以裆弯宽度端点与臀围线右端点为基点，向下作竖直线，至裤长 –3cm，挺缝线两侧的宽度定为“○”，在后裤口线上挺缝线的两侧量取宽度为“○ +2”定点，将两个点与后臀围线端点及后裆弯宽度端点相连。

（5）腰头与省。在后腰围线上取$\frac{W'}{4}$，后片剩余省量4.5cm，分成两份，设置在腰围线的等分点上，省长12cm，腰头部分的省画整形符号，裤身部分的省量设置为褶。前片腰围线上取$\frac{W'}{4}$，剩余省量2cm。先定出前口袋的外形，距离侧腰点向左9cm，向下8cm，连接弧形线，前片的省设置在弧形延长线上，省道边为曲线，随口袋外形，腰头处省画整形符号。

（6）前口袋褶。在口袋外形线上，距侧缝2cm处开始，每隔2.5cm设置一条切展线，切展线末端分别指向裤口线的等分点。每根切展线的展开量为3cm，切展开后，规律褶按褶量折叠，并按照原有弧线剪顺，展开。

（7）克夫。宽为3cm，前片长为$\frac{\text{克夫长}}{2}$ –2cm，后片长为$\frac{\text{克夫长}}{2}$ +2cm，均分在挺缝线两侧。

（8）布丝方向。后片裤片平行于挺缝线，前片平行于侧缝的竖直线，腰头设置为横丝。

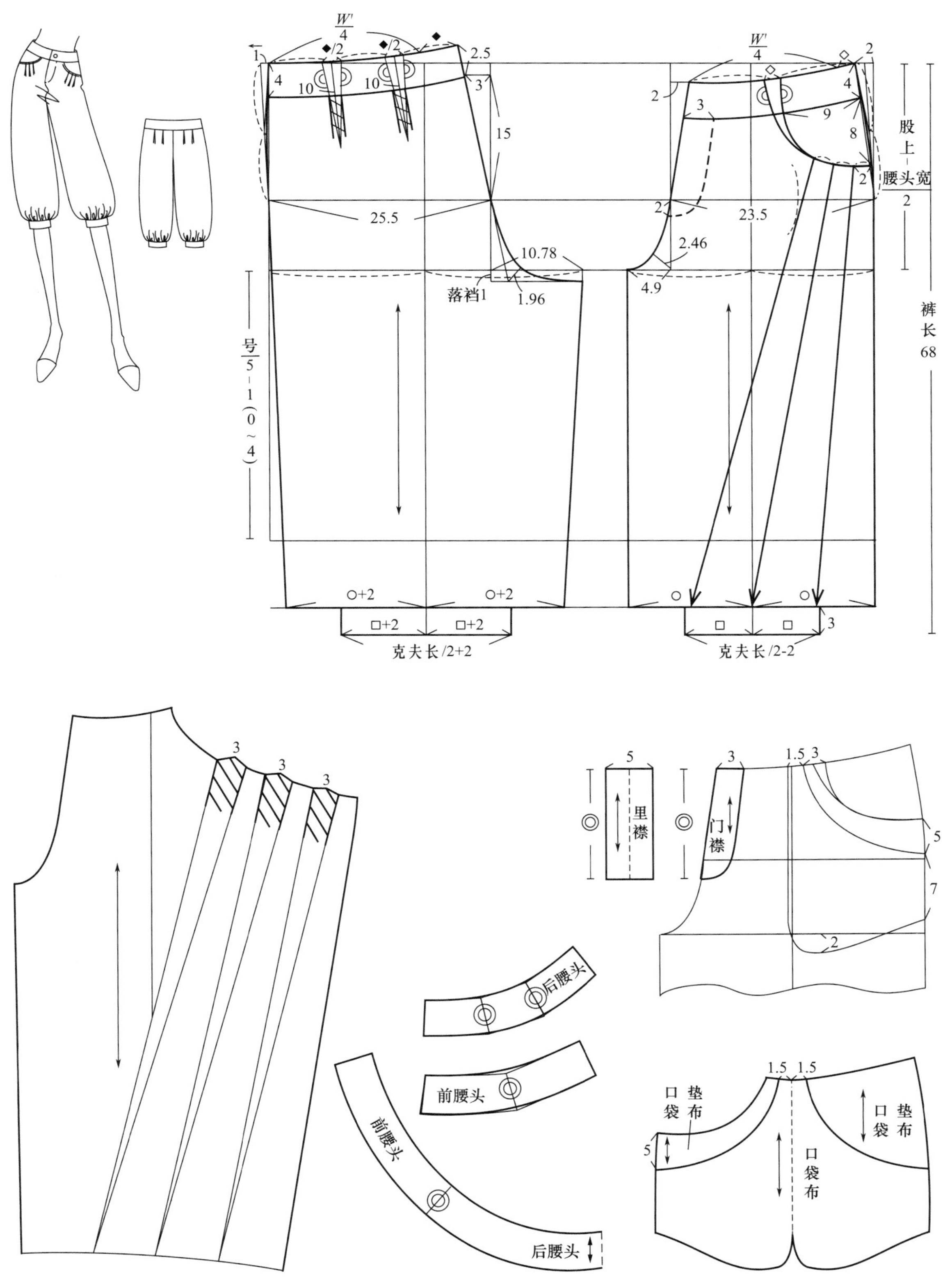
W'/4
◆/2
◆/2
2.5
1
4
10
10
3
15
25.5
10.78
落裆1
1.96
号/5-1（0~4）
○+2
○+2
□+2
□+2
克夫长/2+2
W'/4
2
2
3
9
4
8
2
2
23.5
2.46
4.9
股上-腰头宽/2
裤长68
○
○
□
□
3
克夫长/2-2
3
3
3
5
里襟
门襟
1.5
5
7
2
后腰头
前腰头
前腰头
后腰头
口袋垫布
口袋布
口袋垫布
1.5
1.5
5

图 6-10　褶裥七分裤

3. 零部件

零部件包括门襟、里襟、腰头贴边、腰头和前口袋。

（1）里襟与门襟。门襟宽为 3cm，长为 12cm，与前中形状一致。里襟上下宽为 5cm，长与门襟垂直长度一致为“◎”，中间需折叠。

（2）腰头。合并腰省，画顺边缘。

（3）口袋：与牛仔裤的挖口袋一致，口袋垫布宽度以省道右边为基础，在原有 9cm 基础上加 3cm，侧缝处在 8cm 基础上加 4cm，下缘连成弧线。口袋布为一片，右侧大片在口袋垫布宽度基础上向左侧加 1.5cm，直线向下过横裆线 2cm 处后弧线向上，侧缝处大口袋垫布下端点向下量取 7cm 定点，口袋下缘线交于此点。口袋左侧小口袋布上缘是下端分割线，与其余与右侧相同。小口袋垫布上缘线与小口袋布一致，下缘线大口袋垫布一致。

五、裙裤

裙裤款式为连腰结构，后片有两个省，前片有三个规律褶，裤腿宽松肥大，后中线装隐形拉链。其样板裆宽为 0.07 H'+0.09 H'，前、后片的内外侧缝皆为竖直线，由于规律褶的切展是双向切展，是平行推移，因此，前片的褶量可以直接在臀围线加出。裙裤为偏宽松款式，后中斜度可以减小。连腰结构直接在原腰线之上直接加出，省与褶也可平行延长至连腰结构。裙裤成品规格见表 6–8，其绘制步骤如下（图 6–11）。

表 6–8　裙裤成品规格表　　单位：cm

号型	部位名称	裤长	股上	腰围	臀围	连腰头
160/68A	净尺寸	105	26	68	90	—
	加放尺寸	0	0	2	8	—
	成品尺寸	105	26	70	98	3

1. 基础线

基础线中前臀围 23.5cm 加上 9cm 褶量，共 32.5cm，后臀围 25.5cm，前裆弯宽度为 0.07 H' 为 6.86cm，后裆弯宽度为 0.09 H' 为 8.82cm，裤长 105cm，其他与基本样板一致。

2. 结构线

（1）前、后中线。前中线腰围线内收 1cm，与臀围左端点相连。此款宽松，所以后中斜度为 15 ∶ 2.5，后翘尺寸为 2.5cm。

（2）腰围线。前片侧缝内收 1cm，前中上抬 0.7cm，将前腰点与侧腰点连顺，分别垂直于前中线与侧缝。后片对后中斜线作垂线，侧腰点不动，连顺后腰线。

（3）裆弯曲线。前片前中辅助线与横裆线的外直角作角平分线，在角平分线上取长 2.46cm 定点，过该点连顺前裆弯曲线；后片落裆 1cm，后中斜线向下延长与之相交，对交角作角平分线，在角平分线上取长 1.96cm 定点，过该点连顺后裆弯曲线。

（4）前、后侧缝线。前、后片内外侧缝是以裆弯宽度端点与臀围端点为基点，向下作竖

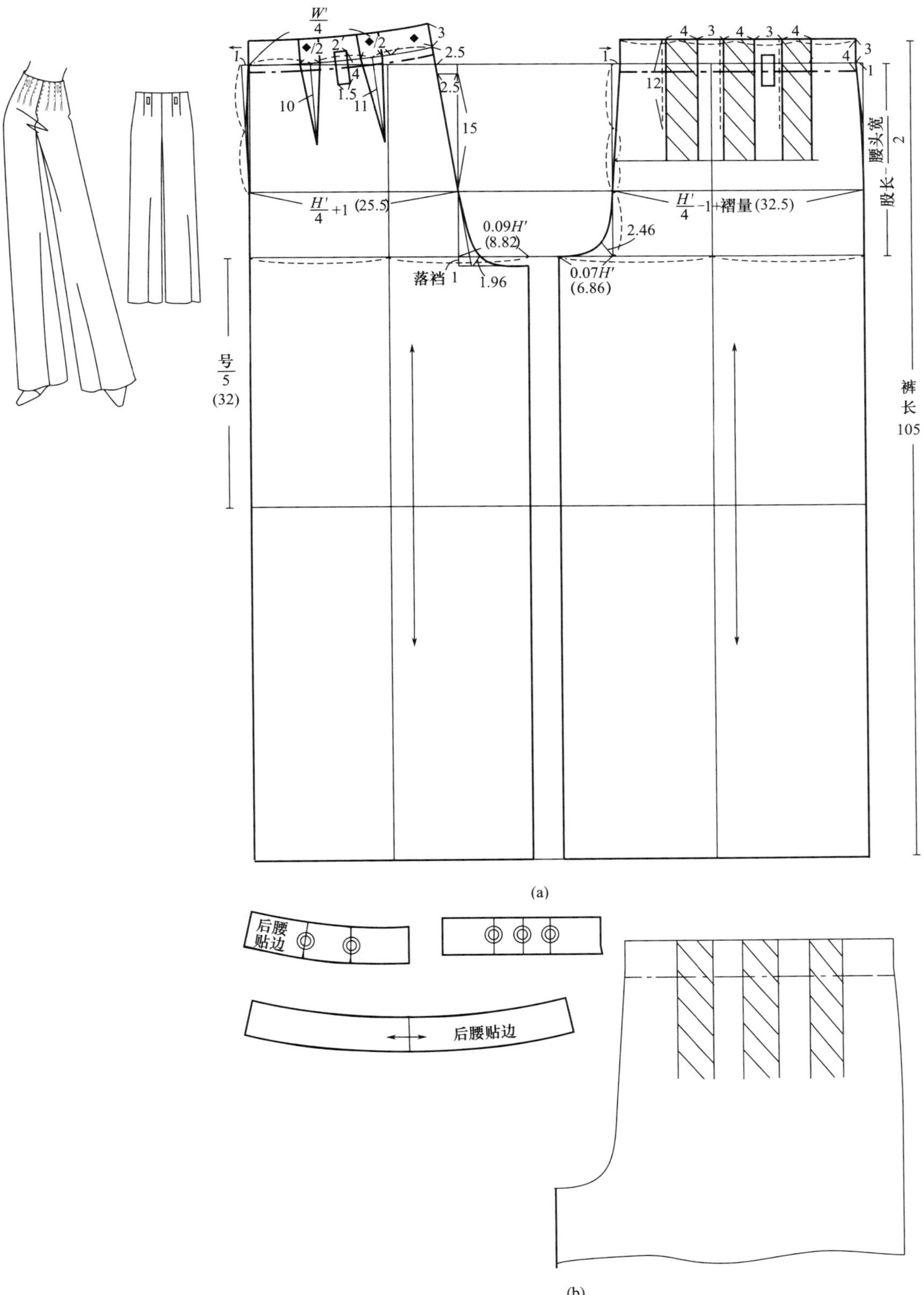
W'/4
◆/2
2
4
1.5
10
11
3
2.5
2.5
15
1
H'/4 +1 (25.5)
0.09H'
(8.82)
落裆 1
1.96
0.07H'
(6.86)
2.46
H'/4 −1+褶量 (32.5)
4 3 4 3 4
12
4
3
1
腰头宽/2
股长
号/5
(32)
裤长
105
(a)
后腰贴边
后腰贴边
(b)

图 6-11　裙裤

直线，与裤口线相交。

（5）省与褶。前片腰围线上取 1/4W'，剩余量 12cm 平均分成三份。将腰线四等分，以等分点为中心，每个褶分配 4cm 褶量，画出规律褶符号，斜线为左高右低，表示褶为左压右。在后片腰围线上取 1/4W'，后片剩余省量 5.5cm，平均分成两份，设置在腰围线的等分点上，省长为 10cm、11cm。

（6）连腰。在前后中线、侧缝处各加出 3cm 腰头宽，将上口线连接，与现有腰线水平。将省与褶平行上移。

（7）布丝方向。前、后裤片平行于挺缝线。

3. **零部件**

零部件腰部贴边，腰带襻。

（1）腰部贴边。距腰部上口线 4cm 处，作上口线的平行线，标为点划线。

（2）腰带襻。前片在第二个褶与第三个褶之间，后片在两个省之间，距离上端 2cm 钉腰带襻，腰带襻宽 1.5cm，长 4cm，垂直于腰线。

六、短裤

该款式短裤为合体结构，前片有竖向、横向分割线，后片有育克结构，并有明贴袋。其板型要注意臀围松量不宜过大，后中斜线加大可以减小腰臀差，便于分割线合理转移腰臀差。一般裤子越短、裤口越小，落裆越大，因此，短裤结构落裆需要适当加大。短裤成品规格见表 6–9，其绘制步骤如下（图 6–12）。

表 6–9　短裤成品规格表　　单位：cm

号型	部位名称	裤长	股上	腰围	臀围	裤口	腰头
160/68A	净尺寸	40	26	68	90	—	—
	加放尺寸	0	0	0	4	—	—
	成品尺寸	40	26	68	94	50	3.5

1. **基础线**

基础线中前臀围为 22.5cm，后臀围为 24.5cm，前裆弯宽度为 4.7cm，后裆弯宽度为 10.34cm，挺缝线长为 37cm，其他与基本样板一致。

2. **结构线**

（1）前、后中线。前中线腰围线下落 1.5cm，内收 2cm，与臀围左端点相连。后中斜度为 15 ：3.5，后翘尺寸为 2.5cm。

（2）腰围线。前片侧缝内收 2cm，将前腰点与侧腰点连顺，分别垂直于前中线与侧缝。后片对后中斜线作垂线，侧腰点不动，连顺后腰线。

（3）外侧缝线。前裤口宽为$\frac{裤口}{2}$–2cm（23cm），后裤口宽为$\frac{裤口}{2}$+2cm（27cm），平均

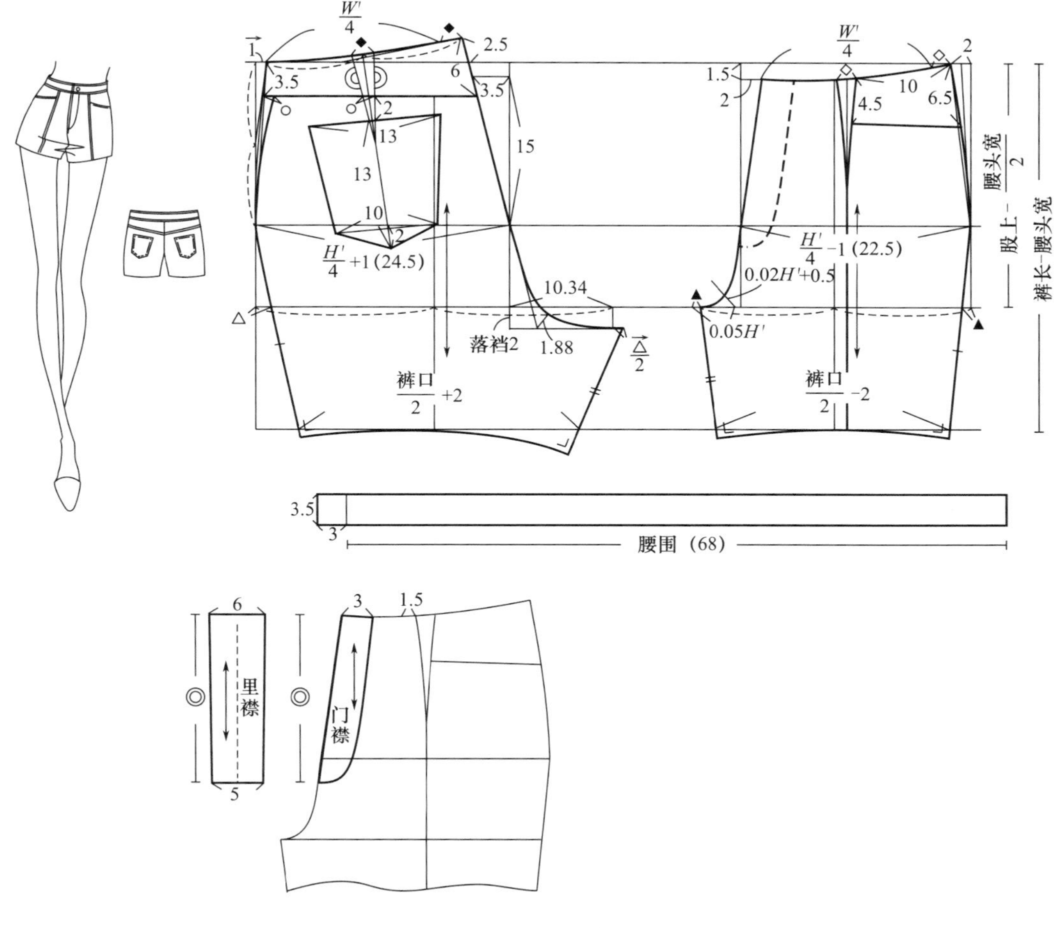

图 6-12　短裤

分配在前后挺缝线两侧，再分别连接前、后臀围线端点。与横裆线相交，截取的尺寸，前片为“▲”，后片为“△”。

（4）裆弯曲线。前片裆弯宽度减去“▲”，后片落裆 2cm，裆弯宽度加出“$\frac{\triangle}{2}$”。前中辅助线与横裆线的外直角作角平分线，在角平分线上取长 2.38cm 定点，过该点连接前裆弯曲线；后中斜线向下延长与之相交，对交角作角平分线，在角平分线上取长 1.88cm 定点，过该点连接后裆弯曲线。

（5）内侧缝。前、后裤口端点与前、后裆弯曲线端点相连。

（6）分割线与省。在前、后腰围线上取$\frac{W'}{4}$，前片剩余 2cm，后片剩余 2cm。前腰线取中点为竖向分割线，分配 2cm 省量，连顺分割线，在分割线上取 4.5cm，侧缝取 6.5cm 连接为横向分割线。后片腰线中点设置 2cm 省，侧缝量取 3.5cm，后中线量取 6cm，连接为分割线，育克结构上的省合并，裤片中的省量为“○”，从侧缝处去除，连顺侧缝线。

（7）裤口。测量对比前、后外侧缝与内侧缝的长度，前、后外侧缝长度一致，稍加下落作垂线与裤口连顺，后内侧缝比前内侧缝短，则加长为一致，同样作垂线，与裤口线连顺。

（8）布丝方向。前、后裤片平行于挺缝线。

3. 零部件

零部件包括门襟、里襟、腰头和前口袋。

（1）里襟与门襟。门襟宽 3cm，长 17cm，与前中形状一致。里襟为上宽 6cm，下宽 5cm，长与门襟垂直长度一致为“◎”，中间需折叠。

（2）腰头。腰头长 W'，宽 3.5cm，一端加出 3cm 搭门量。

（3）口袋。后片贴袋以后腰省中心线的延长线为中轴线，距离分割线 2cm 位置作中轴线的垂线，长 13cm 为口袋宽，口袋长 13cm。从中轴线底部向上量取 2cm 定点，过此点作口袋上缘线的平行线长度为 10cm，连接口袋结构线端点。

成衣结构设计——

连衣裙结构设计

课题名称： 连衣裙结构设计

课题内容： 连衣裙概述

连衣裙结构设计与应用

课题时间： 8学时

教学目的： 掌握上衣基本型的绘制手法，并能够灵活运用于连衣裙

教学方法： 讲授

教学要求： 1. 熟练掌握上衣基本型

2. 利用基本型进行连衣裙的款式及样板设计

课前（后）准备： 设计不同连衣裙并绘制样板

第七章　连衣裙结构设计

第一节　连衣裙概述

连衣裙是指上衣与下裙相连而成的裙装，能够体现女性婀娜的体态，演绎女性柔美、婉约与多变的风情，是大多数女性理想的服装。连衣裙造型多样，结构多变，上衣与下裙能组成变化无穷的新款式。

一、连衣裙的类型

1. 按照廓型分类

按照廓型分类主要有 X 型、H 型、A 型、V 型、S 型。

X 型连衣裙腰部贴身，强调肩部，大裙摆的造型，是礼服常用造型，也是年轻女性喜好的廓型，体现优雅、端庄或者青春、淑女的风格。H 型连衣裙外观顺直、挺阔，即使收腰也不明显，廓型简单，通常与几何型拼接结合以体现简约风格。A 型连衣裙外观肩部窄、裙摆宽、不收腰，这一类型不显腰部和臀部，适合更多人穿着。V 型强调肩部，通常与连身袖结合，裙摆较窄，不收腰，不限胸部和腰部，是连衣裙中带有休闲风格的类型。S 型也称为苗条型，通身为合体款式，体现女性 S 型曲线，是身材匀称的女性喜好的廓型，适合多种风格的变化。

2. 按照腰节线分类

腰节线是分开上衣和下裙的分界线，也是连衣裙的重要结构线。按照有无腰节线可以分为有腰节连衣裙和无腰节连衣裙，有腰节连衣裙又分为自然腰节连衣裙、高腰节连衣裙和低腰节连衣裙（图 7–1）。自然腰节连衣裙的样板是将原型衣片与原型裙片结合来设计，高腰节连衣裙、低腰节连衣裙和无腰节连衣裙是以上衣基本型为基础来设计。

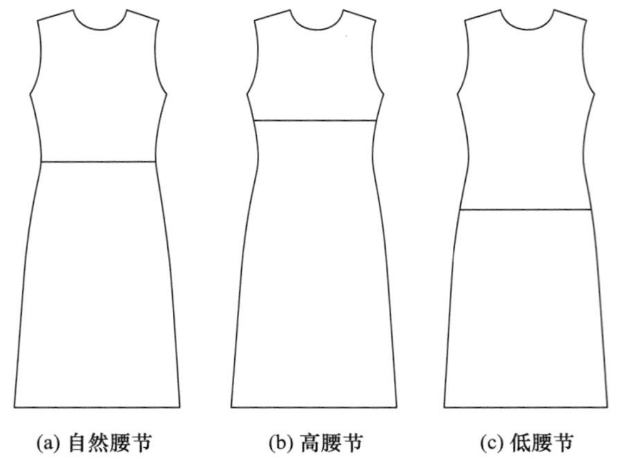

图 7–1　腰节分类连衣裙

3. 按照宽松程度分类

连衣裙上衣的宽松程度分为合体型、半合体型和宽松型。

合体型连衣裙是以胸腰围，尤其是以胸围为基准，保留基本松量，服装穿在身上合体，体现人体曲线，立体造型强，结构上需要以基本型为基础的全省量设计，款式上，一般前后片为双腰省设计、公主线设计、刀背缝设计等。

宽松型连衣裙是指胸腰围松量较大，立体造型弱，款式上，一般前、后片为单腰省设计、无省设计或增加胸腰围的松量，使之形成垂褶。

半合体型介于合体型与宽松型之间，胸腰围留有一定松量，造型上塑造一定的立体感。半合体款型可以偏于合体，也可以偏于宽松，款式上可以根据其偏向来设计，并合理控制省量。

二、女装上衣基本型

女装上衣基本型是指可以用于连衣裙、衬衣、西服、风衣、大衣等上衣类型服装的基本板型，再根据款式结构、规格尺寸，按照一定的公式比例在基本板型上确定最终板型。上衣基本型分为合体基本型、半合体基本型、宽松基本型。基本型的制图是先将前、后衣片进行腰线对位，将前片原型转省，使其与后衣片腰线在同一水平线上，然后在腰线之下加量至臀围线，臀围尺寸为：H 净尺寸 + 松量，松量根据服装类型不同而不同，取该类型服装松量的最小值。连衣裙的放松量最小值为 4cm，衬衣为 6cm，马甲为 8cm，轻薄外衣为 9cm，厚外套为 12cm。在基本型中以 4cm 为标准取值。腰省根据成品腰围尺寸而定。

1. 合体基本型

合体基本型是适合于合体款型的上衣、连衣裙，基本型中运用了原型的全省量，腰省、肋省在各基本型中最大（图 7-2）。

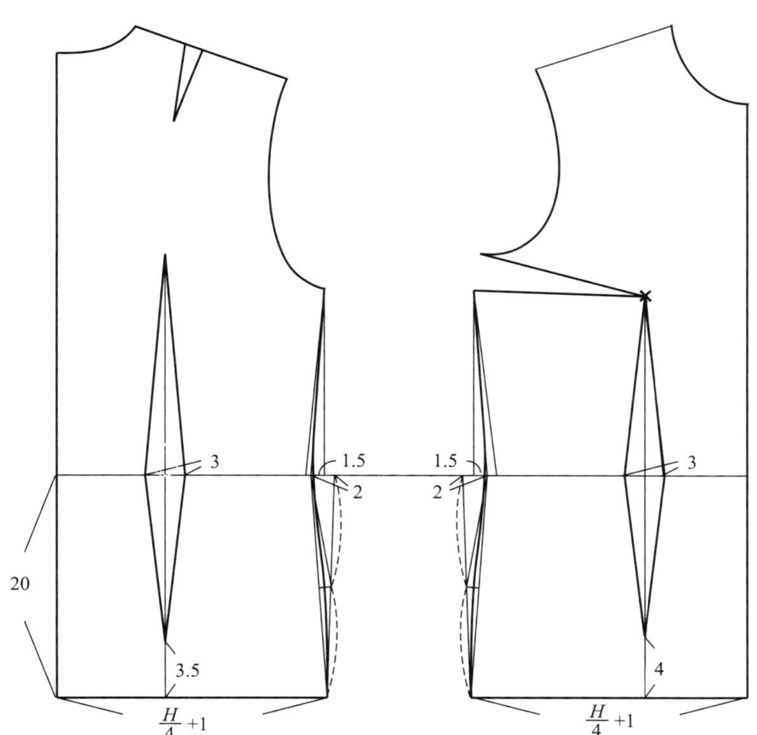

图 7-2　合体上衣基本型

将前、后衣片原型腰线置于同一水平线之上，将前片进行转省至腰线水平，将乳凸量的省转移至袖窿深点，剩余腰省标记下来。将前、后中线向下延长 20cm，作水平线为臀围线，前、后臀围尺寸为$\frac{H}{4}+1$，收腰尺寸一般根据成品腰围尺寸决定，合体款式一般收腰 1.5cm 左右，具体是从前、后袖窿深点向下作腰线垂线，成品纸样的腰围量是根据成品腰围尺寸而定，在合体基本型中设定后收腰为 1.5cm，并与臀围端点相连。胯部侧缝的弧线需要找到连接点，首先从收腰点向外加出外延尺寸，根据服装长度而定，衣长度超过臀围线 2 ~ 2.5cm，侧缝曲度更大，在臀围线之上 1 ~ 1.5cm，侧缝曲度相对小，在此取 2cm，然后与臀围端点相连，连线取中点，并与收腰点相连，连线形成长直角三角形，取直角边中点作垂线。再作侧缝曲线，连接袖窿深点、收腰点、中垂线中点，至臀围端点，收腰处要修成弧线。

上衣基本型的腰省属于菱形省，腰线以上部分采用原型衣身的腰省，腰线以下部分是将省中垂线延长，省长最长可至腰线，如果省量小，可以短，合体基本型中，前片省长距臀围线 4cm，后片省长距臀围线 3.5cm。

2. **半合体基本型**

半合体基本型与合体基本型绘制方法大体相同，不同之处是前、后衣片原型的腰线对位方式，由于是半合体，肋省也就是乳凸量部分的省量只能用部分，腰省可以略小（图 7–3）。

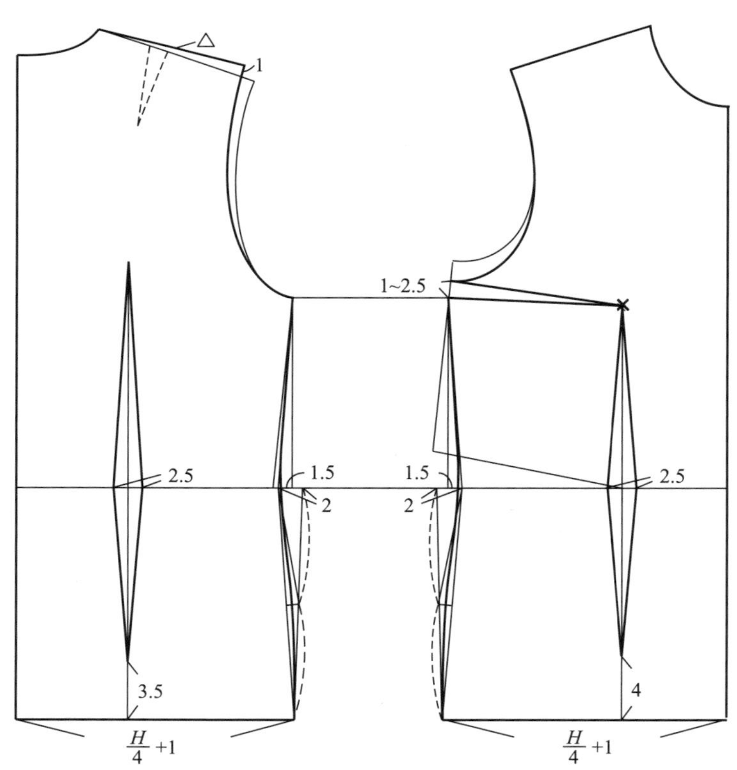

图 7–3　半合体上衣基本型

先将前、后片置于同一水平线之上，在前片侧缝取新袖窿深点，与后片袖窿深点在同一水平位置，新袖窿深点之上取肋省量，为 1 ~ 2.5cm，重新绘制前片袖窿曲线，与原型绘制方法一致，与原型呈相似形。半合体收腰量设定为 1 ~ 1.5cm，腰省量根据成品腰围量确定，一般为 1.5 ~ 3cm。根据半合体的宽松程度，如果偏合体则保留肩胛省，偏宽松则后片的肩胛省肩部去掉肩胛省量 1.5cm，并加高肩点 1cm，从新肩点绘制袖窿曲线，与原型呈相似形。侧缝绘制方法与合体基本型一致。

3. **宽松基本型**

宽松基本型与前两个基本型在腰线对位方式、省量有不同，其他绘制方法一样（图 7–4）。

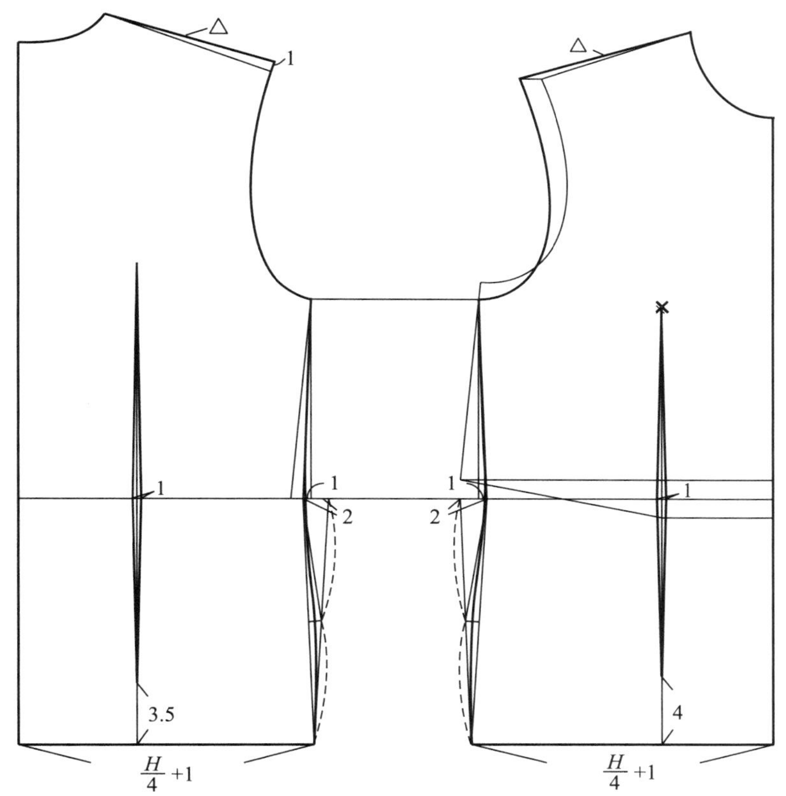

图 7–4　宽松上衣基本型

将后片腰线延长，将前片长出部分的 1/2 置于腰围线之下，后在前片侧缝取新袖窿深点，与后片袖窿深点在同一水平位置，按照上述方法重新绘制袖窿曲线。后片肩部去掉肩胛省量 1.5cm，或者从前片加出 1.5cm，肩点加高 1cm。无肋省，收腰量设定为 0 ~ 1cm，腰省量为 0 ~ 1.5cm。

三、连衣裙样板设计原理

连衣裙涉及上身结构和下身结构，但它是以胸围线为基准来设定规格的服装类型，如其规格为 160/84A、165/88A 等，可以看出胸围的重要性。连衣裙的样板设计是在原型衣片与裙片的基础上绘制，原型衣片的胸围是在净尺寸 82cm 的基础上加入了 12cm 余量，即胸围为 94cm，但对于贴身的连衣裙胸围尺寸过大，需要根据成品尺寸改变胸围，其他部位也相应变化，腰围、臀围也根据成品而定。

1. **相关公式**

在第二章可以了解到本教材的结构制图方法是原型法与比例法相结合，即在原型样板的基础上，部分采用比例公式将原型样板中相应部位的尺寸进行调整以符合成品规格。在这里净胸围、腰围尺寸分别为 B、W，加松量后的胸围尺寸为 B'，成品腰围为 W'，所要改变的部位公式如下[1]。

（1）袖窿深。$\frac{B'}{4}$ –（1 ~ 2）cm，常用值为 1.5cm，春夏装可取 1 ~ 1.5cm，冬装可取 1.5 ~ 2cm。

（2）胸围。前胸围为$\frac{B'}{4}$ +0.5cm，后胸围为$\frac{B'}{4}$ –0.5cm。

（3）背宽。$\frac{B'}{6}$ +（2 ~ 2.4）cm，常用值为 2.2cm，越宽松取值越小。

（4）胸宽。背宽线 –1.4cm。

（5）肩宽。以后衣片肩部为准，取 1/2 成品肩宽。

（6）腰围。除去省量后，前腰围为$\frac{W'}{4}$ +0.5cm，后腰围为$\frac{W'}{4}$ –0.5cm。

以上公式通用于所有上衣类型服装。以上述公式为基础，对腰线以上部分衣片进行样板绘制。

2. **主要部位松量与损耗**

成品服装规格是在净尺寸的基础上加上松量而得，其数值的设定是根据季节、服装宽松程度而不同的。服装中，无论是以省来设计，还是以结构分割线来设计，修顺分割线或缝合省时，都会有一定程度的胸围损耗，即给胸围加入的松量，在制板、缝合完成后会比净尺寸胸围 + 松量的值要小，以省来塑形的损耗为 2cm，结构分割线的损耗为 4cm，无省无分割线则无损耗。下面介绍以合体、半合体连衣裙主要部位的常用松量参考数值，宽松连衣裙原则上不局限尺寸。

（1）春夏装连衣裙。胸围松量 =4 ~ 8cm，B'=88 ~ 92cm。腰围松量 =4 ~ 10cm，W'=70 ~ 76cm。

（2）秋冬装连衣裙。胸围松量 =6 ~ 10cm，B'=90 ~ 94cm。腰围松量 =6 ~ 16cm，W'=72 ~ 82cm。

臀围无论季节，S 至少为 4cm，大摆裙则不计臀围。

---

[1] B表示净胸围尺寸，B'表示加放量后胸围尺寸，B''表示 B' 减去损耗量后的成品胸围尺寸。

第二节　连衣裙结构设计与应用

一、有腰节线连衣裙结构设计

（一）自然腰节连衣裙

1. **款式A——简约合体连衣裙**　此款式无领无袖，有肋省和腰省，前中线连裁，后中线为断缝，后中线下摆开衩，款式简洁、实用，是常见的连衣裙款式。样板设计因为是自然腰节分割，可以在衣片原型与裙片原型上分开制图，按照公式重新绘制出符合规格的样板。衣身的省与裙片的省要在同一位置，结构是以省为设计，其胸围损耗量为2cm，领口与袖口要加贴边。款式A连衣裙成品规格见表7-1，具体绘制如下（图7-5）。

表7-1　款式A连衣裙成品规格表　　单位：cm

号型	部位名称	后中长	胸围	臀围	腰围	肩宽
160/84A	净尺寸	85	84	90	68	38
	加放尺寸	0	4	4	2	-2
	损耗	—	2	—	—	—
	成品尺寸	85	86	94	70	36

（1）衣片样板。

①前后片腰线对位。前片进行转省，将乳凸量的省转移至袖窿底点，使前后衣片的腰线在同一水平线上。

②胸围线。从原型后颈点向下量取$\frac{B'}{4}-1.5$cm（20.5cm），画袖窿深线，在此线上量取后胸围$\frac{B'}{4}-0.5$cm（21.5cm），新胸围线比原胸围线提高量命名为“○”。在前片原型袖窿深点处作水平线，量取前胸围$\frac{B'}{4}+0.5$cm（22.5cm），将胸围端点与BP点相连，量取省道边长，在另一省道边量取同样长度，在省的末端点提高“○”为新袖窿深点，再作水平线为胸围线。

③背宽与胸宽。在后胸围线上量取$\frac{B'}{6}+2.2$cm（16.9cm），过此点作垂线，为新背宽线。在前片胸围线上量取背宽线-1.4cm（15.5cm），过此点作垂线，为新胸宽线。

④领口线。根据款式前后侧颈点开宽3cm，后颈点开深1cm，前颈点开深2cm，重新绘制领口线，领口线需与前后中呈直角。

⑤肩线。以后中线为基础，水平测量$\frac{肩宽}{2}$（18cm），与原型肩线相交，交点为连衣裙肩点，后片肩线为侧颈点至肩点长度，命名为“△”，在前片肩线上从侧颈点开始量取“△”。

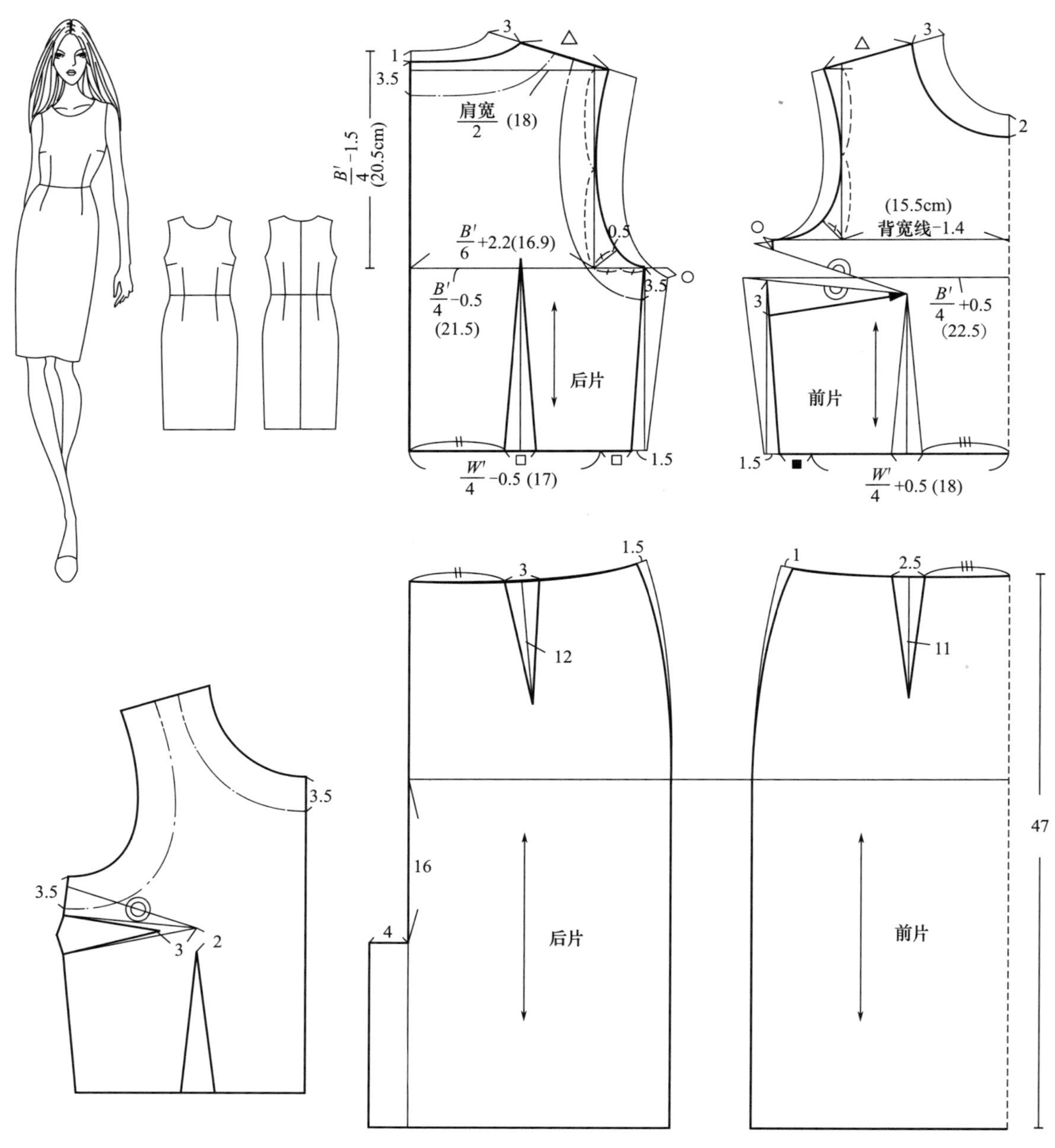

图 7-5　自然腰节连衣裙

⑥袖窿曲线。后片肩线与肩宽线交点以下部分的背宽线找到中点，前片从前肩点作水平线与胸宽线相交，交点之下胸宽线找到中点。将前后片袖窿下端的直角作角平分线，将后片袖窿宽的两等分，每一等份的量为“1”，在后片角平分线上量取“l+0.5cm”，前片角平分线上量取“l”。将几个点连接为圆顺的曲线，为新袖窿深线。

⑦侧缝线。后片从袖窿深点向下作腰线垂线，前片从省下端点向下作腰线垂线，各收腰1.5cm，画侧缝线。

⑧省。后片取腰线中点为省位，省长与原型一致。从后腰点量取$\frac{W'}{4}$-0.5cm（17cm），腰线剩余量为省量，命名为“□”，将省量分配至省位两端。前片重新定肋省位置，取省下端点之下3cm，并作切展线，原省画整形符号。省切展转移后，省尖点位置距离BP点3cm。前腰省位置在BP点之下，距离BP点2cm。从前腰点量取$\frac{W'}{4}$+0.5cm（18cm），腰线剩余量命名为“■”，将省量分配至省位两端。

⑨贴边。在前后领口与袖窿处各量取3cm宽度，画贴边线，与领口与袖窿曲线形状一致，贴边符号位点划线。

（2）裙片样板。裙长量取47cm。衣身成品腰围量为70cm，与裙片原型腰围一致，只需合理处理腰间的省量与省位。量取衣身前后腰点至省道边的距离，在前后裙腰上分别量取此距离。腰间各定省量3cm，前片省长11cm，后片省长12cm，剩余省量从侧缝去除，画顺侧缝。后中线臀围线之下16cm，加出4cm，作为裙衩。

2. *款式B——斜肩灯笼裙*

此款式为斜肩款式，腰间有褶，宽腰带将腰节线遮住，下裙型为O形裙或灯笼裙，裙摆有褶并内收。其样板衣身部分的腰省皆作为褶量，衣片是斜肩设计，开口较大，需要额外加小省量使领口服贴。裙片中的腰省作为褶量，但褶量少，其余部分腰部褶量与裙摆褶量需要通过切展而得。灯笼裙裙摆蓬起的造型是靠裙摆收褶并向内与里裙缝合而成，因此，此款需要设计里裙，且长度要比外裙短。款式B连衣裙成品规格见表7-2，具体绘制步骤如下（图7-6）。

表7-2　款式B连衣裙成品规格表　　单位：cm

号型	部位名称	后中长	胸围	臀围	腰围
160/84A	净尺寸	83	84	90	68
	加放尺寸	0	4	—	2
	损耗	—	0	—	—
	成品尺寸	83	88	不计	70

（1）衣片样板。衣身款式不对称，前后衣片需要画整个裁片，按比例公式重新绘制结构线，袖窿深线为20.5cm，前胸围为45cm，后胸围为43cm。右侧侧颈点开宽4cm，绘制领口线至左端袖窿深点。肩线宽5cm，绘制袖窿曲线。在前领口处加1.5cm省指向右BP点，加0.8cm省指向左BP点。后领口处加0.5cm省指向左背凸点，加1cm省指向右背凸点。将另加省量转移至腰部作褶量，将领口线修顺。

（2）裙片样板。将前后裙片原型取裙长60cm，将臀围线三等分，以等分点为基点作双向切展线，腰线每个切展量为4cm，裙摆每个切展量为12cm，侧缝加量6cm。将裁片展开后，将腰线与裙摆线修顺。

(a)

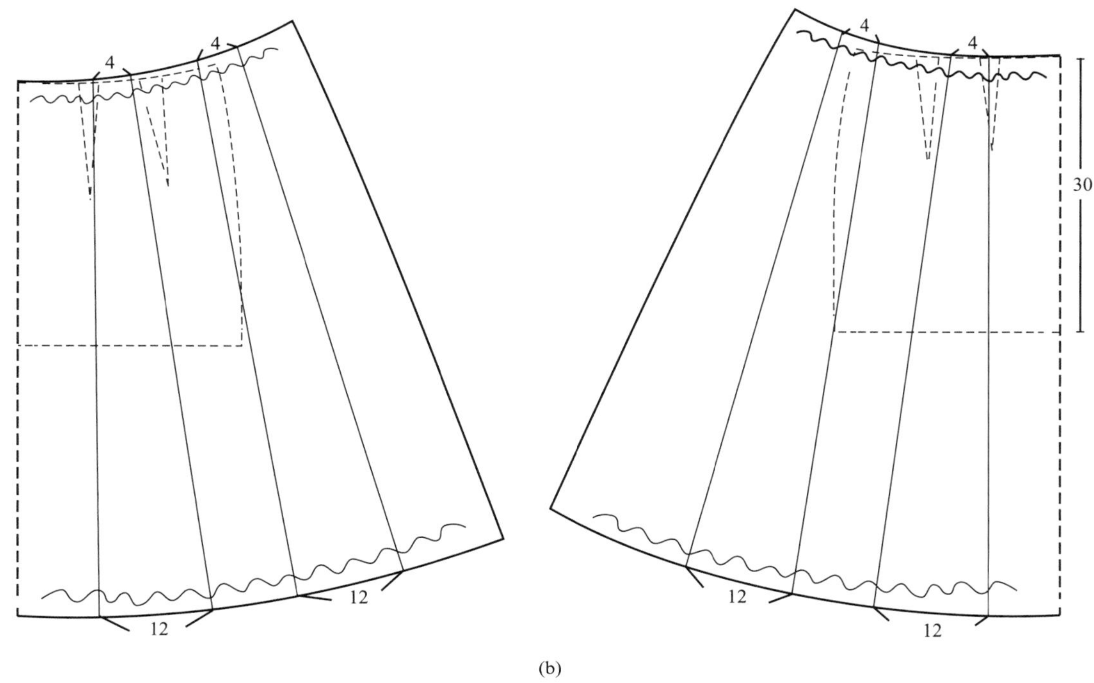

(b)

图 7-6　斜肩灯笼裙

（3）里裙。在裙片原型之上量取裙长 30cm，保留腰省和裙型。

（4）腰带。腰带宽度 6cm，长度为 W'（70cm），加 3cm 搭门量。

（5）贴边。当肩线较窄时，袖窿与领口的贴边连在一起。在侧缝两端各取 4cm，前后中各取 7cm，连接贴边线为曲线。

（二）低腰节连衣裙

1．款式 C——低腰阔摆裙

此款式为一字领，无袖低腰节连衣裙，衣身合体，裙身为 A 型阔摆裙。其样板设计需要运用合体基本型来制图，有肋省与腰省，裙身褶量需要通过切展而得。款式 C 连衣裙成品规格见表 7-3，具体绘制如下（图 7-7）。

表 7-3　款式 C 连衣裙成品规格表　　单位：cm

号型	部位名称	后中长	胸围	臀围	腰围	肩宽
160/84A	净尺寸	86	84	90	68	38
	加放尺寸	0	6	—	4	-2
	损耗	—	2	—	—	—
	成品尺寸	86	88	不计	72	36

（1）衣片样板。

①轮廓线。选择合体基本型，腰线以下裙长取 50cm。按比例公式重新绘制结构线，袖

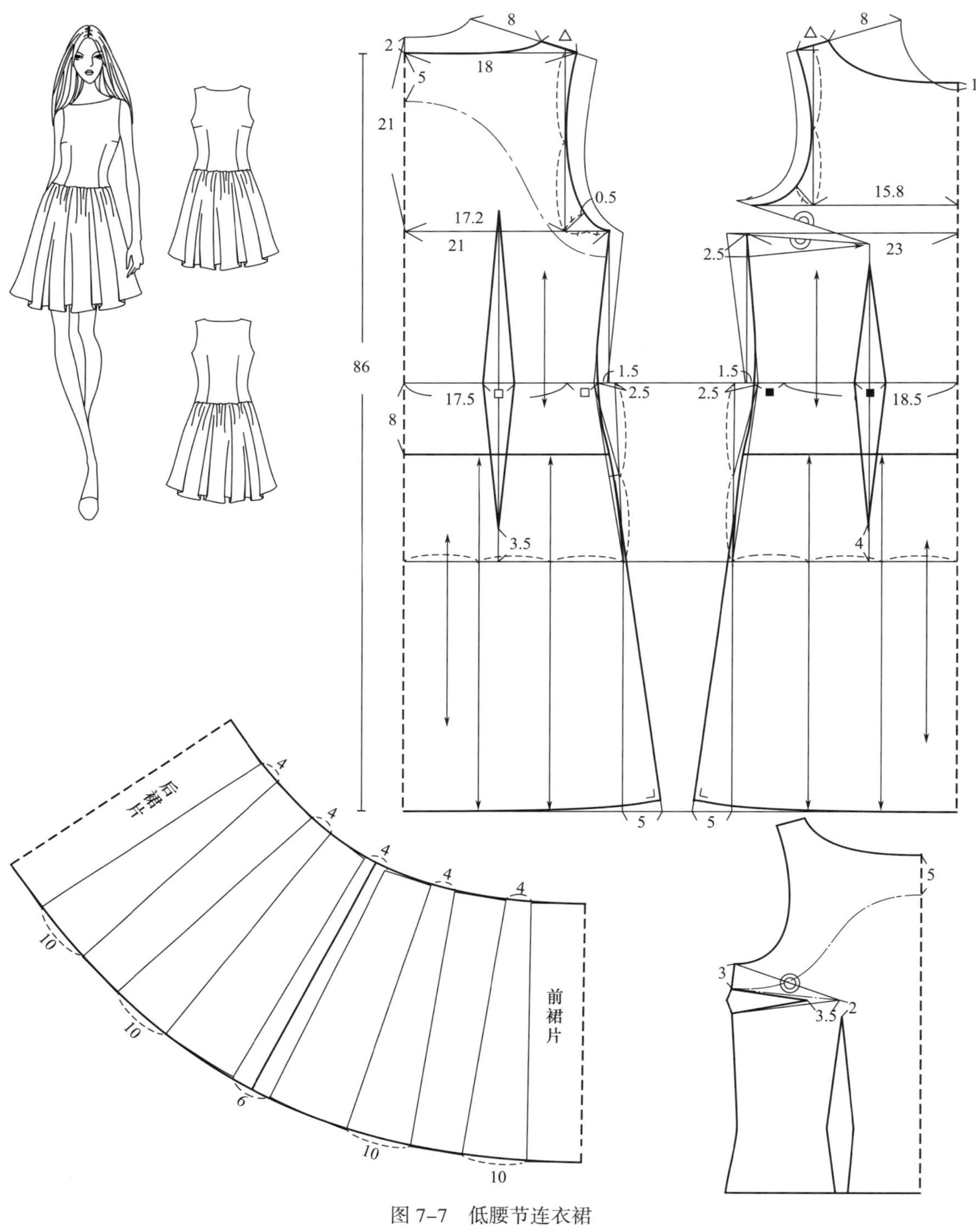

图 7-7 低腰节连衣裙

窿深线为 21cm，前胸围为 23cm，后胸围为 22cm，背宽为 17.2cm，胸宽为 15.8cm。后片量取$\frac{肩宽}{2}$（18cm），领开宽 8cm，后领开深 2cm，前颈点向上抬高 1cm。前后肩线取一致长度。重新绘制袖窿曲线、领口线。按照基本型绘制方法绘制侧缝。

②省。后腰线成品腰围为 17.5cm，前腰线成品腰围为 18.5cm，剩余量为省量，省长、省位与基本型一致。

③低腰节。按照款式图，后片低腰节为后中线下取 8cm，作水平线；前片低腰节线与后片一致。

（2）裙片样板。将臀围线三等分，以等分点为基点作双向切展线，上口线每个切展量为 4cm，裙摆每个切展量为 10cm。侧缝加量 5cm，将裁片展开后将裙上口线与裙摆线修顺。

（3）贴边。前后侧缝取 3cm，前后中取 5cm，连接贴边线，并垂直于前后中线。

（三）高腰节连衣裙

款式 D——高腰节 A 形裙

该款式为半合体高腰连衣裙，大圆领，无袖，裙摆为小 A 形。前片腰节之上为褶，之下无省缝，后片有腰省。其样板设计需要运用半合体基本型来制图，后片保持省的设计，前片需要合理处理前片的腰间的菱形省。款式 D 连衣裙成品规格见表 7–4，具体绘制如下（图 7–8）。

表 7–4　款式 D 连衣裙成品规格表　　单位：cm

号型	部位名称	后中长	胸围	臀围	腰围	肩宽
160/84A	净尺寸	92	84	90	68	38
	加放尺寸	0	6	大于 4	4	–2
	损耗	—	2	—	—	—
	成品尺寸	92	88	大于 4	72	36

（1）衣片样板。

①修正基本型轮廓线。选择半合体基本型，肋省取值 2.5cm。后中线裙长取 92cm。按比例公式重新绘制结构线，袖窿深为 21cm，前胸围为 23cm，后胸围为 22cm，背宽为 17.2cm，胸宽为 15.8cm。后片量取$\frac{肩宽}{2}$（18cm），领开宽 6cm，后领开深 2cm，前颈点开深 6cm。前后肩线取一致长度。重新绘制袖窿曲线、领口线。按照基本型绘制方法绘制侧缝。省的设定，后腰线成品腰围为 17.5cm，前腰线成品腰围为 18.5cm，剩余量为省量，省长、省位与基本型一致。

②高腰节。前中线从腰线向上量取 10cm，作水平线，为腰节线，后片与前片一致。

③省的处理。高腰节将腰省分割为两部分，前片将肋省转移至腰省位置，与原省量一起成为褶量，画规律褶符号。后片省不变。

④贴边。前后侧缝取 3.5cm，前后中取 5cm，连接贴边线，并垂直于前后中线。

（2）裙片样板。

①前裙片。从前腰省下端裙摆处向省尖点作切展线，合并腰省至省道边相交，收腰量再加 0.5cm，腰间剩余的省量作余量。裙摆侧缝加 4cm。

②后裙片。保留腰省，在侧缝加入 4cm 摆量。

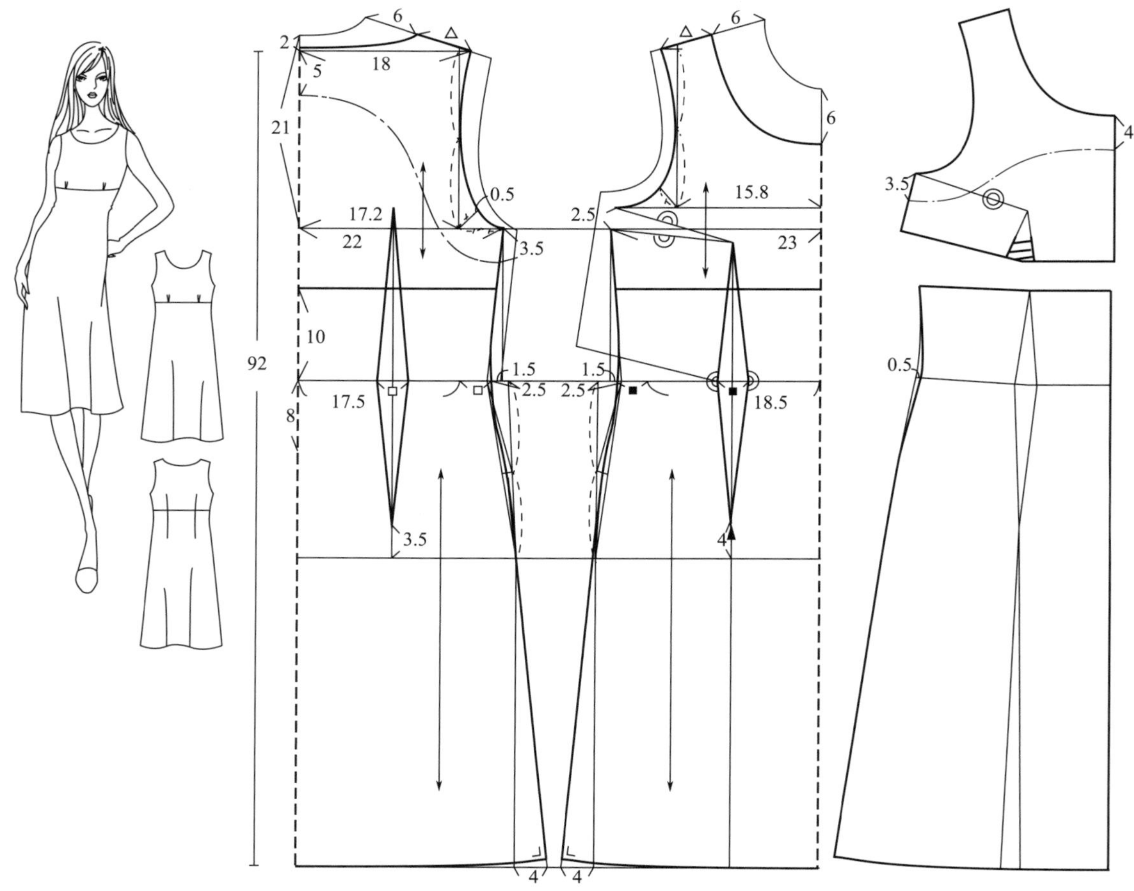

图 7-8　高腰连衣裙

二、无腰节线连衣裙结构设计

（一）合体连衣裙

1. 款式 E——刀背缝连衣裙

此款式是刀背缝结构，无领无袖，无腰节分割，前领口有菱形拼接并有褶皱，裙摆为 A 形。其样板设计需要运用合体基本型来制图，后片是刀背缝的结构线设计，前片前中有褶，从比例上考虑刀背缝不宜设计过 BP 点，而应该偏向侧缝。摆量可以在分割线和侧缝加量。款式 E 连衣裙成品规格见表 7-5，具体绘制如下（图 7-9）。

表 7-5　款式 E 连衣裙成品规格表　　单位：cm

号型	部位名称	后中长	胸围	臀围	腰围
160/84A	净尺寸	92	84	90	68
	加放尺寸	0	6	大于 4	4
	损耗	—	4	—	—
	成品尺寸	92	86	大于 4	72

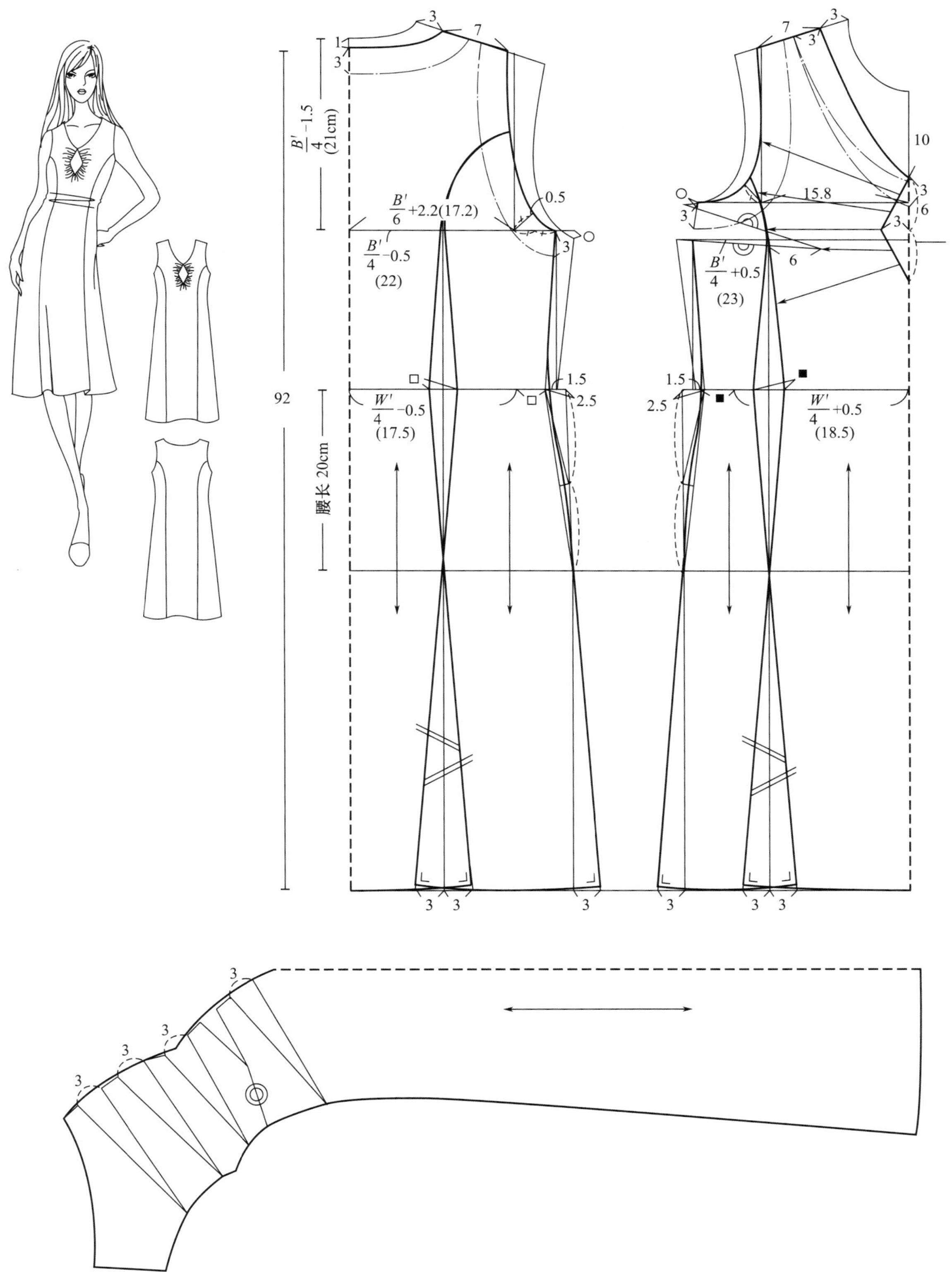

92
$\frac{B'}{4}-1.5$ (21cm)
腰长 20cm
$\frac{B'}{6}+2.2$(17.2)
$\frac{B'}{4}-0.5$ (22)
$\frac{W'}{4}-0.5$ (17.5)
0.5
1.5
2.5
15.8
10
6
$\frac{B'}{4}+0.5$ (23)
$\frac{W'}{4}+0.5$ (18.5)

图 7-9　刀背褶连衣裙

（1）修正基本型。选择合体基本型，腰线以下裙长取 55cm。按比例公式重新绘制结构线，袖窿深线为 21cm，前胸围为 23cm，后胸围为 22cm，背宽为 17.2cm，胸宽为 15.8cm。领开宽 3cm，后领开深 1cm，前颈点开深 10cm，绘制领口线。前后肩线一致取 7cm，前后肩点分别与袖窿下端的直角作角平分线上点连接，绘制袖窿曲线。按照基本型绘制方法绘制臀围线之上侧缝。

（2）刀背缝。首先设定省量，先从后腰线成品腰围为 17.5cm，前腰线成品腰围为 18.5cm，剩余量为省量。后片省位取后腰节线中点，前片取距离 BP 点 6cm 处，作刀背缝分割线，并在分割线裙摆处加摆量 3cm，侧缝摆量也加 3cm，连顺分割线、侧缝与裙摆。

（3）前中菱形拼接与褶。在领开深之下取 12cm，在中点上作垂线 3cm，连接菱形边缘。菱形边缘的褶量通过切展而得，在等分点作切展线，靠近 BP 的切展线指向 BP 点，将省量转移为褶量。切展量为 3cm，将切展线展开后修顺边缘线。

（4）贴边。在前后领口与袖窿处各量取 3cm 宽度，画贴边线，与领口与袖窿曲线形状一致，贴边符号位点划线。

2. **款式 F——旗袍** 此款式是短袖旗袍，立领、偏襟，裙长至小腿肚上下，侧开衩，以省来塑形。其样板设计采用合体基本型来制图，结构简单，按照成品尺寸修改结构线即可。款式 F 旗袍成品规格见表 7–6，具体绘制如下（图 7–10）。

表 7–6 款式 F 旗袍成品规格表 单位：cm

号型	部位名称	后中长	胸围	臀围	腰围	肩宽
160/84A	净尺寸	113	84	90	68	36
	加放尺寸	0	4	4	2	—
	损耗	—	2	—	—	—
	成品尺寸	113	86	94	70	36

（1）修正基本型轮廓。选择合体基本型，腰线以下裙长取 75cm。按比例公式重新绘制结构线，袖窿深为 20.5cm，前胸围为 22.5cm，后胸围为 21.5cm。背宽为 16.9cm，胸宽为 15.5cm，$\frac{1}{2}$肩线宽度为 18cm，前后片肩线长度一致，绘制袖窿曲线。按照基本型绘制方法绘制臀围线之上侧缝。前后片裙摆侧缝内收 2cm，并在臀围线之下 15cm 处向外加出 2.5cm 作开衩。

（2）省。后腰线成品腰围为 17cm，前腰线成品肋围为 18cm，剩余量为省量。后片省位取后腰节线中点，前片在乳凸点之下，省长与基本型一致，前片肋省取腋下 4cm 处作切展线，将基本型的肋省转移，转移后，省距 BP 点 3cm。腰省位于 BP 点之下，上省尖点距 BP 点 2.5cm。

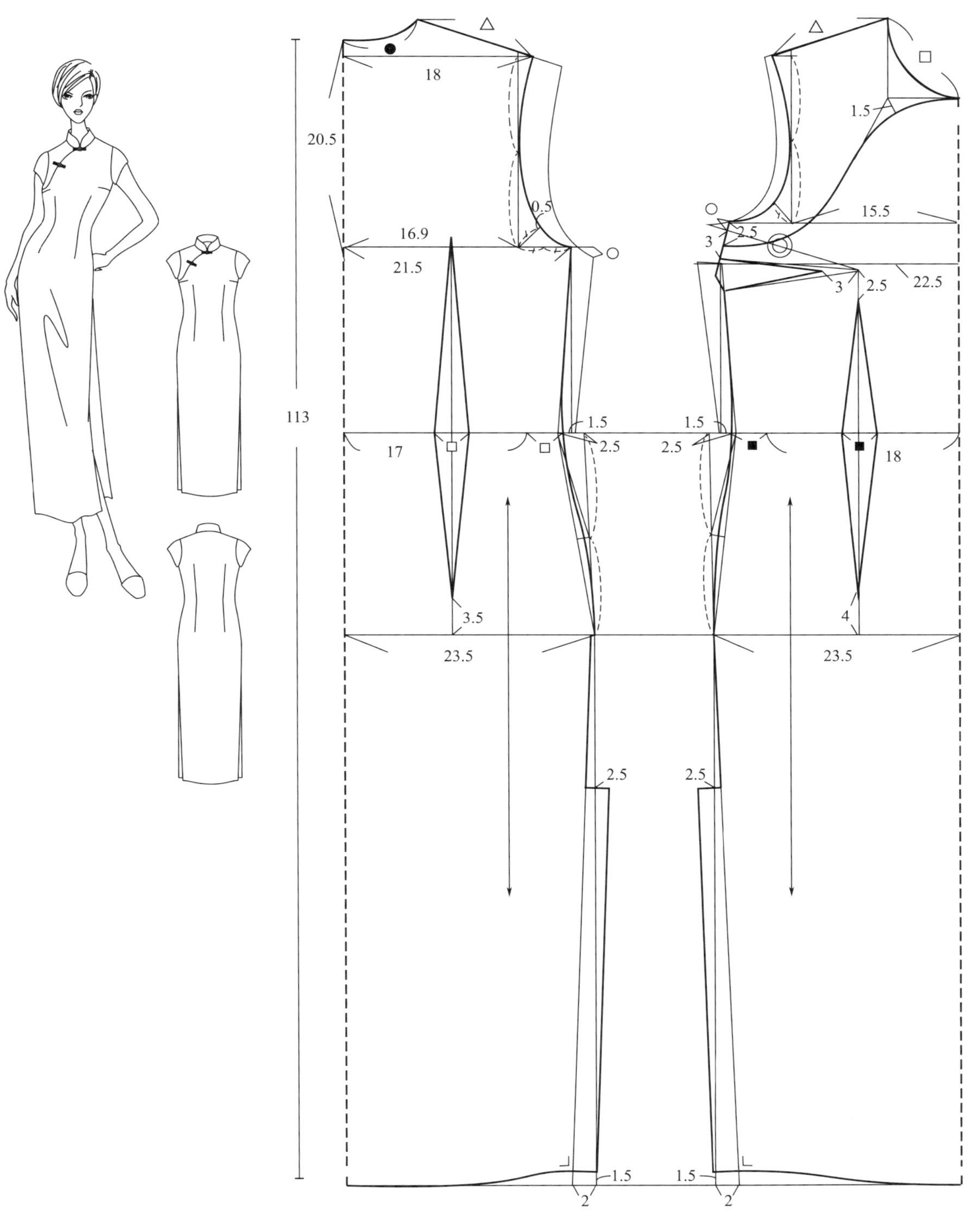
18
20.5
0.5
16.9
21.5
113
17
1.5
2.5
3.5
23.5
2.5
1.5
2
15.5
1.5
2.5
3
3
2.5
22.5
1.5
2.5
18
4
23.5
2.5
1.5
2

图 7-10

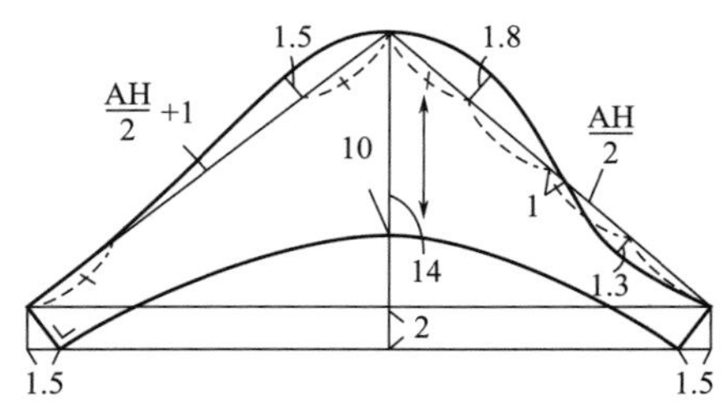

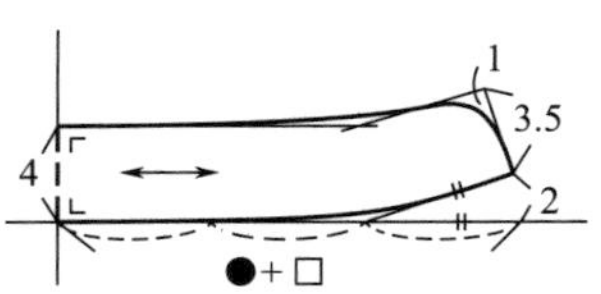

图 7-10 旗袍

（3）斜襟。前侧颈点向下作竖直线，与前颈点水平线（领宽线）相交，过交点作与领宽线呈 120° 角的直线，取这个钝角的 1.5cm 角分线为弧线连接点，侧缝处取 2.5cm 点，相连成圆顺的曲线，并垂直于前中线。

（4）领子。画横竖坐标轴，横坐标轴上量取前后领口之和"● + □"，领底线上翘为 2cm，立领高度为 4cm，前中外领口线为弧线。

（5）短袖。绘制袖片原型，袖中线 16cm，袖底缝内收 1.5cm。袖中线取袖长 10cm，画袖口线，并垂直于袖底缝、袖中线。

（二）宽松连衣裙

款式 G——规律褶宽松连衣裙

此款为宽松连衣裙，无袖、扁领设计，前领口有箱型褶，后片有育克分割线，分割线之下有箱型褶。其样板设计比较简单，采用宽松基本型制图，按照成品尺寸修改结构线，褶量切展而得。款式 G 连衣裙成品规格见表 7-7，具体绘制如下（图 7-11）。

表 7-7 款式 G 连衣裙成品规格表

单位：cm

号型	部位名称	后中长	胸围	臀围	腰围	肩宽
160/84A	净尺寸	85	84	90	68	38
	加放尺寸	0	8	大于 4	—	-1
	损耗	—	0	—	—	—
	成品尺寸	85	92	大于 4	不计	37

（1）修正基本型。选择宽松基本型，腰线以下裙长取 47cm。按比例公式重新绘制结构线，袖窿深为 $\frac{B'}{4}$ −2（21cm），前后胸围相等为 23cm。背宽为 $\frac{B'}{6}$ +2（17.3cm），胸宽为 15.9cm，$\frac{肩宽}{2}$ 为 18.5cm，后肩点上抬 1cm，前后肩线长度一致，绘制袖窿曲线。领开宽 1.5cm，后领开深 1cm，前颈点开深 3cm，绘制领口线。侧缝裙摆加 3cm 摆量，与袖窿深点相连成侧缝。

（2）分割线与褶。前中平行加出一半褶量 5cm，前中线画虚线表示连裁，箱型褶有 10cm

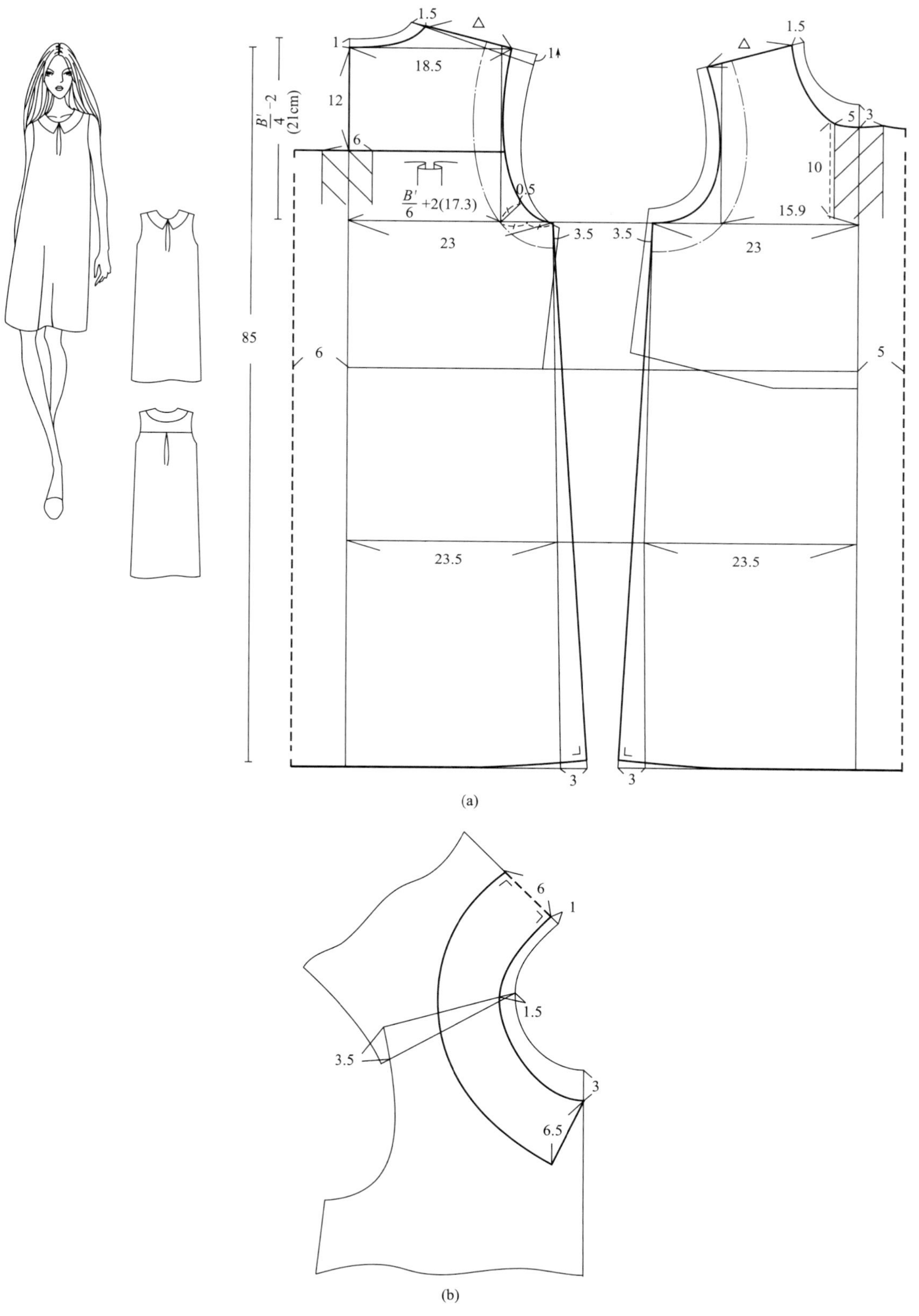

1.5
△
1
18.5
1
12
$\frac{B'}{4}-2$ (21cm)
6
$\frac{B'}{6}+2(17.3)$
0.5
23
3.5
85
6
23.5
3
(a)
1.5
△
5
3
10
15.9
3.5
23
5
23.5
3
6
1
1.5
3.5
3
6.5
(b)

图 7-11　宽松连衣裙

明线。后片后颈点向下量取 12cm，作水平育克结构，在后中平行加出一半褶量 6cm，后中线画虚线。

（3）扁领。在前肩领结构之上画上后片肩领结构，并肩部重合量为 3.5cm，后中线上取领宽 6cm，画外领口线，前领宽为 6.5cm。

（4）贴边。在前后片肩部与侧缝处各取 3cm，依照袖窿形状画贴边点划线。

（三）紧身连衣裙

款式 H——抹胸紧身连衣裙 该款式为抹胸吊带结构，前中抽褶，后片为公主线。紧身连衣裙胸围松量较小，抹胸结构要处理胸肩部的余量，因此，为了上口线贴服，需要使用双倍乳凸量的省，后片加省 0.5 ~ 1cm。基本型的省量通过切展、合并的方式转移至前中，且前中需要切展。裙型为 A 形，需要加摆量。款式 H 连衣裙成品规格见表 7–8，具体绘制如下（图 7–12）。

表 7–8 款式 H 连衣裙成品规格表

单位：cm

号型	部位名称	后中长	胸围	臀围	腰围
160/84A	净尺寸	98	84	90	68
	加放尺寸	0	2	4	0
	损耗	—	2	—	—
	成品尺寸	98	84	94	68

（1）修正基本型。选择合体基本型，前片的乳凸量的省转移至侧颈点，腰线以下裙长取 60cm。按比例公式重新绘制结构线，袖窿深为 20cm，前胸围为 22 cm，后胸围为 21cm。按照基本型绘制方法绘制臀围线之上侧缝。

（2）抹胸结构。前片上口线设置在距离 BP 点 10cm 处，画弧线左至袖窿深点，右至前中胸围线端点。后片后中胸围端点下落 2cm，作弧线左垂直于后中，右连接至袖窿深点。

（3）分割线与省。先设定省量，后腰线成品腰围为 16.5cm，前腰线成品腰围为 17.5cm，剩余量为省量。后片后中分配 1cm 省量，再在后腰节线中点设置公主线，上省长取原型省长，下省长取距臀围线 3.5cm，在上口线处加 1cm 省。前片省设在 BP 点之下，下省长取距臀围线 4cm，在上口线处再加一倍乳凸量的省。

（4）褶。从前中胸点水平点位置向 BP 点作切展线，转移双倍省至前中。再画等距切展线 6 根，其中一根为腰线切展线，切展量为 3cm，展开时腰省要合并。

（5）肩带。后片吊带以公主线位置为起点向肩线作垂线，宽度为 1cm。前片肩线平行下移 1cm，从上口线中部向肩线作垂线，宽度为 1cm，将两端肩带合并即为肩带长度。

（6）贴边。在前后片抹胸上口线处平行取 4cm，画贴边点划线，省缝处合并。

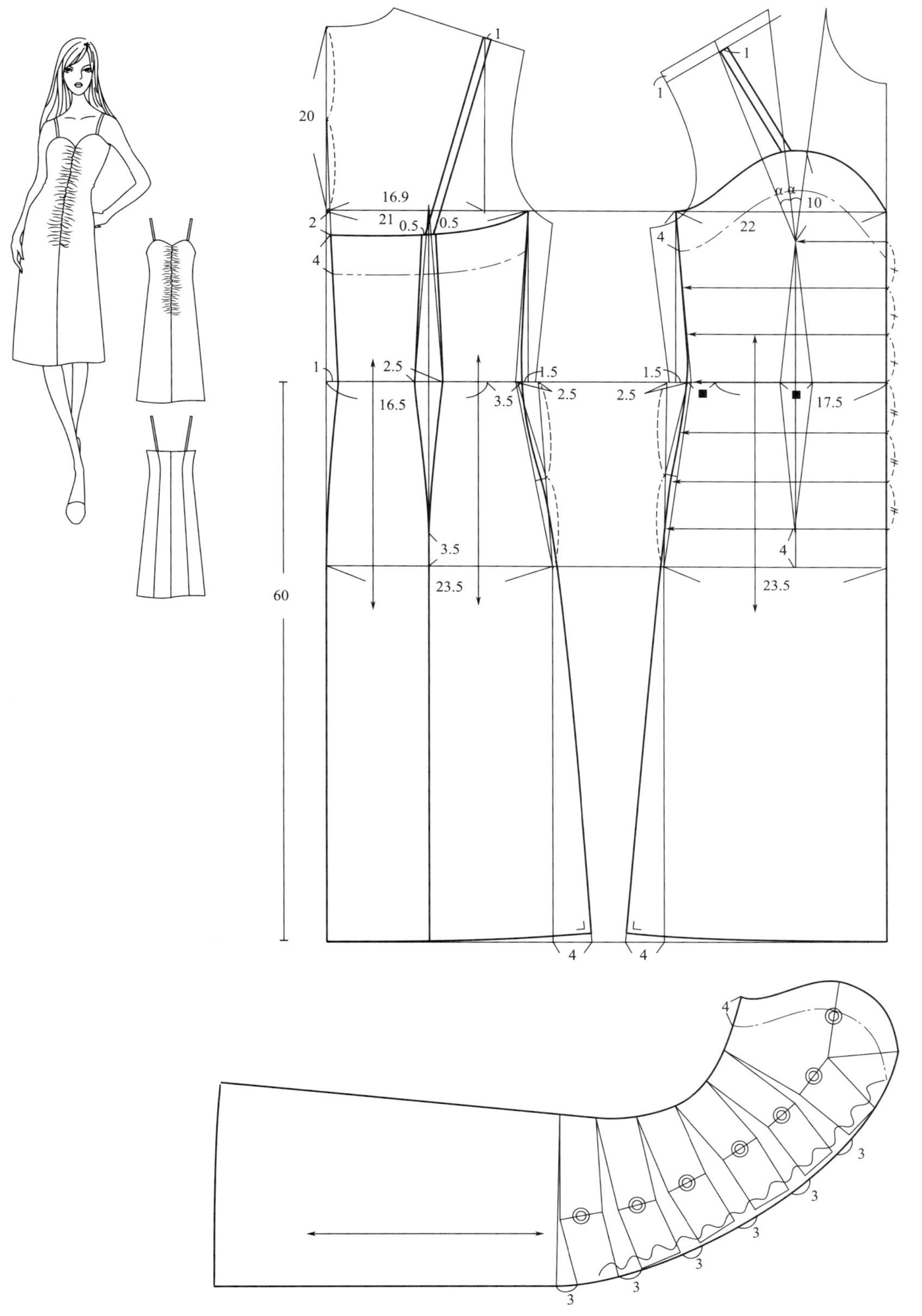
20
16.9
2
21
0.5
0.5
1
4
1
2.5
16.5
3.5
1.5
2.5
3.5
23.5
60
4
1
1
α α
10
22
4
1.5
2.5
17.5
4
23.5
4
4
3
3
3
3
3
3
3

图 7-12　紧身连衣裙

成衣结构设计——

女衬衣结构设计

课题名称：女衬衣结构设计

课题内容：女衬衣结构概述

女衬衣结构设计与应用

课题时间：5学时

教学目的：运用上衣基本型合理设计衬衣款式并绘制样板

教学方法：讲授

教学要求：1. 设计各类衬衣结构

2. 熟练掌握合体、半合体、宽松衬衣的样板绘制方法

课前（后）准备：设计不同衬衣并绘制样板

第八章　女衬衣结构设计

第一节　女衬衣结构概述

衬衣是女装中必不可少的服装类型之一，风格多变。女式衬衣是从两种服装形式演变而来，一是从女性内衣变化而来，这类衬衣还保留连衣裙的性质，如套头、腰部束带等，显得休闲、随意；另一种是来源于男式衬衣，这类衬衣保留男性硬朗的气质，如挺立的衬衣领、开门襟、过肩结构、袖克夫等，搭配西服穿着显得干练、稳重，成为上班族女性的必备服装。近几年，随着流行元素的变化、新材料和新工艺的不断涌现，女式衬衣从款式、结构，到材料、装饰等变化更丰富，应用范围也更广泛。

一、女衬衣的款式变化

服装设计实际上是将服装各部件搭配、整合，综合考虑穿着方式、流行元素的运用等。女衬衣从穿着方式来看，可以设计成套头、开门襟两种，套头又分为圆领套头和半开门襟，半开门襟是 Polo 衫的门襟形式，门襟开深在前中线的上半部分，外观类似衬衣，下半部分依然连裁。衬衣可以搭配无领、立领、扁领、企领；袖子分为装袖和连衣袖，配合不同袖型、袖口设计。此外，衬衣长度设计也是显著的外观变化，甚至会带来不同的风格。衬衣在合体度上可分为合体型、半合体型、宽松型，下面分别介绍不同的合体度下常见的结构、款式设计。

1. 合体型衬衣

合体型衬衣以省、分割线结构为主，省的设计更为多见，合体衬衣一般适合于正式场合。款式简约，长度一般在臀围线上下，领型多采用企领、立领，以开门襟为主，也可以在门襟处设计装饰，如荷叶边、简约的花边等，袖子通常为装袖结构。

2. 半合体型衬衣

半合体衬衣以省、无省为主，适合于休闲场合，也可用于一般的工作场合。长度多变，领型多采用企领、扁领、立领等，不拘泥于门襟方式，装袖、连衣袖皆可，风格上可以简约，也可以加入流行元素，如绣花、钉珠等变得时尚。

3. 宽松型衬衣

宽松型衬衣以无省或衣摆加量为主，以长款设计为多，适合休闲场合，领型、门襟方式、袖型皆不限，风格上宽松、随意，也可以加入时尚元素。

二、女衬衣的样板变化基础

女衬衣的样板设计是采用女上衣基本型绘制，与连衣裙不同的是，女衬衣基本型的臀围松量为 6cm，这是因为衬衣要穿着于下装之上，臀围需要更多松量的原因，因此，前、后臀围则为$\frac{H'}{4}$ +1.5cm。其他参数变化原理与连衣裙一致。

成品衬衣的规格尺寸主要依据胸围、腰围而定，由于设置的省、结构分割线缝合后对围度有损耗，省的缝合损耗为 2cm 左右，分割线损耗为 4cm 左右。以下介绍不同合体度的主要部位常用松量参考数值。

胸围：松量 =（4 ~ 10）cm，B'=（88 ~ 94）cm，损耗后成品胸围 =（86 ~ 90）cm，适合贴身和合体型衬衣；

松量 =（6 ~ 14）cm，B'=（90 ~ 98）cm，损耗后成品胸围 =（88 ~ 94）cm，适合半合体型衬衣；

松量≥ 12cm，B' ≥ 96cm，适合宽松型衬衣，一般不设置省或结构分割线，因此没有损耗。

腰围：W' =（70 ~ 80）cm，适合于合体型衬衣，半合体、宽松型衬衣腰围值不限。

臀围：最小松量为 6cm。

肩宽：合体型衬衣、半合体型衬衣：（36 ~ 38）cm，宽松型衬衣：大于 38cm。

需要说明的是，对于不同合体度，虽然其围度尺寸不同，但合体型与半合体型、半合体型与宽松型在胸围松量上没有十分明确的界线，有时会有交叉，即在同一个相对较大的松量下，两种合体度都适合。

第二节　女衬衣结构设计与应用

一、省结构女衬衣

1. 单省合体女衬衣

单省合体女衬衣款式为短袖灯笼袖，飘带领，左右裁片各一个省。其样板采用合体上衣基本型，衬衣门襟有其自身特点，工艺不同，板型不同。飘带领按照立领方法制图。灯笼袖需要根据衣身袖窿曲线重新绘制袖型后双向切展。单省合体女衬衣成品规格见表 8-1，具体绘制如下（图 8-1）。

表 8-1　单省合体女衬衣成品规格表

单位：cm

号型	部位名称	后中长	胸围	臀围	腰围	肩宽	袖长
160/84A	净尺寸	58	84	90	68	38	20
	加放尺寸	0	4	6	4	–2	0
	损耗	—	2	—	—	—	—
	成品尺寸	58	86	96	72	36	20

（1）衣身样板。

①衣身轮廓。采用合体上衣基本型，臀围松量为 6cm，前、后片各分 1.5cm 松量，后中

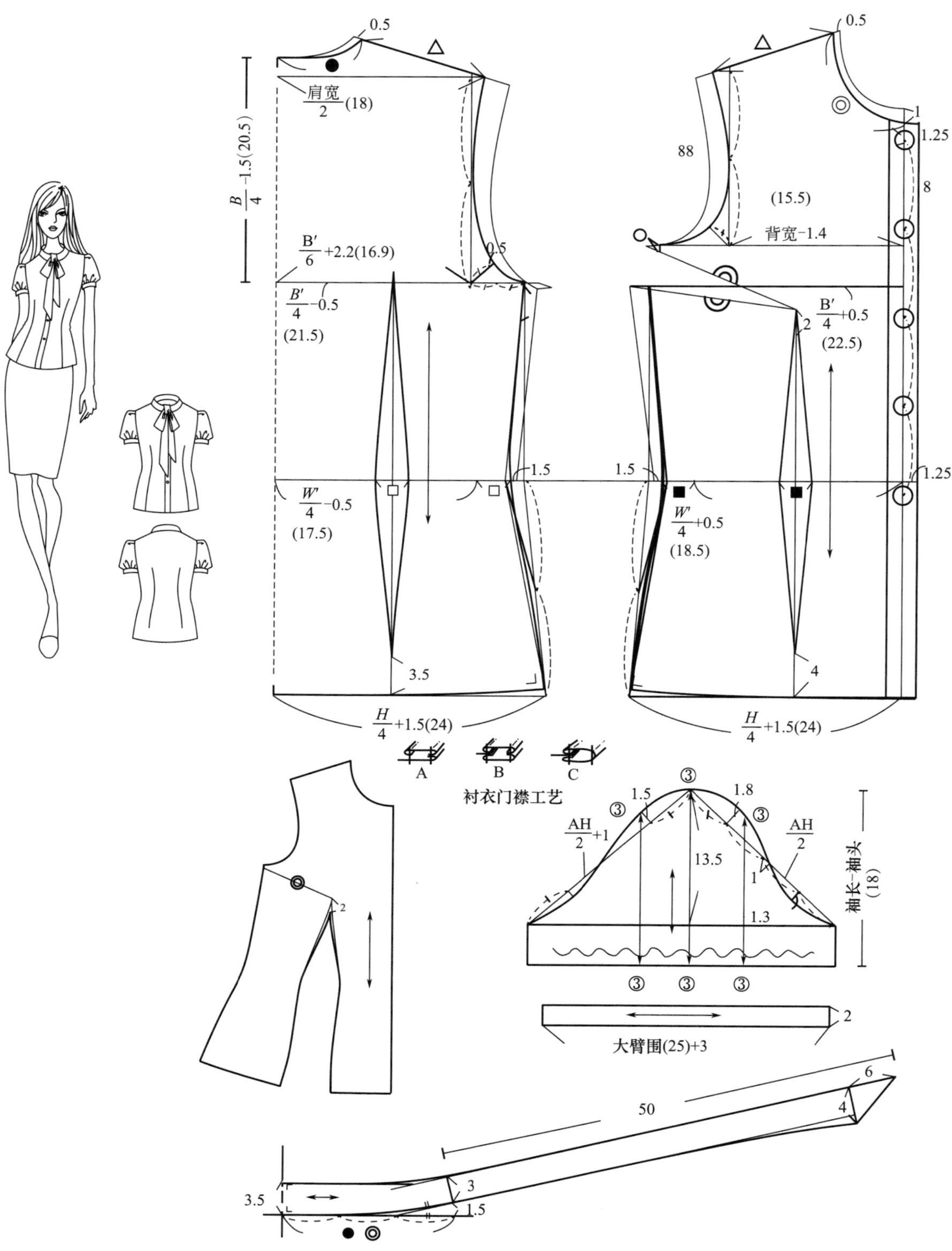
0.5
肩宽/2 (18)
B/4 -1.5(20.5)
B′/6 +2.2(16.9)
B′/4 -0.5
(21.5)
W′/4 -0.5
(17.5)
3.5
H/4 +1.5(24)
88
(15.5)
背宽-1.4
1
1.25
8
B′/4 +0.5
(22.5)
W′/4 +0.5
(18.5)
1.5
1.25
4
2
A
B
C
衬衣门襟工艺
1.5
1.8
AH/2 +1
AH/2
13.5
1.3
袖长-袖头 (18)
大臂围(25)+3
50
6
4
3
3.5
1.5

图 8-1 单省合体衬衣

取衣长 58cm。按比例公式重新绘制结构线，袖窿深线为 20.5cm，前胸围为 22.5cm，后胸围为 21.5cm，背宽为 16.9cm，胸宽为 15.5cm，$\frac{1}{2}$为 18cm，重新绘制袖窿曲线。侧颈点开宽 0.5cm，前颈点开深 1cm，绘制新领口线。衬衣长度在臀围线之上，腰围线外延尺寸为 1.5cm。

②省。后腰线成品腰围为 17.5cm，前腰线成品腰围为 18.5cm，剩余量为省量，省长、省位与基本型一致。从前腰省处作切展线至 BP 点，前片的腋下省合并，转移至腰省，前腰围省则长至衣摆。

③门襟。标准衬衣的门襟是有长方形裁片拼贴的效果，这种门襟有三种工艺方式，如图 8–1 所示，A 方法是在衣身前中线加出搭门量，长方形裁片贴于上方缝合，最为常用。B 方法是衣身裁片减去搭门量，长方形裁片双叠拼接缝合。C 方法是衣身裁片减去搭门量，双层长方形裁片拼缝，适合不是直线的门襟。该款式采用 A 方法，前中线加放搭门量 1.25cm，完成衣身前中轮廓线。在前中线左侧再量取 1.25cm 与搭门量形成门襟长形裁片。

④扣位。前中线顶端向下 1.25cm 为第一个扣位，向下每隔 8cm 为一个扣位，共 5 个扣位。

（2）飘带领。在横坐标轴上量取前后领口线之和“● + ◎”，领底线上翘 1.5cm，领座高度为 3.5cm，在前中加出 50cm，在末端作出斜角。

（3）袖子。量取衣身袖窿曲线长度，袖山高取$\frac{AH}{3}$，按照袖片原型方式绘制袖山，袖中线取袖长 – 袖头宽（18cm）。以袖中线为中心两边相隔 5cm 作双向切展线，每一切展量为 3cm。展开后，修顺袖山曲线，标明抽褶范围。袖头宽度 2cm，长度为大臂围 25cm+3cm 松量。

2. 单省半合体胸褶衬衣

单省半合体胸褶衬衣款式有过肩结构，门襟上端呈 V 字形开口，在胸附近局部抽褶，左右裁片各一个省，长袖、衬衣领。制板采用半合体基本型，门襟采用 C 方法。腋下省转移为胸部褶量，不足则切展。单省半合体女衬衣成品规格见表 8–2，具体绘制如下（图 8–2）。

表 8–2 单省半合体女衬衣成品规格表　　单位：cm

号型	部位名称	后中长	胸围	臀围	腰围	肩宽	袖长
160/84A	净尺寸	58	84	90	68	38	56
	加放尺寸	0	6	6	8	–1	0
	损耗	—	2	—	—	—	—
	成品尺寸	58	88	96	76	37	56

（1）衣身样板。

①衣身轮廓。采用半合体上衣基本型，乳凸量的省取 2.5cm，后中线取衣长 58cm。按比例公式重新绘制结构线，袖窿深为 21cm，前胸围为 23cm，后胸围为 22cm，背宽为 17.2cm，胸宽为 15.8cm，$\frac{肩宽}{2}$为 18.5cm，重新绘制袖窿曲线。侧颈点开宽 0.5cm，前颈点开深 0.5cm，缩进 1.5cm，绘制新领口线。衬衣长度在臀围线之上，腰线外延尺寸为 1.5cm。

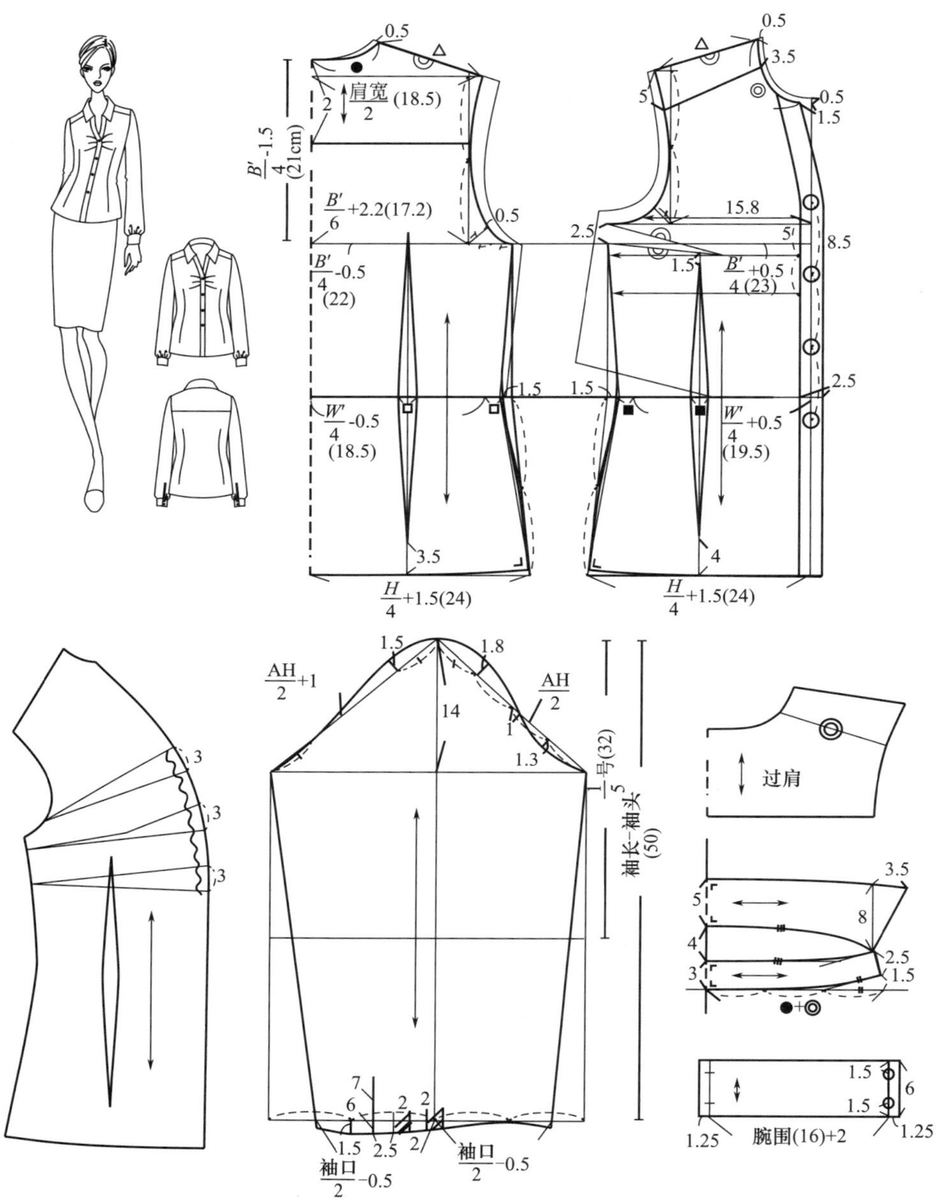

图 8-2 单省半合体胸褶衬衣

②省。后片省位为腰围线中点，前片省位向侧缝方向偏移 3cm，后腰线成品腰围为 18.5cm，前腰线成品腰围为 19.5cm，剩余量为省量，省长与基本型一致。从衣片边缘水平作切展线，将腋下省转移为褶量，再上下隔 5cm 作切展线，每处展开 3cm，标明抽褶范围。

③过肩。后中线取 12cm 作水平线，为后片育克结构，前片领口取 3.5cm，袖窿曲线上取 5cm，作为前片育克分割线，分解裁片后，将两者在肩线处合并为一个裁片。

④门襟。在前中线与胸围线交点向上 5cm 处作为 V 字开口的末端，按照 B 方法，在此点搭门量为 1.25cm，上端与缩进领口相连，再向内取 1.25cm，作搭门量线的平行线，此线为衣身轮廓线，也为门襟边缘线。

⑤扣位。前中线与胸围线交点向上取 5cm 定点，为第一个扣位，向下每隔 8.5cm 为一个扣位，共 4 个扣位。

（2）衬衣领。为分体企领，领座上翘 1.5cm，领座高 3cm，前中 2.5m。翻领面下弯为 4cm，领面宽 5cm，前领角比例为 8 ： 3.5。

（3）袖子。量取衣身袖窿曲线长度，袖山高取$\frac{AH}{3}$，按照袖片原型方式绘制袖山，袖中线下端去除袖头宽 6cm，画出与袖片原型一致的框架，分别找到前、后袖口线的中点，后袖口线中点垂直向下取 1.5cm 定点，并与前、后袖口端点、前袖口线中点连接成曲线。然后计算成品袖口线的长度，袖头长为腕围 16cm+ 松量 2cm，两头再加上 1.25cm 搭门量，袖头全长 20.5cm。袖口线长 = 袖头长 + 褶量（2cm × 2），为 24.5cm。设定成品袖口线端点，距后袖口端点 6cm 定袖衩位，袖衩尺寸 7cm，相隔 2.5cm 设置第一个褶 2cm，相隔 2cm，设置第二个褶 2cm。袖头上有两个扣位，分别距边缘 1.25cm。

3. 多省结构女衬衣

多省结构女衬衣为多省结构，即前片一侧有三个省，后片一侧为两个省，合体衬衣袖、衬衣领，门襟简单，门襟与衣身连裁，衣摆为弧形。其样板采用合体基本型，腰间的省量前片分解为三部分，后片为两部分，腋下省需要合并，均匀转移入前片三个省。门襟需要加衬。多省结构女衬衣成品规格见表 8–3，具体绘制如下（图 8–3）。

表 8–3　省结构女衬衣成品规格表　　单位：cm

号型	部位名称	后中长	胸围	臀围	腰围	肩宽	袖长
160/84A	净尺寸	58	84	90	68	38	58
	加放尺寸	0	6	6	4	–1	0
	损耗	—	2	—	—	—	—
	成品尺寸	58	88	96	72	37	58

（1）衣身样板。

①衣身轮廓。采用半合体上衣基本型，乳凸量的省取 2cm，后中线取衣长 58cm。按比例公式重新绘制结构线，袖窿深线为 21cm，前胸围为 23cm，后胸围为 22cm，背宽为 17.2cm，胸宽为 15.8cm，$\frac{\text{肩宽}}{2}$为 18.5cm，重新绘制袖窿曲线。侧颈点开宽为 0.5cm，前颈点开深为 0.5cm，绘制新领口线。

②省。后腰线成品腰围为 17.5cm，前腰线成品腰围为 18.5cm，剩余量为省量，后片省量“□”前片省量“■”。前片省位在距前中线 5cm 处开始，每隔 5cm 设置一个省，共设 3 个，每个省量为“$\frac{■}{3}$”。后片距离后中线 9cm 处设置一个省，相隔 6cm 设置第二个省，省量为“$\frac{□}{2}$”。

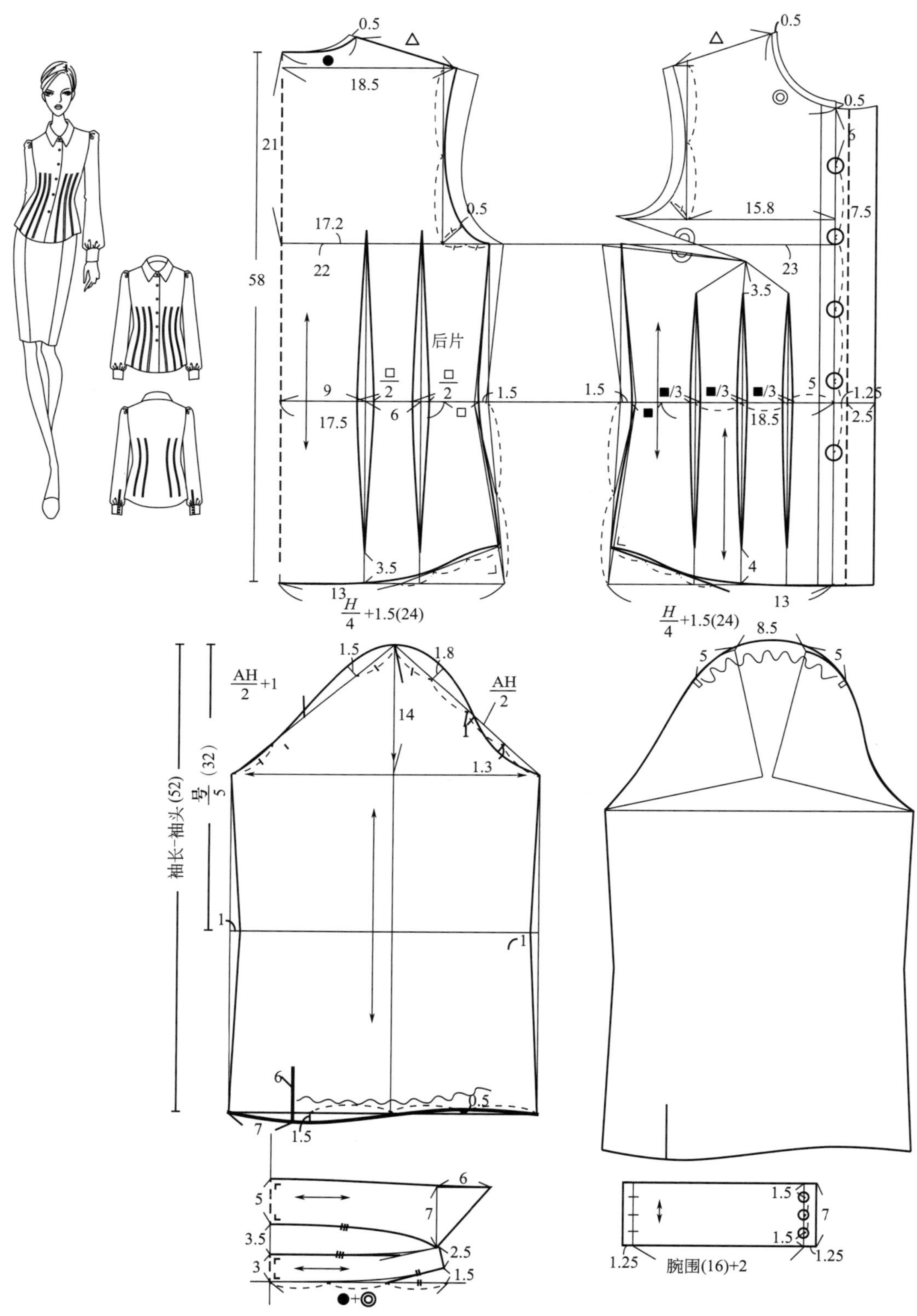

0.5
18.5
21
17.2
22
58
后片
9
17.5
6
1.5
3.5
13
$\frac{H}{4}$+1.5(24)
15.8
23
7.5
5
1.25
2.5
18.5
4
13
$\frac{H}{4}$+1.5(24)
1.5
1.8
14
$\frac{AH}{2}$+1
$\frac{AH}{2}$
1.3
袖长-袖头(52)
$\frac{号}{5}$(32)
8.5
7
2.5
腕围(16)+2

图 8-3　多省结构女衬衣

前片依照省位线从衣摆作切展指向 BP 点，将腋下省平均转移入三个省。

③门襟与扣位。门襟的贴边是衣片前中线加出 1.25cm 搭门量，再加入双倍搭门量 2.5cm 为贴边，制作时，附衬向内折叠，第一粒扣位距上口线 6cm，以下每隔 7.5cm 为一个扣位，共 5 粒扣。

④衣摆。弧形衣摆是前、后片侧缝底端向上各取 4cm 定点，衣摆线上各取 13cm 定点，直线连接两个点并三等分，将衣摆线连接为弧线，并垂直于侧缝，衣摆弧线经过第二个等分点，与衣摆斜角相切。

（2）衬衣领。衬衣领为分体企领，领座上翘 1.5cm，领座高 3cm，前中 2.5cm。翻领面下弯为 3.5cm，翻领面宽 5cm，前领角比例为 7 ： 6。

（3）袖子。量取衣身袖窿曲线长度，袖山高取$\frac{AH}{3}$，按照袖片原型方式绘制袖山，袖中线下端去除袖头宽 -1cm（6cm），画出与袖片原型一致的框架，袖口线为曲线。肘线两端收进 1cm，袖口采用原袖口线长度，距离袖口线端点 7cm 处作袖衩 6cm，袖口线长于袖头的余量都作为抽褶的褶量。袖山的褶通过袖中线作切展至落山线，展开 8.5cm，修顺袖山曲线，标明抽褶范围。袖头宽为 7cm，长为 20.5cm，扣位为 3 个。

二、分割结构女衬衣

立领分割结构女衬衣

分割结构女衬衣以分割线造型，立领、长袖，前片为侧偏的刀背缝结构，后片有育克结构，育克下为公主线款式。其样板采用半合体基本型制作，合理设置分割线位置。分割结构女衬衣成品规格见表 8–4，具体绘制如下（图 8–4）。

表 8–4　分割结构女衬衣成品规格表　　单位：cm

号型	部位名称	后中长	胸围	臀围	腰围	肩宽	袖长
160/84A	净尺寸	60	84	90	68	38	58
	加放尺寸	0	10	6	12	–1	0
	损耗	—	4	—	—	—	—
	成品尺寸	60	90	96	80	37	58

（1）衣身样板。

①衣身轮廓。采用半合体上衣基本型，乳凸量的省取 2.5cm，后中线取衣长 60cm。按比例公式重新绘制结构线，袖窿深线为 22cm，前胸围为 24cm，后胸围为 23cm，背宽为 17.9cm，胸宽为 16.5cm，$\frac{肩宽}{2}$为 18.5cm，重新绘制袖窿曲线。侧颈点开宽 0.5cm，前颈点开深 0.5cm，绘制新领口线。

②分割线。前片刀背缝位置在 BP 点向左距 4cm 处。后中线从后颈点向下取 12cm 画育克分割线，在腰线的中点为公主线位置。后腰线成品腰围为 19.5cm，前腰线成品腰围为

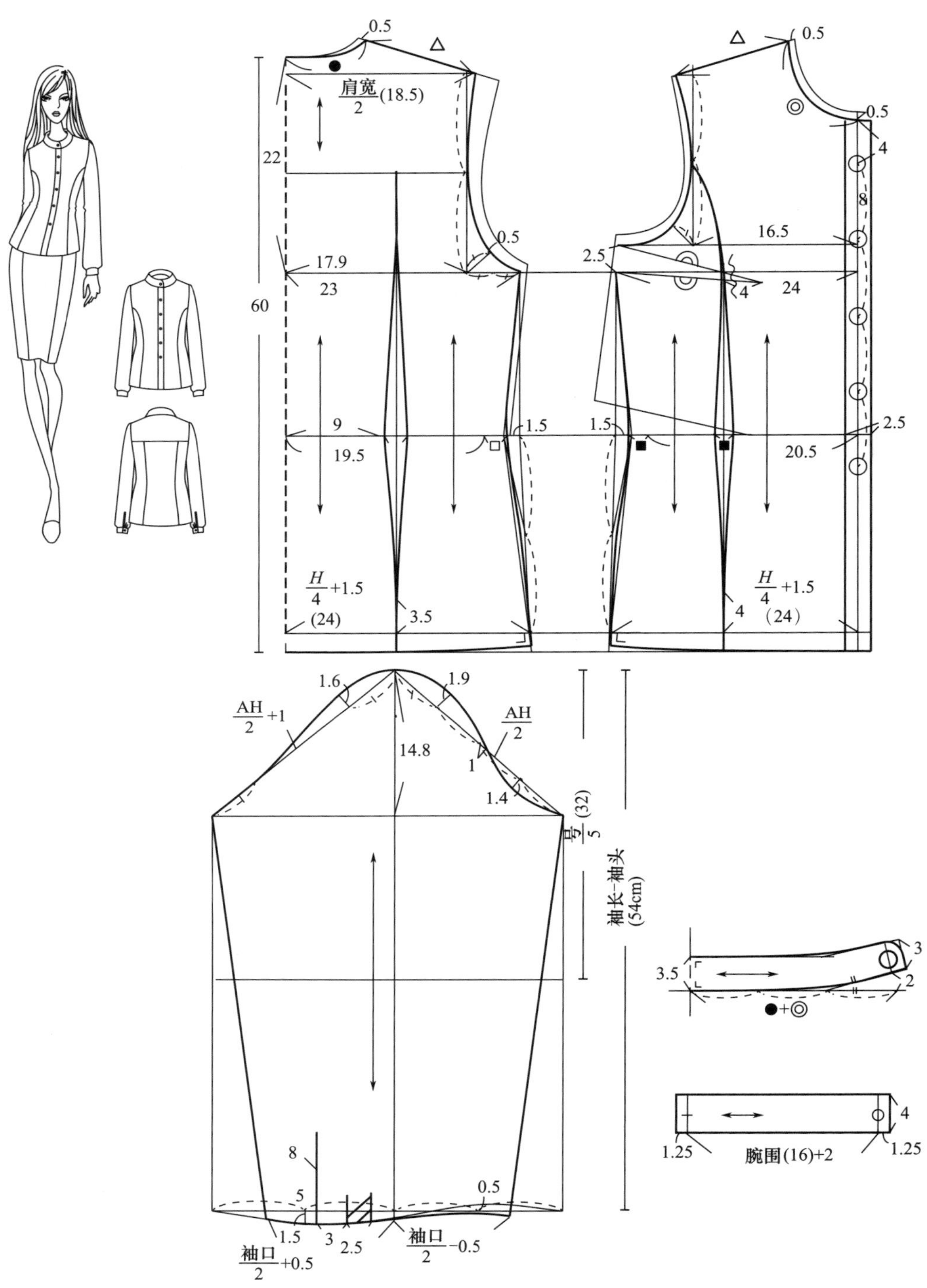

图 8-4 分割结构女衬衣

20.5cm，剩余量为省量，并分配至分割线处，然后绘制前、后片分割线。前片腋下省被分割为两部分，腋下裁片的省道边合并，衣身大片的省较小，可以作为吃量缝合。

③门襟与扣位。门襟采用B方法，在前中线左侧取搭门量1.25cm，此线为衣身轮廓线，前中线向右再取1.25cm，共2.5cm为门襟裁片，并为双叠裁片。第一个扣位在距领口线4cm处，然后向下每隔8cm设一个扣位，共5粒扣。

（2）领子。按照立领方式制板，领底上翘2cm，领座高3.5cm，前中3cm，加1.25cm的搭门量，并上交修成圆弧形。

（3）袖子。量取衣身袖窿曲线长度，袖山高取$\frac{AH}{3}$，按照袖片原型方式绘制袖山，袖中线下端去除袖头宽-1cm（3cm），画出与袖片原型一致的框架，袖口线为曲线。袖头长为20.5cm，袖口线为袖头长+褶量（2.5cm），设置新袖口线。距离袖口端点5cm设置袖衩8cm，该款式袖衩是简单的工艺，即对袖衩进行1cm包边即可。距离袖衩3cm处设置2.5cm褶。

三、宽松结构女衬衣

1. 宽松休闲衬衣

宽松休闲衬衣为经典的休闲衬衣，有过肩，后中有箱型褶，胸部有明贴袋，宽松衬衣袖，标准衬衣领。其样板采用宽松基本型，胸围取值较大，袖山高取$\frac{AH}{6}$。宽松休闲女衬衣成品规格见表8-5，具体绘制如下（图8-5）。

表8-5　宽松休闲女衬衣成品规格表　　单位：cm

号型	部位名称	后中长	胸围	臀围	腰围	肩宽	袖长
160/84A	净尺寸	70	84	90	68	38	56
	加放尺寸	0	16	大于6	不计	2	0
	损耗	—	0	—	—	—	—
	成品尺寸	70	100	大于96	不计	40	56

（1）衣身样板。

①衣身轮廓。采用宽松上衣基本型，后中线取衣长70cm。袖窿深为$\frac{B'}{4}-2$cm（23cm），前、后胸围相等为25cm。背宽为$\frac{B'}{6}+2$cm（18.7cm），胸宽为17.3cm，$\frac{肩宽}{2}$为20cm，重新绘制袖窿曲线。侧颈点开宽0.5cm，前颈点开深1cm，绘制新领口线。从新袖窿深点向下作竖直线与衣摆相交。

②过肩。后中线从颈点向下取10cm作水平线，为后片育克结构，前片领口从前颈点向下取3cm，作肩线平行线，为前片育克，分解裁片后，将两者在肩线处合并为一片裁片。

③褶与门襟。后片后中线直接延长一半褶量4cm，褶位设置在距离后中2cm处，后中线为虚线。门襟按照A方式处理，搭门量为1.5cm。第一粒纽扣扣位距离前颈点6cm处，每隔9cm一个扣位，共5粒扣。

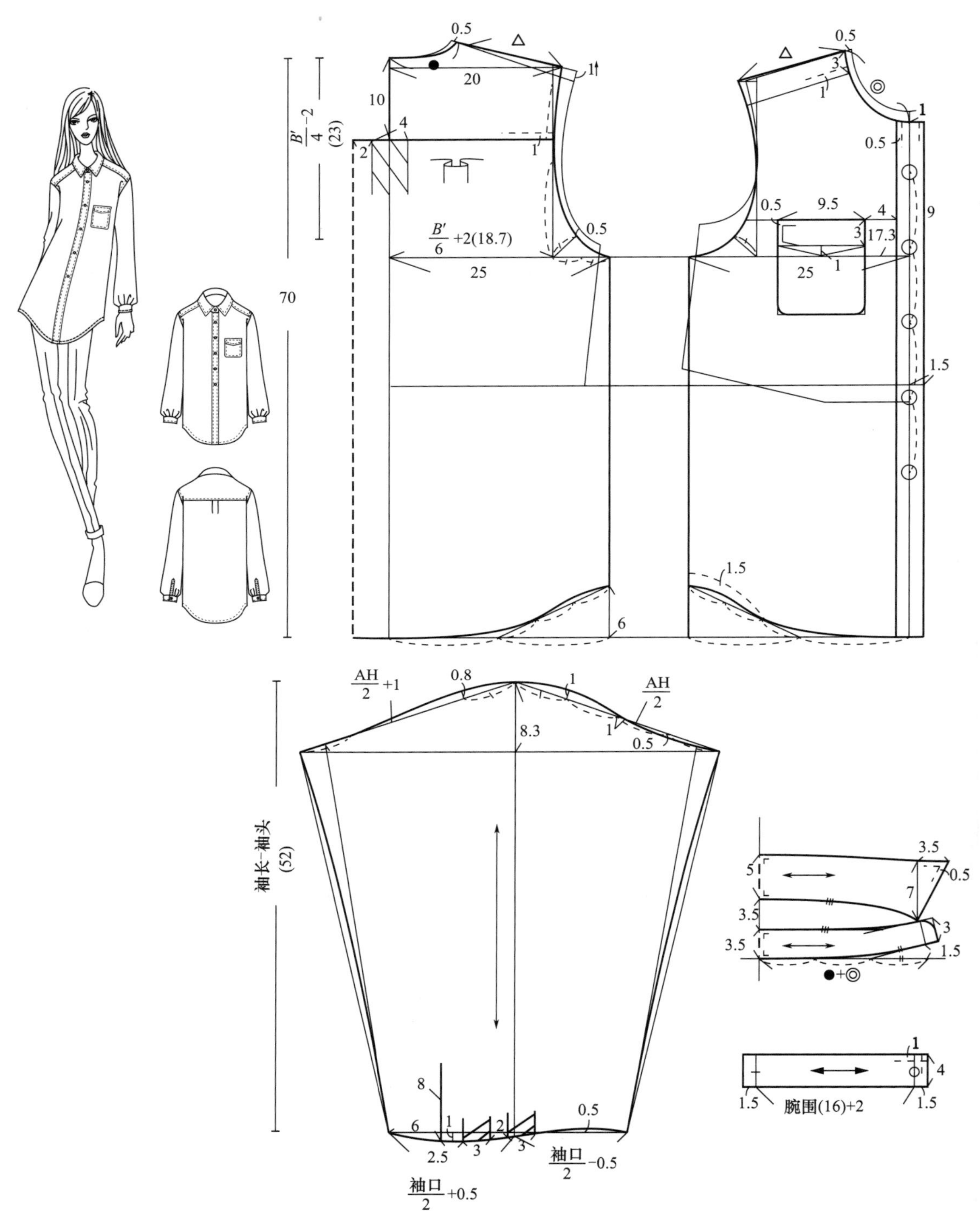

图 8-5　宽松休闲衬衣

④弧形衣摆。弧形衣摆是前、后片侧缝底端各向上取 6cm 定点，衣摆线上各取中点，连接两个点的直线三等分，将衣摆线连接为弧线，并垂直于侧缝，衣摆弧线经过第二个等分

点，与衣摆斜角相切。

（2）口袋。在原型胸围线位置距离前中线 4cm 开始画口袋，宽 9.5cm，长 11cm，口袋下端两个角抹成 0.5cm 的圆角。口袋盖宽 3cm，尖角多出 1cm。

（3）袖子。量取衣身袖窿曲线长度，袖山高取 $\frac{AH}{6}$，按照袖片原型方式绘制袖山，如图 8–5 所示各等分点取值有所不同。袖中线下端去除袖头宽 –1cm（3cm），袖口线长 = 袖头长（21cm）+ 褶量（3cm×2），为 27cm。设定成品袖口线端点，距左端点 6cm 画袖衩 10cm，相距 2.5cm 设置第一个褶，2cm 之后设置第二个褶。袖头上有一个扣位，距边缘 1.5cm。

（4）领子。为分体企领，领座上翘 1.5cm，领座高 3.5cm，前中 3cm，并抹圆角。翻领面下弯为 3.5cm，翻领面宽 5cm，前领角比例为 7 ： 3.5。

2. 插肩袖衬衣

插肩袖衬衣为无领，领口有较宽的明贴边，后领口有抽褶，前领有 V 型开口，开口下抽褶。袖子为灯笼式插肩袖，袖口有包边。其样板采用宽松基本型，衣身褶皱可以在前、后中线处直接加量。袖型按照插肩袖的方式绘制。插肩袖女衬衣成品规格见表 8–6，具体绘制如下（图 8–6）。

表 8–6　插肩袖女衬衣成品规格表　　单位：cm

号型	部位名称	后中长	胸围	臀围	腰围	肩宽	袖长
160/84A	净尺寸	62	84	90	68	38	58
	加放尺寸	0	12	大于 6	不计	0	0
	损耗	—	0	—	—	—	—
	成品尺寸	62	96	大于 96	不计	38	58

（1）衣身样板。

①衣身轮廓。采用宽松上衣基本型，后中线取衣长 62cm。袖窿深线为 $\frac{B'}{4}$ –1.5cm（22.5cm），前后胸围相等为 24cm。背宽为 $\frac{B'}{6}$ +2cm（18cm），胸宽为 16.6cm，$\frac{肩宽}{2}$为 19cm，重新绘制袖窿曲线。侧颈点开宽 3.5cm，后颈点开深 1.5cm，前颈点开深 3cm，绘制新领口线。新袖窿深点与臀围端点相连，在腰线处收腰 1cm，或不收腰。

②领口。在前衣片肩线上从新侧颈点向肩端方向量取 5cm 为领口贴边宽度，在后衣片后中线取 5cm，绘制领口线平行弧线，为领口贴边。前领口内收 1.5cm，V 型开口位置从新前颈点向下 15cm，贴边下口宽 4.5cm，完成前贴边轮廓。

③衣身褶。前中线褶直接在前中线平行加出一半褶量 3cm，后中线可平行加出一半褶量 2.5cm，从后衣身领口线中点作竖直切展，展开 4cm 褶量，前、后中线为虚线，表示连裁。

(a)

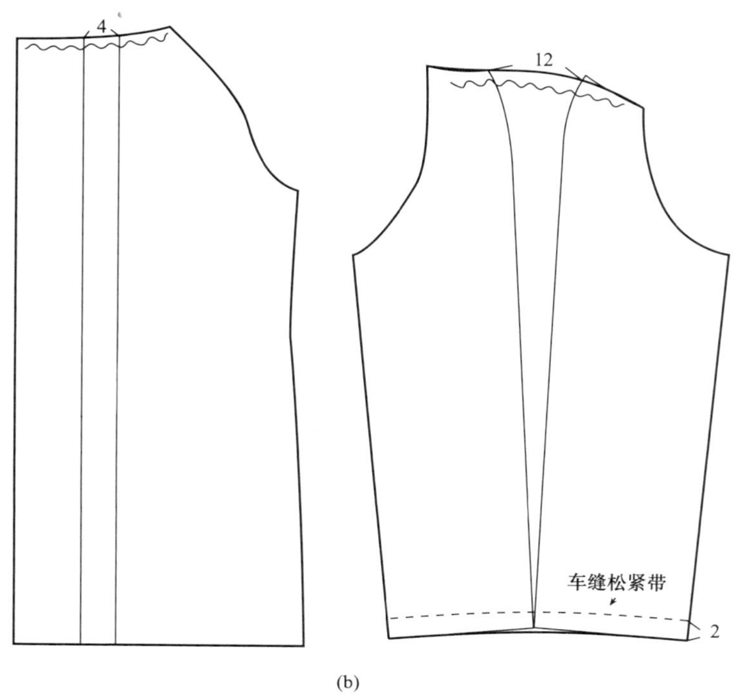

图 8-6　插肩袖衬衣

（2）袖子。采用中性插肩袖结构，在肩点画边长为 10cm 的等腰直角三角形，前、后三角形斜边取中点，连接肩点并延长，为袖中线，取袖长 58cm。在袖中线上取袖山高$\frac{AH}{3}$，作袖山高的垂线，为落山线。在前后衣身上缘线上各取 8cm 点为插肩袖分割线起始点。在袖窿曲线上以前后腋点为基点向下量取 3cm 分别定为 M、N 两点作为衣身与袖子的分衩点。将分割线起始点与 M、N 两点相连并与后一部分的袖窿曲线联顺，为前后衣身的边缘线。衣身与袖子在 M、N 点之上的分割线是共用的，从 M、N 点之下分开，因此，前片从 M 点开始向相反方向绘制衣身后半部分曲线“○”，曲度一致并与前袖片的落山线相交。后片从 N 点开始向相反方向绘制衣身后半部分曲线“‖”，曲度一致并与后袖片的落山线相交。从前后落山线端点作袖中线平行线，与前后袖口线相交，袖口内收 2cm，袖口线之上 2cm 处车缝松紧带，袖口余量皆为抽褶褶量。袖上口线的褶需要将两个袖片合并，在肩线处作切展，加出褶量 12cm，修顺上口线。

成衣结构设计——

女西服结构设计

课题名称： 女西服结构设计

课题内容： 女西服概述

女西服结构设计与应用

课题时间： 6学时

教学目的： 运用上衣基本型合理设计西服款式并绘制样板

教学方法： 讲授

教学要求： 1. 设计各类西服

2. 掌握西服领型、门襟等结构特点

3. 熟练掌握合体、半合体西服的样板绘制方法

课前（后）准备： 设计不同衬衣并绘制样板

第九章　女西服结构设计

第一节　女西服概述

一、西服的历史与发展

西服，又被称为西装，过去也被称为洋装，是相对于“中式服装”而言，是中国人民对来自西方服装的称谓。西装起源于17世纪的欧洲，为男士所穿着的服装。在路易十四时代，长衣及膝的外衣“究斯特科尔”和长度略短的“贝斯特”，以及紧身合体的半截裤“克尤罗特”是西服三件套的雏形。

发展至18世纪，欧洲男士的社交礼服已经形成固定模式，随着社会的发展，传统的礼服套装演变为西服三件套（西服、西裤、马甲），到了19世纪80年代，随着体育运动的普及，男装的三件套被女子作为骑马服、运动服而采用。第一次世界大战后，物资的紧缺使得女性也要出去工作，西服比起长裙更易于活动而被职业女性所接受。到19世纪90年代，西服基本成为女性外出服装。20世纪后，越来越多的女性走向工作岗位，西服以其简洁、干练、实用的特点得到女性喜爱。

西服的款式、结构和工艺都类似于男西服，虽然随着社会的发展，女西服款式变得时尚多变，但一些经典的款式还是得以保留（图9-1）。一般来说，比较正式的女西服是经典西服领、两粒扣西服。运动式西服，即运动套装（blazer suit），是一类休闲西服，多为单排一粒扣或三粒扣、明贴袋、缉明线、金属扣，运动套装也常被用作校服款式。诺佛克套装（norfolk suit），是女性打高尔夫球时的穿着，与男装的猎装相对应，肩部有过肩或褶裥结构，后腰有腰带装饰。人们对时尚、舒适的追求使得西服的代表性结构——西服领也可以被舍弃，夏奈尔套装是经典的西服款式的变体，无领无扣，在领口、门襟、下摆、袋口、袖口等边缘装饰有丝带。这些经典的西服款式在如今仍然受到人们喜爱，并且许多设计师将其经典元素运用于其他西服款式中。

二、女西服的分割结构设计规律

女西服结构设计一般采用省与分割形式相结合来塑形，褶通常作为局部装饰，而分割结构是西服大造型的形式与合体度相配合，下面介绍常见的分割结构（图9-2）。

1. 三片式

三片式是指后中缝为连裁，侧缝为断缝，前中线为断缝。这种形式的前、后片可以设计全省为合体结构，适合轻薄面料的春夏季西服。也可以只设计部分省为半合体结构的休闲西服。

图 9-1　经典西服款式

2. **四片式**

四片式是指前、后中线处都为断缝，侧缝也为断缝。这种形式与三片式类似，只不过后中线处可以放入部分省量，可以使背部造型更趋于人体曲线，适合合体、半合体结构，适合春夏季西服。

图 9-2

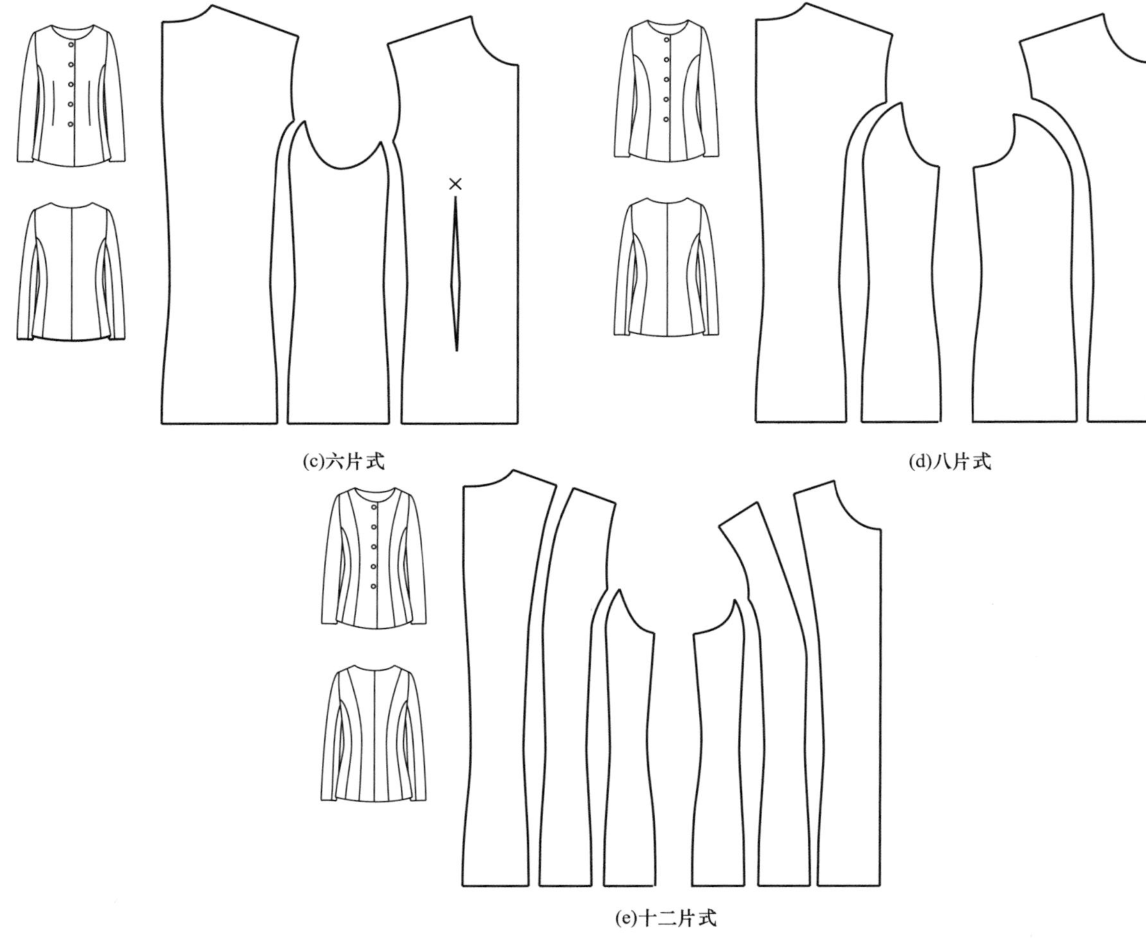

图 9-2 常见的分割结构

3. **六片式**

六片式是指前后中为断缝，前、后衣身各有一个分割线设计，侧缝无断缝，多用于半合体结构。

4. **八片式**

八片式是指前、后中线处为断缝，前、后衣身各有一个分割线设计，侧缝为断缝，即前片四片，后片四片，是经典的西服分割结构，能够均匀地分配省量，造型修身，多用于合体结构。

5. **十二片式**

十二片式是指前、后中线处为断缝，前、后衣身各有两个分割线设计，侧缝为断缝，即前片六片，后片六片，是多断缝的分割形式，适用于合体结构，显出个性与独特。

由上可知，西服的分割结构，断缝越多，越能够放入更多的省量，省量分配越均匀，造型越符合人体曲线，越适合合体款式。反之，含有省量少，造型偏平缓，适合半合体款式。

三、女西服的样板设计基础

女西服的样板设计多为合体、半合体结构，因此，采用女上衣合体、半合体基本型来绘制，臀围最小松量为 9cm，后臀围尺寸为$\frac{H}{4}$ +2.5cm，前臀围尺寸为$\frac{H}{4}$ +2cm。

成品女西服设置的省、结构分割线缝合后对围度有损耗量与衬衣一样，省的缝合损耗为 2cm 左右，分割线损耗为 4cm 左右，这一规律也同样适用于后一章的风衣、外套等服装类型。它们与西服同样作为以下介绍不同合体度的主要部位常用松量参考数值。

胸围：松量 =（8 ~ 12）cm，B'=（92 ~ 96）cm，损耗后成品胸围 B'' =（88 ~ 92）cm，适合贴身—合体型❶；

松量 =（12 ~ 18）cm，B'=（96 ~ 102）cm，损耗后成品胸围 B'' =（92 ~ 98）cm，适合半合体型。

腰围：W' =B''–（14 ~ 16）cm，适合于合体型；

W' =B''–12cm，适合于半合体型。

臀围：最小松量为 9cm。

肩宽：合体型、半合体型：一般为（37 ~ 40）cm。

第二节　女西服结构设计与应用

一、合体西服

1. 经典八片式西服

八片式西服是经典西服款式，该款式为刀背缝结构，采用合体基本型，后中线收腰体现背部曲线，前片刀背缝可以过 BP 点，也可以设置在稍远的位置，搭配平驳领，有口袋，一粒扣，领开深至腰线。经典八片式西服成品规格见表 9–1，具体绘制方法如下（图 9–3）。

表 9–1　经典八片式西服成品规格表　　单位：cm

号型	部位名称	后中长	胸围	臀围	腰围	肩宽	袖长
160/84A	净尺寸	56	84	90	68	38	56
	加放尺寸	0	8	9	6	–1	0
	损耗	—	4	—	—	—	—
	成品尺寸	56	88	99	74	37	56

（1）衣身样板。

①衣身轮廓。采用合体上衣基本型，臀围松量为 9cm，后片分 2.5cm 松量，前片分

❶ B表示净胸围尺寸，B'表示加放松量后的胸围，B''表示B'减去损耗量后的成品胸围。
W表示净腰围尺寸，W'表示加放量后腰围尺寸。
H表示净臀围尺寸，H'表示加放量后臀围尺寸。

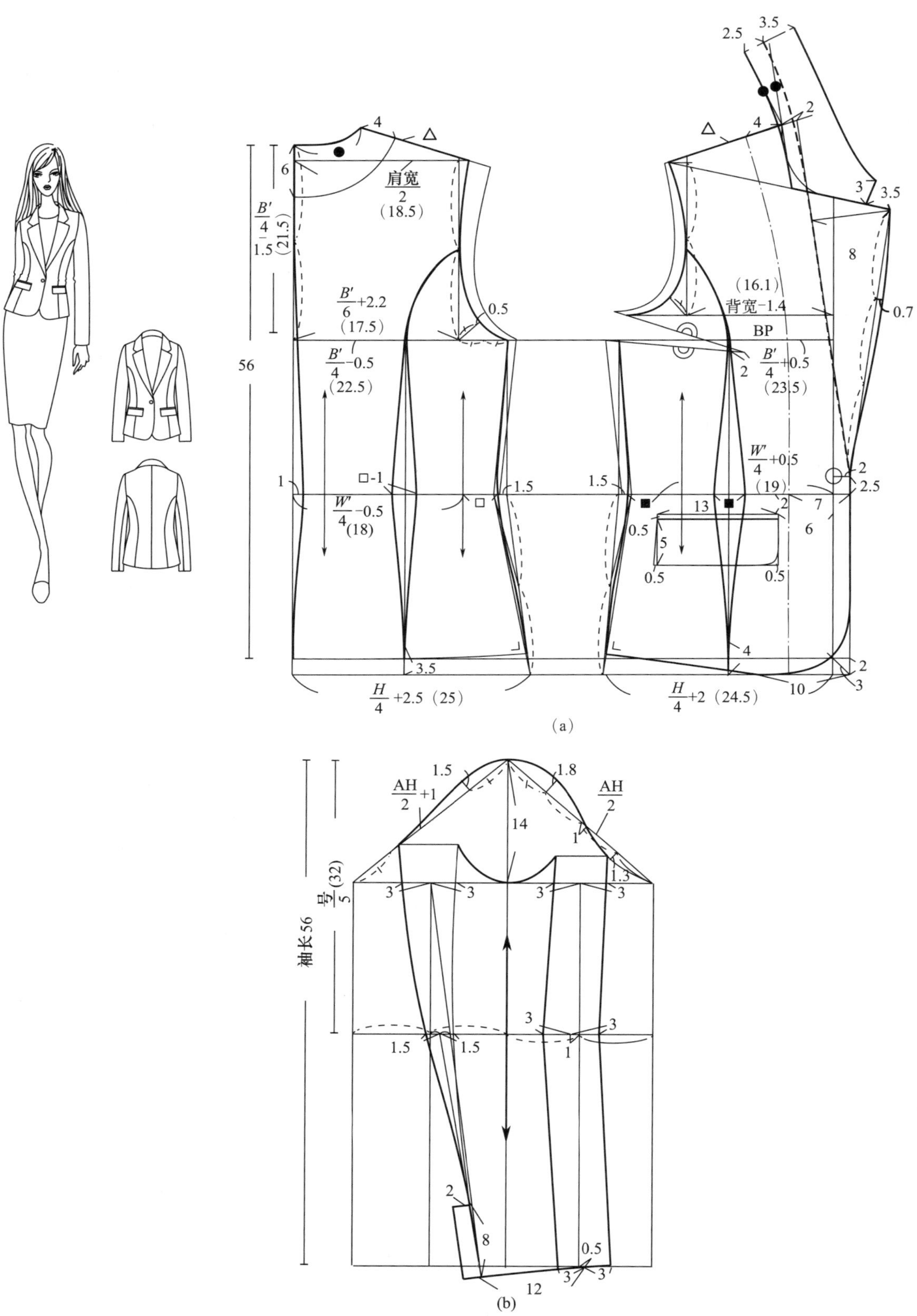
4
△
肩宽
2
(18.5)
6
B′/4
1.5
(21.5)
B′/6+2.2
(17.5)
0.5
56
B′/4−0.5
(22.5)
□-1
1
□
1.5
W′/4−0.5
(18)
3.5
H/4+2.5 (25)
(a)
2.5
3.5
4
2
3
3.5
8
(16.1)
背宽-1.4
0.7
BP
B′/4+0.5
(23.5)
2
W′/4+0.5
(19)
2
2.5
1.5
13
2
7
0.5
5
6
0.5
0.5
4
2
10
3
H/4+2 (24.5)
1.5
1.8
AH/2+1
AH/2
14
1
1.3
号/5(32)
袖长56
3
3
3
3
3
3
1.5
1.5
1
2
8
0.5
3
3
12
(b)
图 9-3　刀背缝西服

2cm 松量，后中线取衣长 56cm。按比例公式重新绘制结构线，袖窿深为 21.5cm，前胸围为 23.5cm，后胸围为 22.5cm，背宽为 17.5cm，胸宽为 16.1cm，1/2 肩宽为 18.5cm，重新绘制袖窿曲线。西服长度在臀围线之上，腰线外延尺寸为 1.5cm。

②刀背缝。后腰线成品腰围为 18cm，剩余为省量，后中腰线分配 1cm，剩余设置在后腰线中点的刀背缝中。前腰线成品腰围为 19cm，剩余量为省量，刀背缝设置在距离 BP 点 2cm 的位置。省长与基本型一致。腋下省被分割，腋下裁片需要合并，小省可以作为缝合吃量。刀背缝在衣摆处有交叠。

（2）西服领。腰线向上 2.5cm 处为领开深，画搭门量，按照经典平驳领绘制领型。在前、后肩线处量取 4cm，后中量取 6cm，画后贴边点划线；前片距离前中 5cm，画过面点划线。

（3）衣摆。此款式衣摆为圆角，搭门量线向下延长 2cm，画 10cm 水平线，直角角分线取 3cm，画衣摆圆角，后与侧缝相连。

（4）口袋。距离腰线 2cm，前中 6cm 开始画口袋宽 13cm，单嵌线 0.5cm，口袋盖宽 5cm，左下角向左偏移 0.5cm，右下角抹成圆角。

（5）袖子。量取袖窿曲线长度，袖山高取$\frac{AH}{3}$，重新绘制袖片原型，在此基础上绘制经典两片袖，在后袖底缝 8cm 处加出 2cm 作为袖开衩。

2. **多片分割结构西服**

多片分割结构西服为立领多分割线的结构，前、后片为公主线与侧偏的刀背缝结合，腰间有宽腰带式分割，衣摆略呈 A 型。其样板采用合体基本型，后片公主线加入肩胛省，在分割线处加摆量塑造 A 型衣摆。多片分割结构西服成品规格见表 9–2，具体绘制方法如下（图 9–4）。

表 9–2　多片分割结构西服成品规格表　　单位：cm

号型	部位名称	后中长	胸围	臀围	腰围	肩宽	袖长	袖口
160/84A	净尺寸	60	84	90	68	38	56	—
	加放尺寸	0	10	大于 9	6	–1	0	—
	损耗	—	4	—	—	—	—	—
	成品尺寸	60	90	大于 99	74	37	56	24

（1）衣身样板。

①衣身轮廓。采用合体上衣基本型，臀围松量为 9cm，后中线取衣长 60cm。按比例公式重新绘制结构线，袖窿深线为 22cm，前胸围为 24cm，后胸围为 23cm，背宽为 17.9cm，胸宽为 16.5cm，1/2 肩宽为 18.5cm，重新绘制袖窿曲线。领开宽 1cm，前颈点开深 1cm，重新绘制领口线。前中线加 2cm 搭门量。在后肩线上取中点，之后加 1cm 肩胛省量，省尖点与原型位置相似，绘制肩胛省，在后肩点补出 1cm，修顺后袖窿曲线。搭门量向下延长 2cm，画 12cm 水平线后与侧缝画顺。

②公主线与刀背缝。后腰线成品腰围为 18cm，剩余为省量。后中腰线分配 1cm；公主

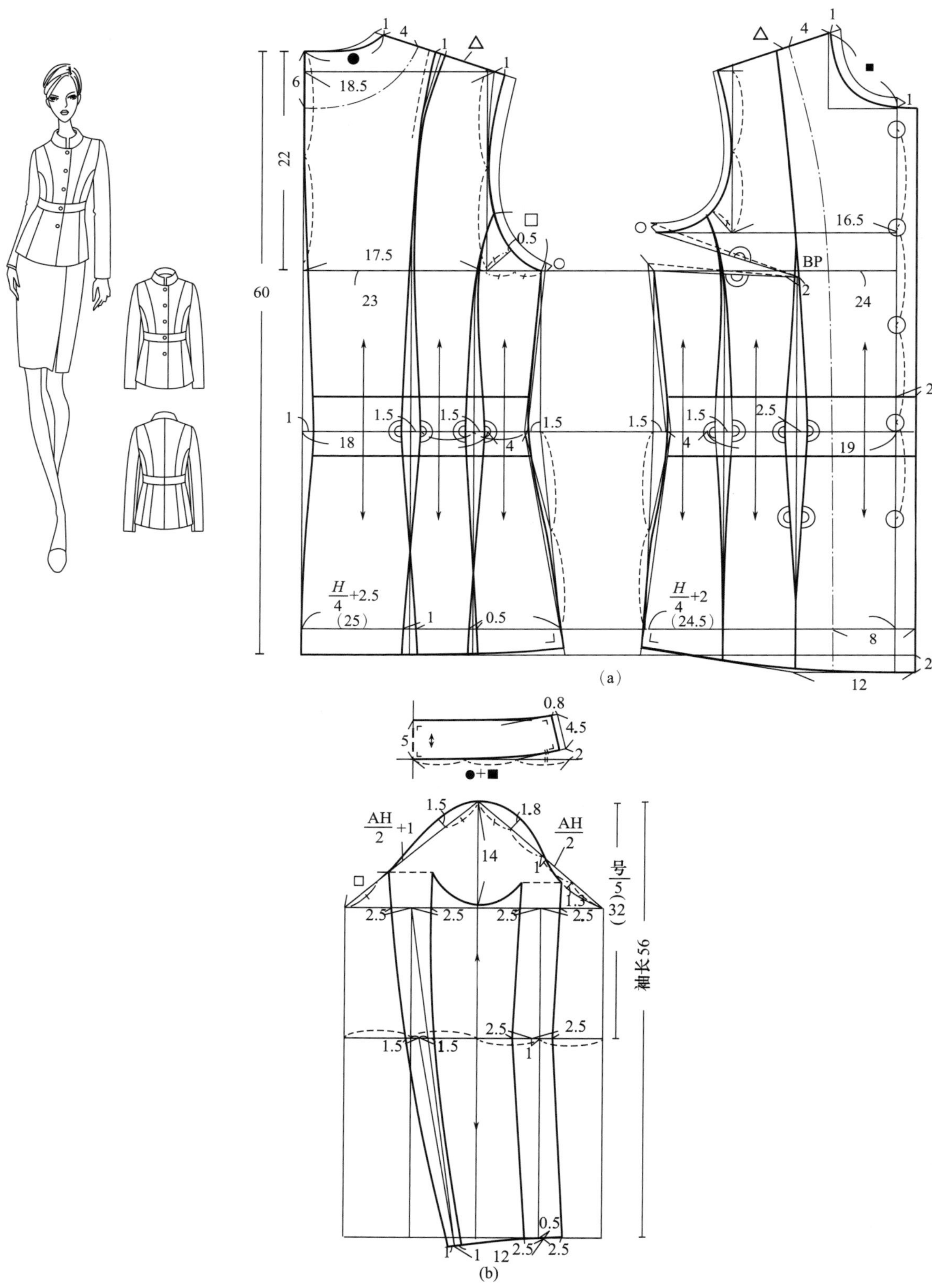
60
22
6
18.5
17.5
23
18
1
1.5
4
0.5
BP
16.5
24
19
2.5
2
8
12
(a)
0.8
4.5
5
●+■
AH/2 +1
AH/2
14
1.8
1.3
号/5 (32)
袖长56
2.5
0.5
12
(b)

图 9-4 多片分割西服

线距离后腰点 9cm，分配 2cm 省量，与肩胛省画顺；刀背缝设置在剩余腰线中点，分配 1cm 省量。在臀围线处分割线都交叠 1cm。前腰线成品腰围为 19cm，剩余量为省量，公主线设置从肩线中点开始经过 BP 点的位置，分配 2cm 省量，由于腰节之下无断缝，因此，之下部分直至下摆连接为直线，并需要合并；在左侧腰线中点设置刀背缝，分配 2cm 省量，在臀围线处分割线都交叠 1cm。

③宽腰带。腰线之上取 3.5cm，之下取 2.5cm，所有分割线合并，不能完全合并的省量忽略不计。

④过面与扣位。肩线取 4cm，后中线处取 6cm，画贴边点划线；前中线处取 6cm，画过面点划线。与领上口线距离 2cm 为第一粒扣位，后每隔 10cm 一个扣位，共 5 粒扣。

（2）领子。量取前、后领口线长度●＋■，上翘 2cm，领座高 5cm，前中 4.5cm，领长缩进 0.8cm。

（3）袖子。量取袖窿曲线长度，袖山高取$\frac{AH}{3}$，重新绘制袖片原型，在此基础上绘制两片袖，袖后片 a、b、c 的取值分别为 2.5cm、1.5cm、1cm，使后袖片袖底缝上端点至底点的距离“□”，等于刀背缝端点至袖窿底点的距离。

3. **荷叶衣摆式西服**

荷叶衣摆式西服为无领八片式变体西服，领型为较低的连身立领，前领口呈 U 型领开深，一粒扣，分割线皆指向领口。有腰节线，腰节线之上为八片式结构，之下为双层荷叶边式下摆，前片荷叶边至分割线处。其板型与八片式结构相似，只是在腰节之下需要合并省量，并切展。荷叶衣摆式西服成品规格见表 9–3，具体绘制方法如下（图 9–5）。

表 9–3 荷叶衣摆式西服成品规格表　　单位：cm

号型	部位名称	后中长	胸围	臀围	腰围	肩宽	袖长	袖口
160/84A	净尺寸	56	84	90	68	38	56	—
	加放尺寸	0	8	9	6	–1	0	—
	损耗	—	4	—	—	—	—	—
	成品尺寸	56	88	99	74	37	56	24

（1）衣身样板。

①衣身轮廓。采用合体上衣基本型，后中线取衣长 56cm。按八片式西服比例重新绘制结构线。

②领子。领型为连身立领，后颈点向上延伸 2cm，颈肩点竖直向上 1.5cm，内收 0.5cm，重新画领口线与肩线，领口线中点收 0.8cm 领省，下省长 7cm。前颈点缩进 2.5cm，侧颈点竖直向上 1.5cm，内收 0.5cm，画前外领口线。领开深在腰线之上 2cm，画内凹的弧线。搭门量为 2cm，并延长 2cm，水平画线 10cm，与侧缝连顺。

③分割线。从前、后领口线的中点开始画分割线，前片距 BP 点 2cm，至衣摆距前中 9cm。后片在腰线的中点。后腰线成品腰围为 18cm，剩余为省量，后中腰线分配 1cm，剩余

设置在分割线中。前腰线成品腰围为19cm，剩余量为省量。后片腰围线为分割线，前片腰线至竖向分割线为止。

④衣摆。后片腰线之下的分割线指向臀围线，交叠6cm，后中加3cm摆量，侧缝加2cm摆量；前片分割线左端加2cm摆量。分解裁片时将下摆分割线合并为一个裁片，上面一层短4cm。

（2）袖子。量取袖窿曲线长度，袖山高取$\frac{AH}{3}$，重新绘制袖片原型，在此基础上绘制两片袖，袖后片 *a*、*b*、*c* 的取值都为2.5cm。在袖山顶部进行局部切展，切展线长2cm，在袖山顶点两侧各5cm内设置5根切展线，每个切展量为0.5cm。

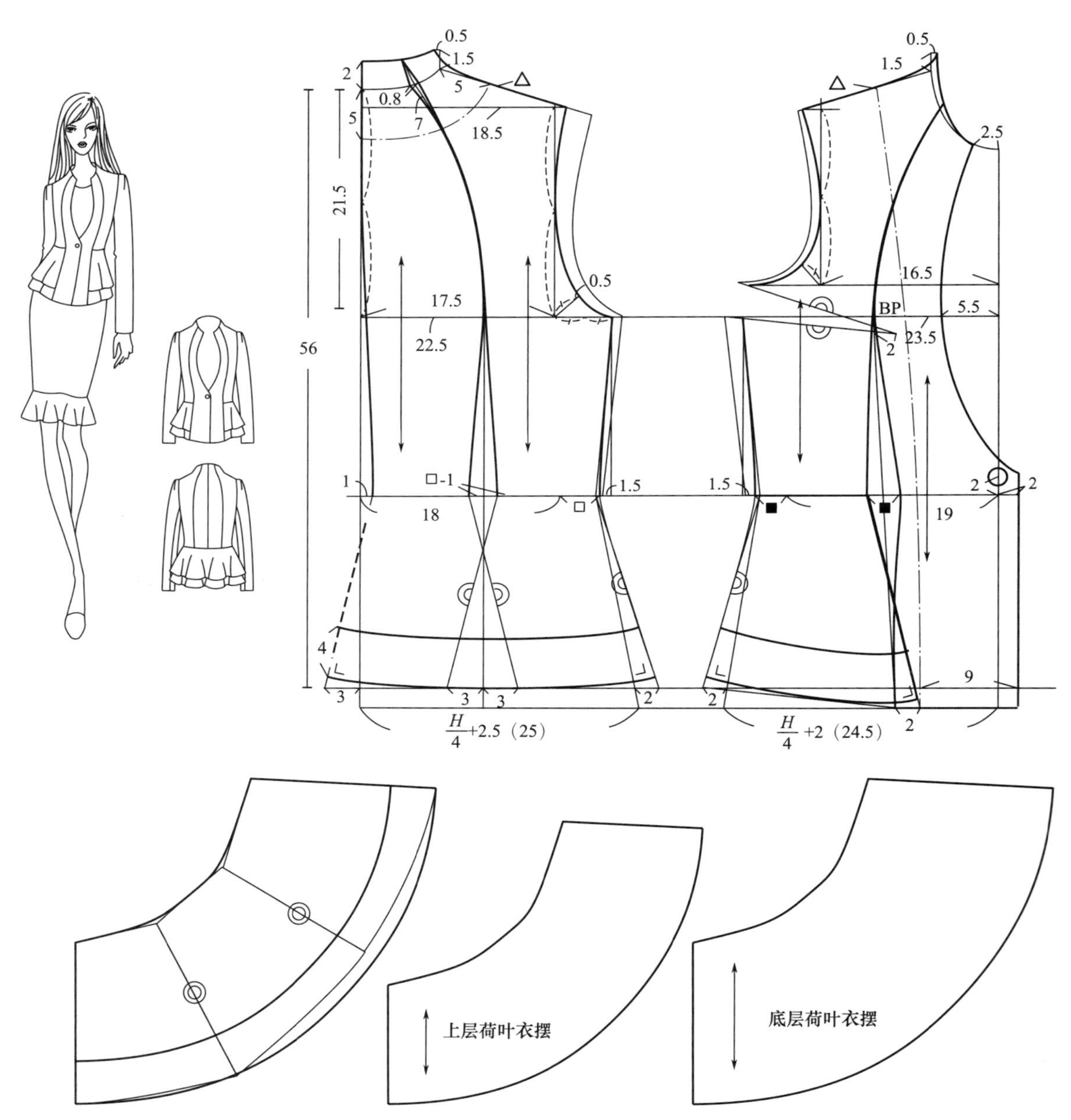

(a)

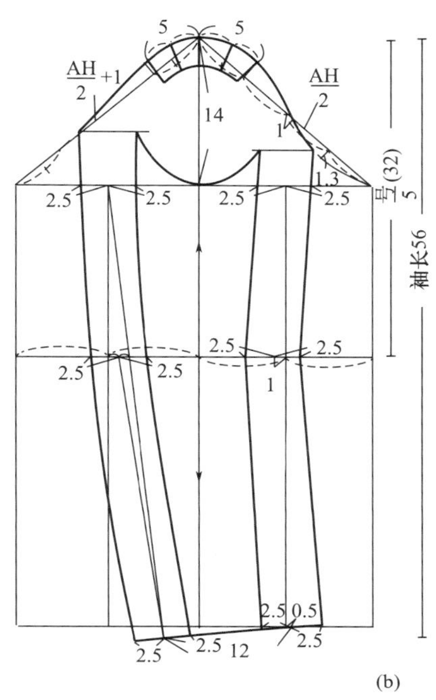

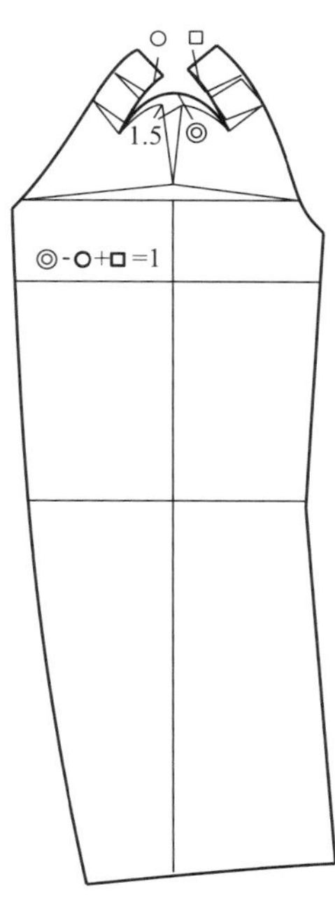

(b)

图 9–5　荷叶衣摆西服

二、半合体西服

1. 六片式西服

该款六片式西服是无领刀背缝结构，但刀背缝位置都偏向侧缝，前片有口袋，口袋之上有省。其样板可以采用半合体基本型，对于西服的半合体、宽松结构需要加上撇胸设计。前、后衣片的腋下裁片最后需要合并，这就意味着该款式在侧缝不收腰。前片的省只出现在口袋之上，而下面无省，因此需要进行特殊处理。六片式半合体西服成品规格见表 9–4，具体绘制方法如下（图 9–6）。

表 9–4　六片式半合体西服成品规格表　　单位：cm

号型	部位名称	后中长	胸围	臀围	腰围	肩宽	袖长	袖口
160/84A	净尺寸	60	84	90	68	38	58	—
	加放尺寸	0	14	9	14	0	0	—
	损耗	—	4	—	—	—	—	—
	成品尺寸	60	94	99	82	38	58	26

（1）衣身样板。

①撇胸设计。撇胸设计只用于半合体、宽松结构，是由于胸围尺寸大而使胸部至前颈间余量多，因此在前中去除一部分余量，使前领口贴服，也在一定程度上凸显胸部的立体造型，撇胸量一般为 1 ~ 1.5cm。撇胸设计在基本型绘制前、后片腰线对位时加入。前、后片

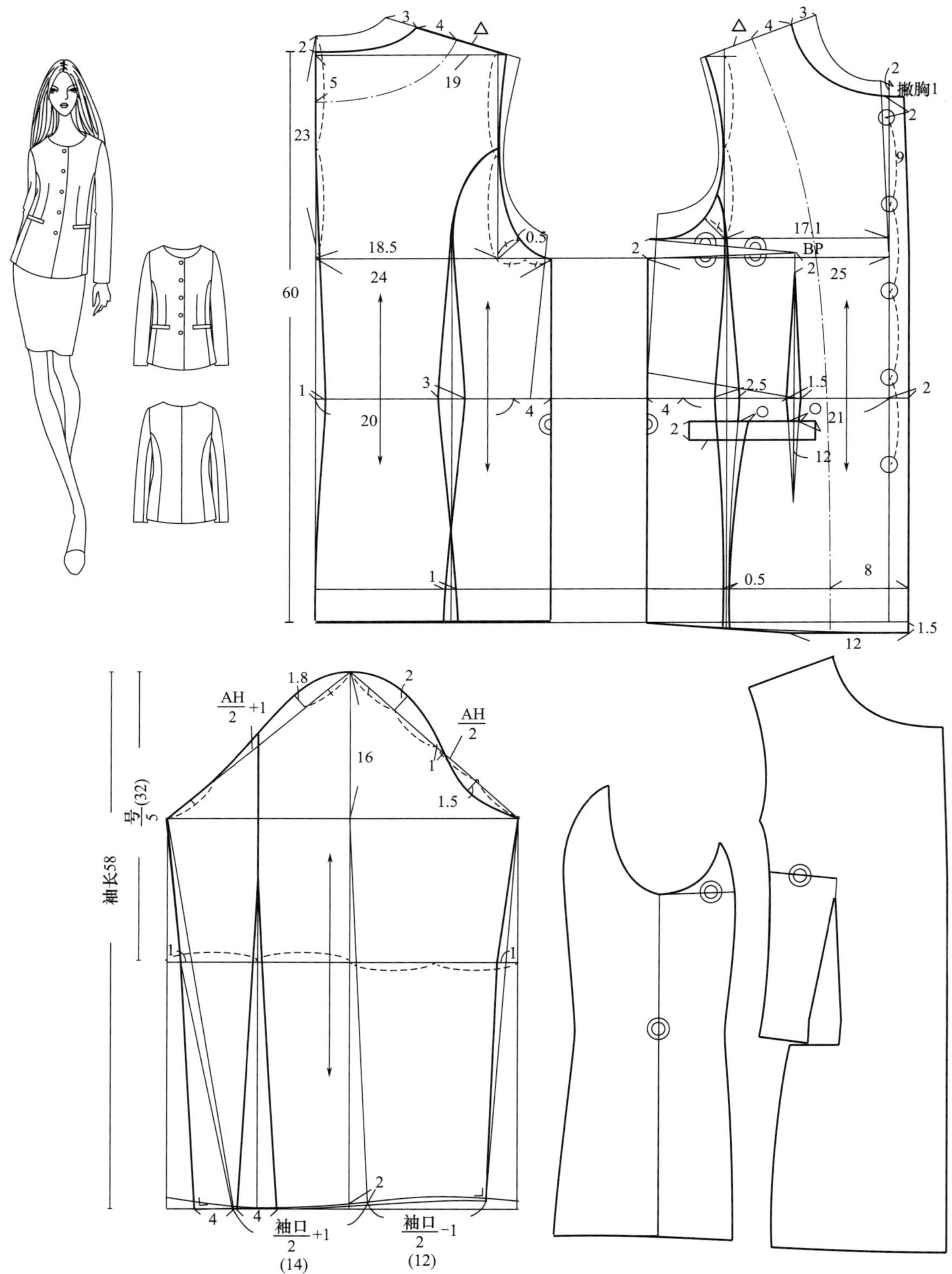
3
4
2
5
19
23
18.5
0.5
24
60
3
1
4
20
1
2
17.1
BP
2
25
撇胸1
9
2.5
1.5
21
12
0.5
8
1.5
12
1.8
AH/2 +1
2
AH/2
16
1
1.5
号/5 (32)
袖长58
袖口/2 +1
(14)
袖口/2 -1
(12)

图 9-6 六片式西服

腰线放置在同一水平线上，先复制前中线的 BP 点水平位置之下部分，再按住这个点将前片向后倾倒，使前中倾斜 1cm，然后复制倾斜后的衣身裁片至腰线。

②衣身轮廓。以半合体上衣基本型绘制，前片腋下省取 2cm，后中线取衣长 60cm。按比例公式重新绘制结构线，袖窿深线为 23cm，前胸围为 25cm，后胸围为 24cm，背宽为 18.5cm，胸宽为 17.1cm，$\frac{肩宽}{2}$为 19cm，重新绘制袖窿曲线。领开宽 3cm，后颈点开深 2cm，前颈点开深 2cm，重新绘制领口线。此款式的臀围不需要先设定松量，从胸围端点向下划竖直线与衣摆线相交，限定臀围端点。前中线加 2cm 搭门量。

③刀背缝。后腰线成品腰围为 20cm，剩余为省量，后中腰线分配 1cm 省量，剩余设置在刀背缝中，刀背缝的位置距离侧缝 10cm 处。量取现有臀围尺寸，与臀围应该有最小围度对比，小 1cm，在刀背缝的臀围处加 1cm 量，连顺刀背缝。前腰线成品腰围为 21cm，剩余量为省量，刀背缝设置在距离 BP 点 7cm 的位置，分配 2.5cm 省量。现有臀围尺寸比成品臀围尺寸多 0.5cm，因此，在刀背缝臀围线处去除 0.5cm。

④省与口袋。在 BP 点之下设计省，省量为 1cm，腰线以下省长为 11cm。口袋位置在腰线之下 2.5cm，多出省道边 1.5cm 开始绘制口袋宽 13cm，口袋边宽 2cm。口袋之下没有省，但口袋嵌线后，上下长度要一致，因此，设定省在嵌线之上位置为“○”，将嵌线之下的“○”从刀背缝中去除，重新连接分割线。腋下省被分割，腋下裁片需要合并，剩余省转移至腰省。

⑤衣摆。搭门量线向下延长 1.5cm，画 12cm 水平线，如果前、后片侧缝是紧贴着的，则直接与后片刀背缝相连，如果不是则在侧缝预留 0.5cm 余量，12cm 点与侧缝点相连，再与刀背缝相连。

⑥过面与扣位。肩线取 4cm，后中取 5cm，画贴边点划线；距前中线 6cm 取点，过该点画过面点划线。与上口线距离 2 cm 为第一粒扣位，后每隔 9cm 一个扣位，共 5 粒扣。

（2）袖子。量取袖窿曲线长度，袖山高取$\frac{AH}{3}$，重新绘制袖片原型，在此基础上绘制经典合体一片袖，画出 4cm 袖口省，分割线过肘点，将袖口省省道边修顺。

2. 明贴袋西服

明贴袋西服以运动套装上衣为基础设计，前片刀背缝与省结合，后片侧偏刀背缝，有三个明贴袋。袖子为一片袖，有袖口省，西服领，领开深提高，为三粒扣款式。其样板与上衣款式有着相似之处。明贴袋西服成品规格见表 9–5，具体绘制方法如下（图 9–7）。

表 9–5　明贴袋西服成品规格　　单位：cm

号型	部位名称	后中长	胸围	臀围	腰围	肩宽	袖长	袖口
160/84A	净尺寸	63	84	90	68	38	58	—
	加放尺寸	0	12	9	12	0	0	—
	损耗	—	4	—	—	—	—	—
	成品尺寸	63	92	99	78	38	58	24

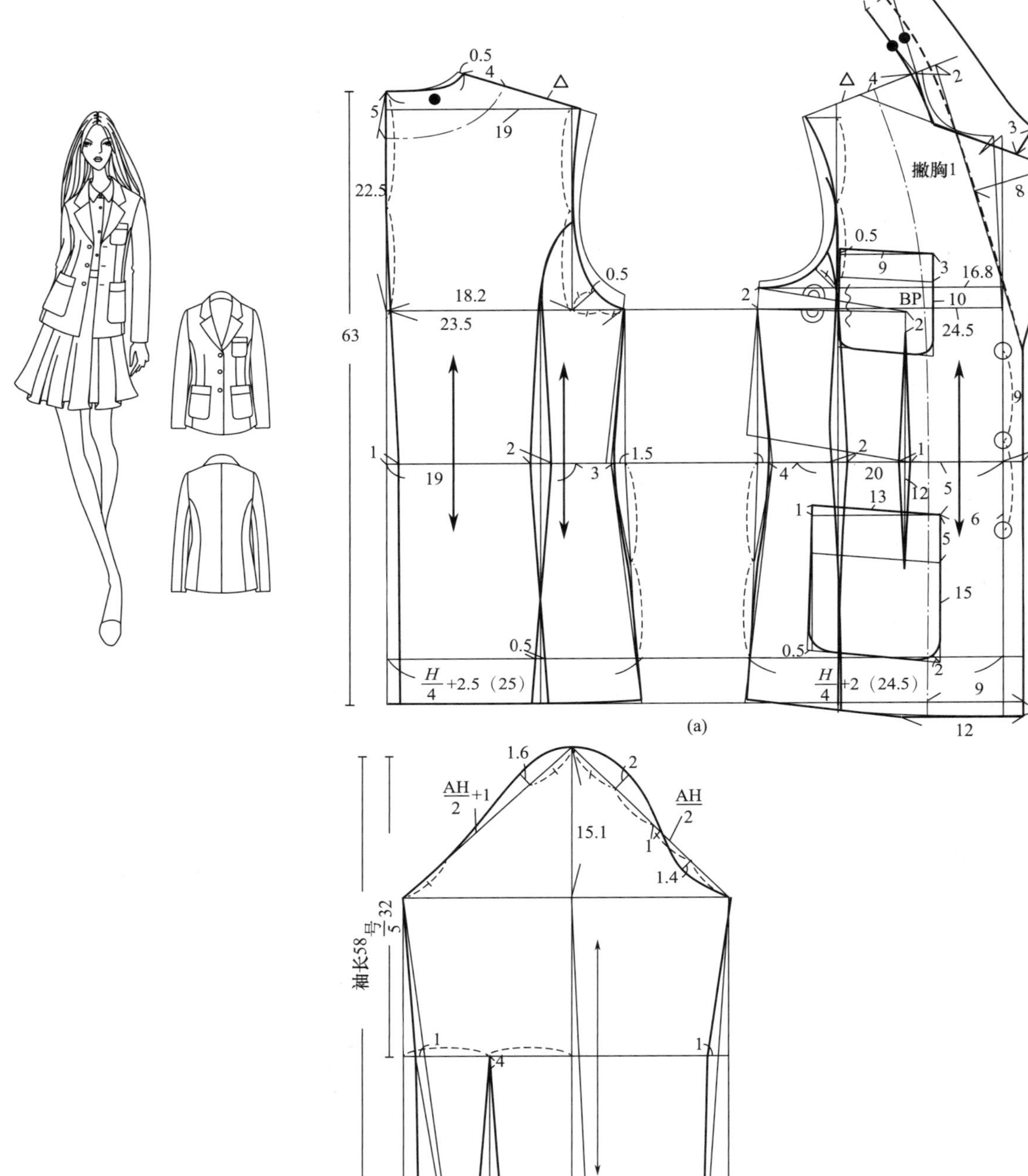
0.5
4
5
19
22.5
18.2
23.5
63
0.5
1
19
2
3
1.5
0.5
$\frac{H}{4}$+2.5（25）
2.5
3.5
4
2
3
3.5
撇胸1
8
0.5
9
3
16.8
BP
10
24.5
2
9
2
4
20
12
5
13
1
6
5
15
0.5
$\frac{H}{4}$+2（24.5）
9
1.5
12
(a)
1.6
2
$\frac{AH}{2}$+1
$\frac{AH}{2}$
15.1
1
1.4
袖长58 $\frac{号}{5}$ 32
1
4
1
2
4
4
$\frac{袖口}{2}$+1
(13)
$\frac{袖口}{2}$-1
(11)
(b)

图 9-7　明贴袋西服

（1）衣身样板。

①衣身轮廓。以半合体上衣基本型绘制，前中撇胸 1cm，腋下省取 2cm，后中线取衣长 63cm。按比例公式重新绘制结构线，袖窿深线为 22.5cm，前胸围为 24.5cm，后胸围为 23.5cm，背宽为 18.2cm，胸宽为 16.8cm，1/2 肩宽为 19cm，重新绘制袖窿曲线。领开宽 0.5cm，重新绘制领口线。前中线加 2cm 搭门量。

②刀背缝。后腰线成品腰围为 19cm，剩余为省量，后中腰线分配 1cm，并竖直向下画后中线，刀背缝的位置距离侧缝 7cm 处，分配 2cm 省量。由于后中线收省，在臀围缺失的量补在刀背缝中，加 0.5cm 交叠量，连顺后片刀背缝。前腰线成品腰围为 20cm，剩余量为省量，刀背缝设置在距离 BP 点 7cm 的位置，分配 2cm 省量。BP 点之下设置省，省量为 1cm，上省尖点距离 BP 点 2cm，腰围线以下 12cm。

（2）西服领。腰线向上 12cm 处为领开深，画 2cm 搭门量，按照经典平驳领绘制领型，倒伏量为 3.5cm。在前、后肩线处量取 4cm，后中线处量取 5cm，画后贴边点划线；前片距离前中线 7cm，画过面点划线。衣摆向下延长 1.5cm，水平画线 12cm，然后与侧缝连接。

（3）明贴袋。胸口明贴袋是在距胸围线 4cm，距前中线 7.5cm 处画口袋宽 9cm，左端上抬 0.5cm，口袋长 10cm，下角抹成圆角。大明贴袋是距离腰线 5cm，距离前中 6cm 处画口袋宽 13cm，左端上抬 1cm，口袋长 15cm，下角抹成圆角。

（4）袖子。量取袖窿曲线长度，袖山高取 $\frac{AH}{3}$，重新绘制袖片原型，在此基础上绘制经典合体一片袖，不画肘省，在肘点处向袖口作垂线，省量为 4cm，在后袖底缝处补出 4cm，省尖点下移 4cm。

三、西服背心

1. 无领西服背心

西服背心是西服的内搭服装，通常无领无袖，四粒扣，后片有省，前片为省或是刀背缝结构。其样板与西服类似，但胸围松量较之要小，基本型的臀围松量为 8cm。无领西服背心成品规格见表 9-6，具体绘制方法如下（图 9-8）。

表 9-6　无领西服背心成品规格表　　单位：cm

号型	部位名称	后中长	胸围	臀围	腰围
160/84A	净尺寸	48	84	90	68
	加放尺寸	0	4	8	6
	损耗	—	2	—	—
	成品尺寸	48	86	98	74

（1）衣身样板。

①衣身轮廓。以半合体上衣基本型绘制，腋下省取 2cm，后中线取衣长 48cm。按比例

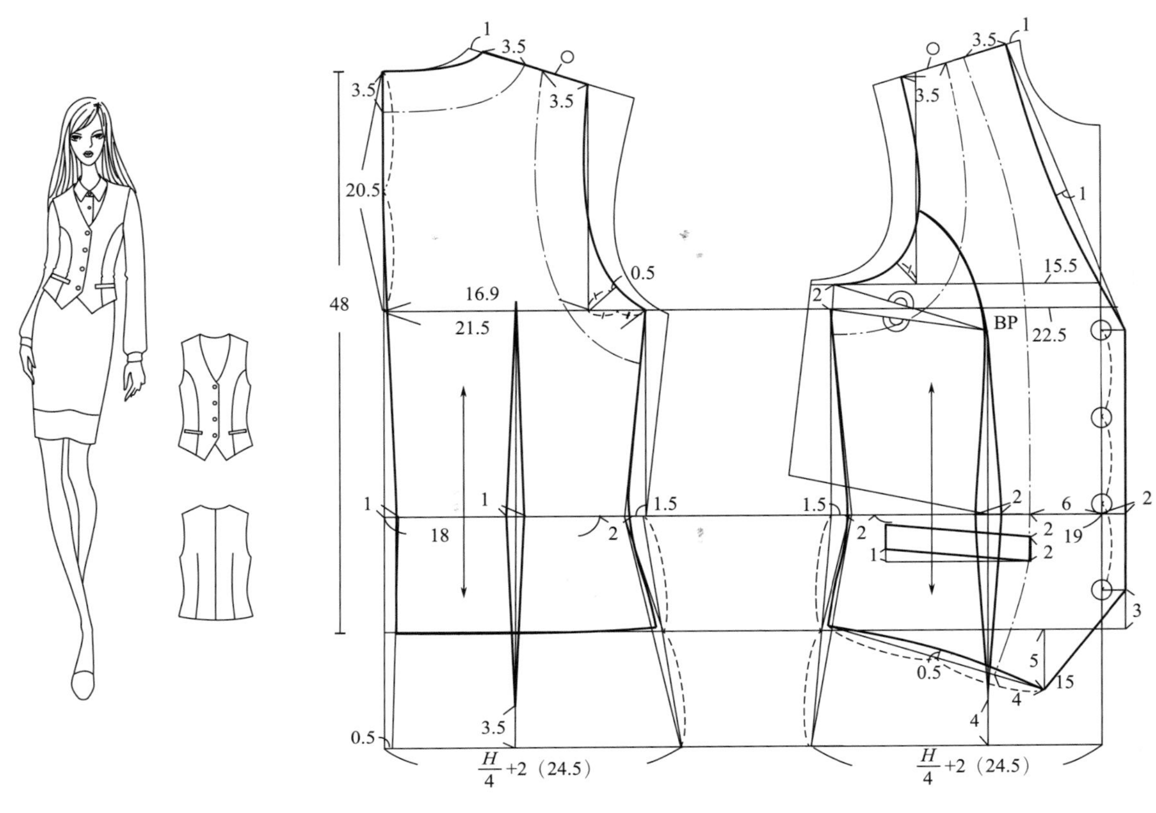

图 9–8 无领西服背心

公式重新绘制结构线，袖窿深线为 20.5cm，前胸围为 22.5cm，后胸围为 21.5cm，背宽为 16.9cm，胸宽为 15.5cm。领开宽 1cm，肩线长取 9cm，在袖窿曲线下端两个直角作平分线，取连接点，与前后肩线端点相连为袖窿曲线。前领开深至 BP 点水平线位置，前领口凹进 1cm 画弧线，前中线加 2cm 搭门量。前片衣摆画成尖角，长度比后中线长 5cm，距离前中线 5cm。

②刀背缝与省。后腰线成品腰围为 18cm，剩余为省量，后中腰线分配 1cm，后中臀围线向右取 0.5cm，画后中缝线。省的位置取后腰围线中点，分配 1cm 省量，省长与基本型一致。前腰线成品腰围为 19cm，剩余量为省量，刀背缝设置经过 BP 点，合并腋下省。

（2）过面与扣位。在肩线取 3.5cm，后中线取 3.5cm，画后贴边点划线；距前中 6cm、距衣摆 4cm 画过面点划线。将第一粒扣位与最后一粒扣位间的距离三等分，等分点为扣位。

（3）口袋。口袋前端距离腰围线 2cm，距前中线 6cm，口袋宽 12cm，左上角上抬 1cm，口袋边宽 2cm。

2. **青果领西服背心**

青果领西服背心为青果领款式，前、后片有省，双排扣款式。可以用弧线翻折线翻领结构画青果领。采用半合体基本型。青果领西服背心成品规格见表 9–7，具体绘制方法如下（图 9–9）。

表 9–7　青果领西服背心成品规格表　　单位：cm

号型	部位名称	后中长	胸围	臀围	腰围
160/84A	净尺寸	60	84	90	68
	加放尺寸	0	6	8	8
	损耗	—	2	—	—
	成品尺寸	60	88	98	76

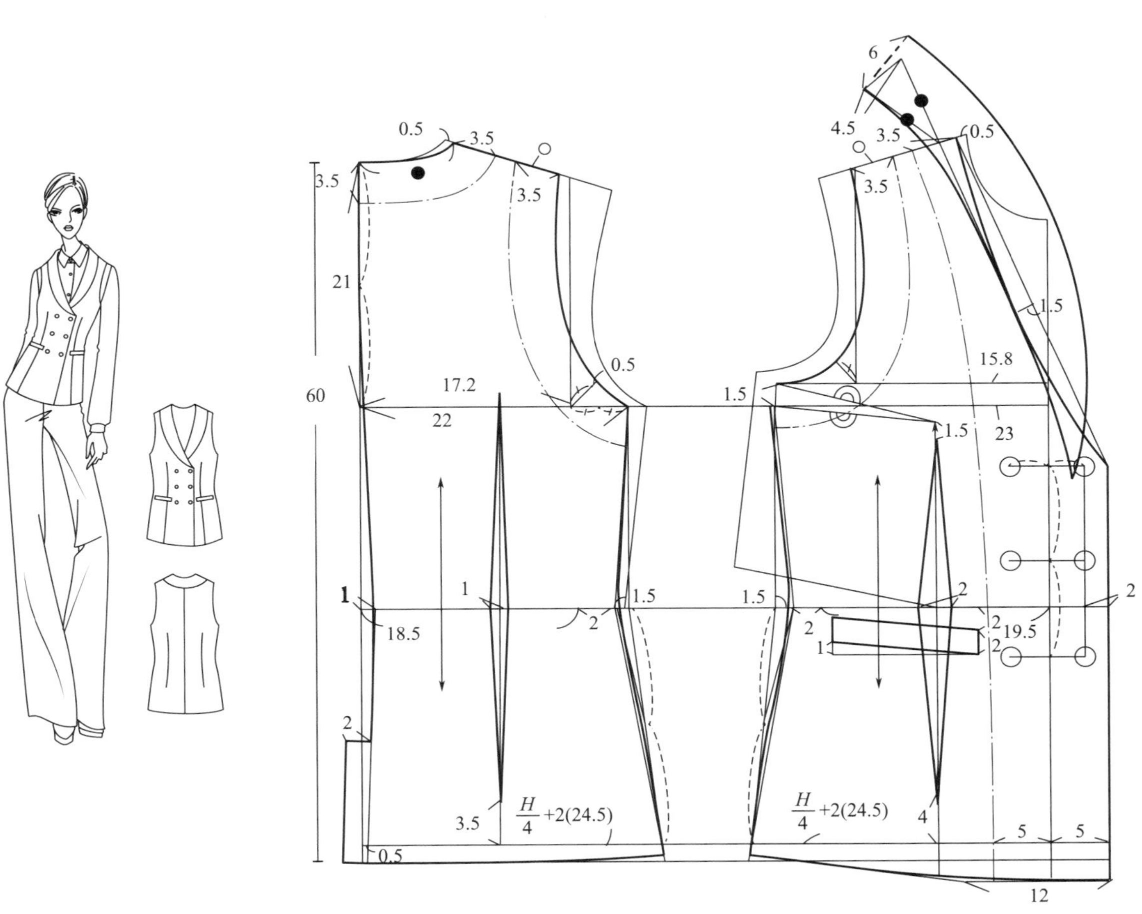

图 9–9　青果领西服背心

（1）衣身样板。

①衣身轮廓。以半合体上衣基本型绘制，腋下省取 1.5cm，后中线取衣长 60cm。按比例公式重新绘制结构线，袖窿深线为 21cm，前胸围为 23cm，后胸围为 22cm，背宽为 17.2cm，胸宽为 15.8cm。领开宽 0.5cm，肩线长取 9cm，在袖窿曲线下端两个直角作平分线，取连接点，与前、后肩线端点相连为袖窿曲线。前领开深位腰线之上 12cm，前中线加双排扣量 5cm，搭门量 2cm，并向下延长 1.5cm，作 12cm 水平线，后与侧缝相连。

②省。后腰线成品腰围为 18.5cm，剩余为省量，后中腰线分配 1cm，后中线臀围线向右取 0.5cm，画后中缝线，并将后中缝线在距底摆 10cm 处加 2cm 量作为开衩。省的位置取腰线中点分配 1cm 省量，省长与基本型一致。前腰线成品腰围为 19.5cm，剩余量为省量，省设置经过 BP 点。从省中心线底端剪切至 BP 点，合并腋下省转移至腰省，省尖点设置距离 BP 点 1.5cm。

（2）领子。按照弧线翻折线作翻领结构青果领，倒伏量为 4.5cm。

（3）过面与扣位。在肩线取 3.5cm，后中线取 3.5cm，画后贴边点划线；距前中 5cm 画过面点划线。从双排扣右端第一粒扣位画水平线，在对称距离的左端画扣位，以此方法每隔 8cm 画扣位，一共三排扣位。

（4）口袋。口袋距离腰线 2cm，距前中 6cm 开始画口袋宽 12cm，双嵌线口袋，嵌线宽度为 2cm，左边缘上抬 1cm。

成衣结构设计——

女外套结构设计

课题名称：女外套结构设计

课题内容：女外套概述

女外套结构设计与应用

课题时间：8学时

教学目的：运用上衣基本型合理设计各类外套款式并绘制样板

教学方法：讲授

教学要求：1. 设计各类外套结构

2. 熟练掌握合体、半合体、宽松型外套的样板绘制方法

课前（后）准备：设计不同衬衣并绘制样板

第十章　女外套结构设计

第一节　女外套概述

外套是在最外层穿着的衣服总称，大致包括大衣、风衣、夹克，款式设计丰富，造型结构多样，与各种材质搭配形成多种风格，一般适用于春秋冬三季。

一、女外套的类型

1. 按女外套长度分类

按照外套长度分为短外套、中长外套、长外套。短外套的长度在臀围线上下，适用于春秋季节穿着的外套，如夹克。中长外套的长度在膝关节上下，适用于秋冬季节外套，如风衣、大衣。长外套的长度在膝关节与踝骨之间，适用于冬季穿着的外衣，如大衣。

2. 按外套廓型分类

按照外套廓型分为 X 型、H 型、A 型、茧型等。

（1）X 型外套。是典型的传统风格外套，收腰结构，腰部修身合体，衣摆稍有扩展或有褶，结构设计一般采用合体多裁片的分割结构，是比较女性化的造型，突出女性人体特征。

（2）H 型外套。又称为箱型外套，为半合体、宽松的直线造型，结构设计较为完整，分割结构与省的设计较少，比较中性化，适合更多体型的人穿着。

（3）A 型外套。是从上到下渐渐张开的廓型，结构多为宽松型，结构线少，以休闲、活泼的风格为主。

（4）茧型外套。是近年来比较流行的廓型，是从 O 型演化而来，衣身宽松，衣摆收口，显现出类似茧的外形，胸围松量较大，结构宽松、板型完整，整体大方、随意，体现休闲风格。适合各种体型人穿着，受到很多女性喜爱。

二、经典女外套结构

随着人们对时尚的追求，外套的款式不断变化，但经典的外套款式仍然被设计师们所热衷，从中提取经典结构再加入时尚元素形成新的设计，因此，了解经典外套款式和结构是学习外套结构设计的基础（图 10–1）。

1. 巴尔玛肯外套

巴尔玛肯（Balmacaan）外套是传统的风衣款型，演变自风雨衣。A 字造型，半合体结构，显得舒适随意，腰间系腰带，可以束紧宽大衣摆。配以插肩袖、翻驳领、双排扣，细节上，

(a) 巴尔玛肯外套　(b) 堑壕外套　(c) 达夫尔外套　(d) 披肩外套

图 10-1　经典外套

后中线处可以设计开衩或者无开衩，斜插袋，袖口有袖襻。

2. 堑壕外套

堑壕（Trench）外套起源于第二次世界大战联军在堑壕中穿用的具有防雨功能的军用外套，在女装中采用显现出男性风格。其领子是典型的风衣领，又称为“拿破仑领”，是驳领与分体企领的结合。也为半合体结构，装袖、双排扣、系腰带，并设有肩章和袖襻。其覆肩结构是独立的裁片，当系腰带后与衣身形成空隙，形成斗篷效果，雨水落在覆肩后会随着后片尖角滴落，体现了良好的防雨功能。如今人们下雨时不会穿着风衣去淋雨，因此，覆肩结构则成为一种装饰，甚至其外形演变为分割结构。

3. 达夫尔外套

达夫尔（Duffel）外套源于北欧渔夫服，第二次世界大战中英国海军曾将其作为军服，是一种宽松、保暖的外套。其结构外观赋予装饰性，圆角的覆肩结构，大明贴袋、袖襻，大量的缉明线。连帽设计体现一定实用功能，绳结扣是达夫尔外套的特点，别具一格，受到年轻人的喜爱。

4. 披肩外套

披肩（Cape）外套是以披肩为雏形，加入分割结构，使外衣能够完全遮盖肩部与手臂，手臂也可以伸出，钟型造型，采用单排扣或暗门襟，宽松、随意。现今，人们对披肩外套的热情不减，也演变出各种款式，双排扣、连帽设计等。

三、女外套样板设计基础

女外套的样板设计根据款式选择合体、半合体，或是宽松结构，依然采用女上衣基本型来绘制，臀围最小松量为 12cm，前、后臀围则为$\frac{H'}{4}+3$cm。

成品女外套设置的省、结构分割线缝合后对围度同样存在损耗量，无省缝设计则无损耗。由于外套适用春、秋、冬三季，其围度松量变化较大。对于轻薄类外套，围度取值与西服一致，适合春季和初秋季节穿着；厚重类外套适合秋冬季节穿着，围度取值较大，以下介绍厚重类外套的主要部位常用松量参考数值。

胸围：松量 =（10 ~ 14）cm，B'=（94 ~ 98）cm，损耗后成品胸围（B''）=（90 ~ 96）cm，适合合体型；❶

松量 =（14 ~ 20）cm，B'=（98 ~ 104）cm，损耗后成品胸围（B''）=（96 ~ 102）cm，适合半合体型；

松量 ≥ 20cm，$B' \geqslant$ 104cm，适合宽松型，一般不设置省或结构分割线，因此没有损耗。

腰围：W' = 成品胸围（B''）-（14 ~ 16）cm，适合于合体型；

W' = 成品胸围（B''）-12cm，适合于半合体型。

臀围：即 H，最小松量为 12cm。

肩宽：合体型、半合体型：（38 ~ 40）cm；

宽松型：（40 ~ 42）cm。

第二节　女外套结构设计与应用

一、女夹克设计

夹克是英文“Jacket”的音译，一般有前门襟、袖子，衣长在臀围线上下。夹克设计以半合体、宽松款式为主，适合休闲场合穿着，也可以用于工作服。也有合体的夹克，现在一些女皮夹克的板型就很合体。

1. 牛仔夹克

经典的牛仔夹克前、后片都有育克结构，前片有两个竖向分割线，胸前有口袋，带有口袋盖，衣片有分割线。门襟有贴边，衣摆有收口宽边，连裁企领，有明线装饰。其板型可采用半合体结构，胸围松量较大，腰围收省小，袖片采用合体一片袖分割形式。牛仔夹克成品规格见表 10-1，具体绘制方法如下（图 10-2）。

---

❶ B表示净胸围尺寸，B' 表示加放量后胸围尺寸，B'' 表示B'减去损耗量后的成品胸围尺寸。
W表示净腰围尺寸，W' 表示加放量后腰围尺寸。
H表示净臀围尺寸，H' 表示加放量后臀围尺寸。

表 10-1 牛仔夹克成品规格表 单位：cm

号型	部位名称	后中长	胸围	臀围	腰围	肩宽	袖长	袖口
160/84A	净尺寸	52	84	90	68	38	58	24
	加放尺寸	0	12	9	14	0	0	—
	损耗	—	4	—	—	—	—	—
	成品尺寸	52	92	99	82	38	58	24

（1）衣身样板。

①衣身轮廓。按半合体上衣基本型绘制，臀围松量 9cm，腋下省取 1.5cm，后中线取衣长 52cm。按比例公式重新绘制结构线，袖窿深为 22.5cm，前胸围为 24.5cm，后胸围为 23.5cm，背宽为 18.2cm，胸宽为 16.8cm，$\frac{肩宽}{2}$为 19cm，重新绘制袖窿曲线。领开宽 1cm，前颈点开深 2cm，重新绘制领口线。前中线处加 1.5cm 搭门量。

②分割线。后片育克位置在后中线向下 12cm 处，竖向分割线设置在腰线中点向左偏移 2cm 处。后片设置省量，后腰线成品腰围为 20cm，剩余为省量，分配在分割线中。前片育克设置在前中前颈点下 9cm，将腋下省转移至育克袖窿交点处，然后将省量分配至育克分割线中。分割线上端距离前中线 4cm，设置口袋宽度 9.5cm，口袋宽两边各收进 1cm，向腰线作分割线，前片设置省量，前腰线成品腰围为 21cm，剩余为省量，平分在分割线中。

③口袋。口袋为挖袋，衣片表面有口袋线迹和洗磨效果。口袋盖宽 3.5cm，尖角 1.5cm，尖角处有扣位。

④衣摆宽边。衣摆边宽 4cm，长为衣摆长度减去省量。在侧缝处设计箭形搭扣，宽 1.5cm，长 8cm，箭头为 1.5cm。

⑤门襟。从前颈点至衣摆底部，采用明贴边的方式，贴边宽度 3cm。

（2）袖子。量取袖窿曲线长度，袖山高取$\frac{AH}{3}$，重新绘制袖片原型，在此基础上绘制合体一片袖，转化袖口省，袖长去除“袖头宽 -1cm”（3cm），过袖口省作分割线，在距落山线 5cm 处重新定省尖点，修顺分割线。袖头宽为 4cm，长为袖口线减去省量，设置 1.5cm 搭门量。

（3）领子。纵坐标上取下弯值 3cm，并作后领口长度，再作前领口长度与横坐标相交，画顺领底曲线。在纵坐标下弯 3cm 以上量取领座高 2.5cm，领面宽 4cm，作外领口线，前领角比例为 6.5 ∶ 3。

2. **多片分割结构夹克**

多片分割结构夹克为合体夹克，前、后衣身有公主线和刀背缝结合的分割结构，拉链门襟、立领、拉链式插口袋，衣摆有宽边。合体袖型，袖口拉链装饰。多片分割结构夹克成品规格见表 10-2，具体绘制方法如下（图 10-3）。

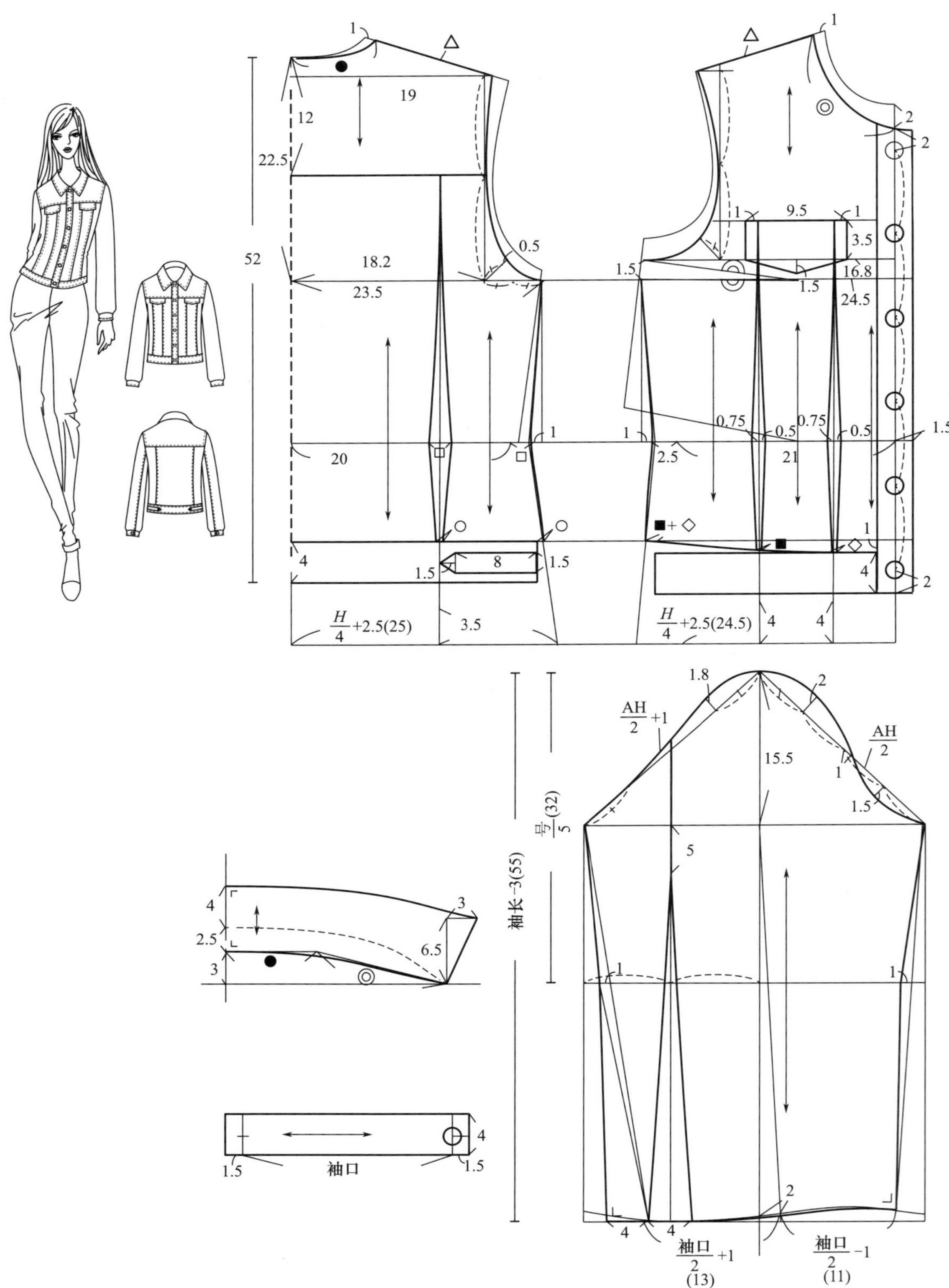

19
12
22.5
52
18.2
23.5
0.5
20
1
8
1.5
4
$\frac{H}{4}$+2.5(25)
3.5
9.5
3.5
16.8
1.5
24.5
0.75
0.5
2.5
21
1.5
2
$\frac{H}{4}$+2.5(24.5)
1.8
$\frac{AH}{2}$+1
$\frac{AH}{2}$
15.5
$\frac{号}{5}$(32)
袖长-3(55)
5
6.5
2.5
3
袖口
$\frac{袖口}{2}$+1
(13)
$\frac{袖口}{2}$-1
(11)

图 10-2 牛仔夹克

表 10-2　多片分割结构夹克成品规格表　　单位：cm

号型	部位名称	后中长	胸围	臀围	腰围	肩宽	袖长	袖口
160/84A	净尺寸	56	84	90	68	38	58	24
	加放尺寸	0	10	9	10	-1	0	—
	损耗	—	4	—	—	—	—	—
	成品尺寸	56	90	99	78	37	58	24

（1）衣身样板。

①衣身轮廓。以合体上衣基本型绘制，臀围松量 9cm，后中线取衣长 56cm。按比例公式重新绘制结构线，袖窿深为 22cm，前胸围为 24cm，后胸围为 23cm，背宽为 17.9cm，胸宽为 16.5cm，$\frac{肩宽}{2}$为 18．5cm，重新绘制袖窿曲线。领开宽 0.5cm，前颈点开深 1cm，重新绘制领口线。前中线处为容纳拉链宽度缩进 0.5cm。

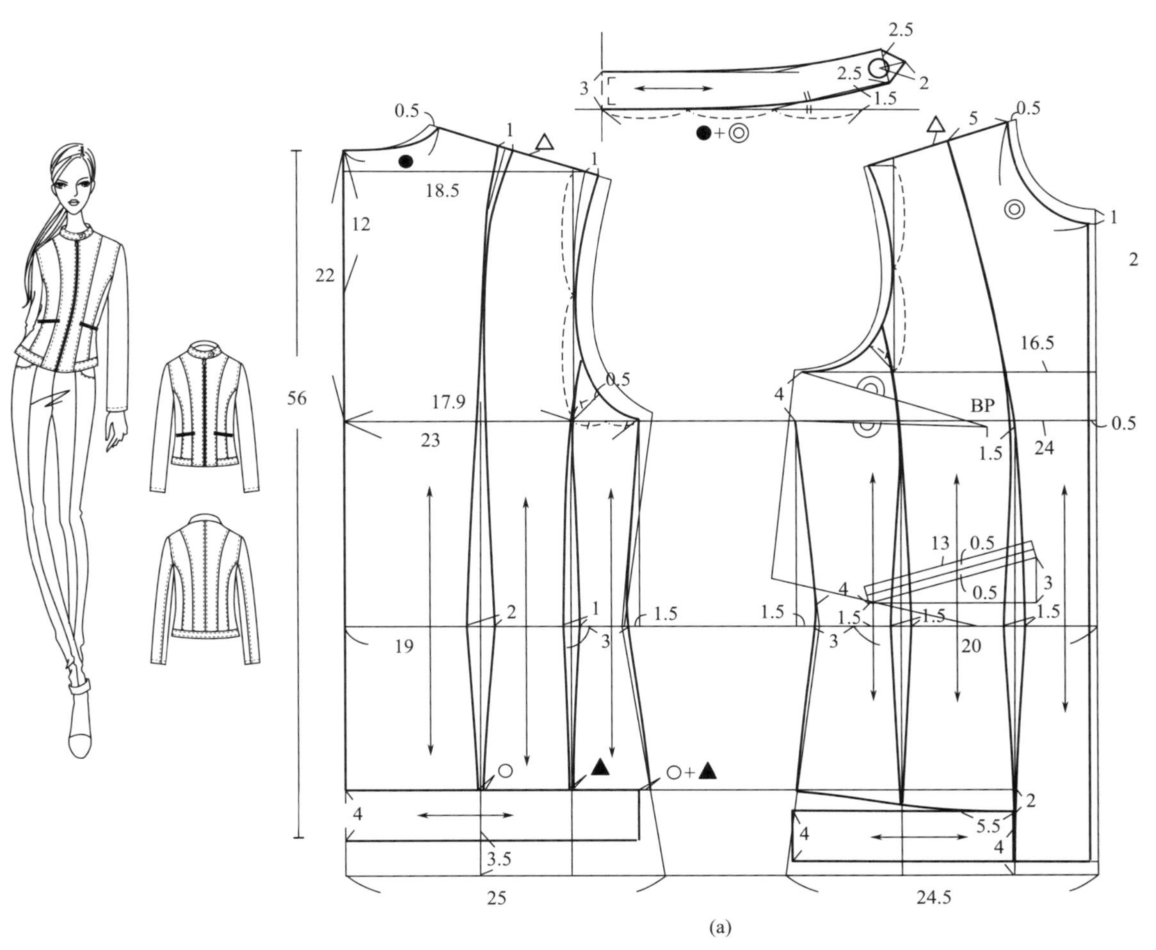

(a)

图 10-3

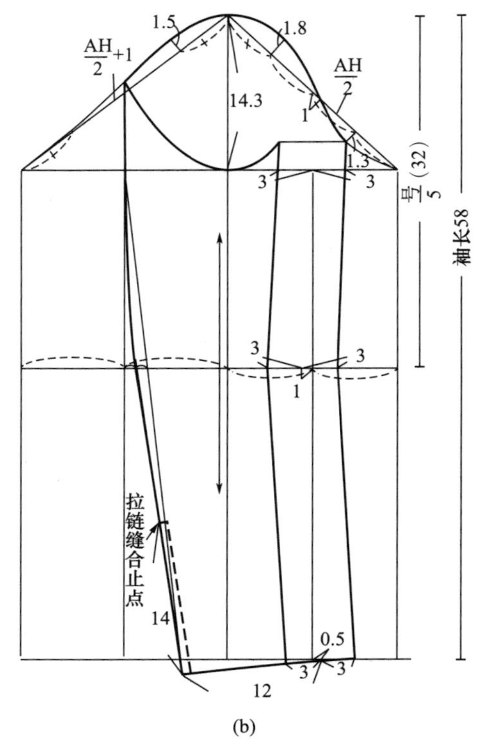

(b)

图 10–3　多片分割结构夹克

②分割线。后腰线成品腰围为 19cm，剩余为省量。后中连裁，公主线距离侧颈点 5cm，加 1cm 肩胛省，从肩点补出。距后腰点 11.5cm 定点画公主线，分配 2cm 省量，与肩胛省画顺；刀背缝设置在背宽线位置，分配 1cm 省量。前腰线成品腰围为 20cm，剩余量为省量，公主线设置距离侧颈点 5cm，之下偏移 BP 点 1.5cm，分配 1.5cm 省量，在左侧腰线中点设置刀背缝，分配 1.5cm 省量，省长与基本型一致。

③衣摆宽边。后片后中线底部向上量取宽边宽度 4cm，长度为衣身下缘长度减去分割线处余量“○ + ▲”。前片公主线处衣身长度向下加长 2cm，画 5.5cm 水平线，并与侧缝相交并连接为曲线。衣摆线下设置宽边，宽度 4cm，长度与衣身下摆相等。

④口袋。有拉链封口的口袋，距离侧缝 4cm，腰围线之上 1.5cm 画口袋宽 13cm 斜线，右侧高出 3cm，0.5cm 双嵌线。

（2）领子。立领上翘 1.5cm，宽 3cm，加 2.5cm 搭门量，一端加 2cm 箭头。

（3）袖子。量取袖窿曲线长度，袖山高取$\frac{AH}{3}$，重新绘制袖片原型，按照两片袖绘制袖片，后片 a、b、c 取值都为 0，从后片袖底缝底端向上量取 14cm 为拉链缝合点。

3. **宽松插肩袖夹克**

宽松插肩袖夹克是经典的棒球衫款式，简洁的衣身，斜插袋、插肩袖，袖口、领子、衣摆有罗纹边收口。宽松插肩袖夹克成品规格见表 10–3，具体绘制方法如下（图 10–4）。

表 10-3　宽松插肩袖夹克成品规格表　　单位：cm

号型	部位名称	后中长	胸围	肩宽	袖长	袖口
160/84A	净尺寸	56	84	38	56	18
	加放尺寸	0	18	2	0	—
	损耗	—	0	—	—	—
	成品尺寸	56	102	40	56	18

（1）衣身样板。以宽松上衣基本型绘制，臀围不计，后中线取衣长 56cm。按比例公式重新绘制结构线，袖窿深线为$\frac{B'}{4}-2$（23.5cm），前、后胸围为 25.5cm，背宽为$\frac{B'}{6}+2$（19cm），胸宽为 17.6cm，$\frac{肩宽}{2}$为 20cm，肩点抬高 1cm，重新绘制肩线、袖窿曲线。领开宽 1.5cm，前颈点开深 1.5cm，重新绘制领口线。侧缝是从前、后袖窿深点开始向下作竖直线与衣摆线相交。前中线缩进 0.5cm，衣摆 7cm 之内为布料（同衣片面料），之外为罗纹边。衣摆罗纹边宽 4cm，长度为衣摆线长度 ×0.85。

（2）插肩袖。过前、后肩点绘制 10cm 长等腰直角三角形，在斜边找到中点，后袖中线抬高 1.5cm，前袖中线抬高 0.5cm。袖山高取$\frac{AH}{4}$（13.25cm），后领口取 4cm，前领口取 5cm，连接袖窿转折点，交于落山线。在袖长底部先画罗纹袖口，后片宽为 4cm，长为 9.5cm，前片宽为 4cm，长为 8.5cm，前、后袖口依据罗纹尺寸各加出三分之一，连接袖底缝。在前、后袖山上取 3cm，连接袖口端点，并将袖底缝连顺成弧线。

（3）领子。横坐标轴量取前、后领口线长度 ×0.85，并三等分。纵坐标上取领座高 4cm，作水平线，将第三个等分线段上抬交于水平线，并画成圆顺的弧线。后中线连裁，沿着水平线连裁，最终领子裁片为梭形。

（4）斜插袋。在距离袖窿深 5cm，距前中线 9.5cm 处画斜插袋上端，长 13cm，宽 2cm，斜插袋下端距离侧缝 5cm。

二、女风衣设计

1. 覆肩结构风衣

覆肩结构风衣来源于堑壕外套，前片有独立的覆肩结构裁片，后片的覆肩结构变化为分割形式的育克结构，后中线有箱型褶，双排扣，风衣领，有腰带，刀背缝结构。其板型采用半合体基本型，衣摆呈 A 型，分割线需要交叠。覆肩结构风衣成品规格见表 10-4，具体绘制方法如下（图 10-5）。

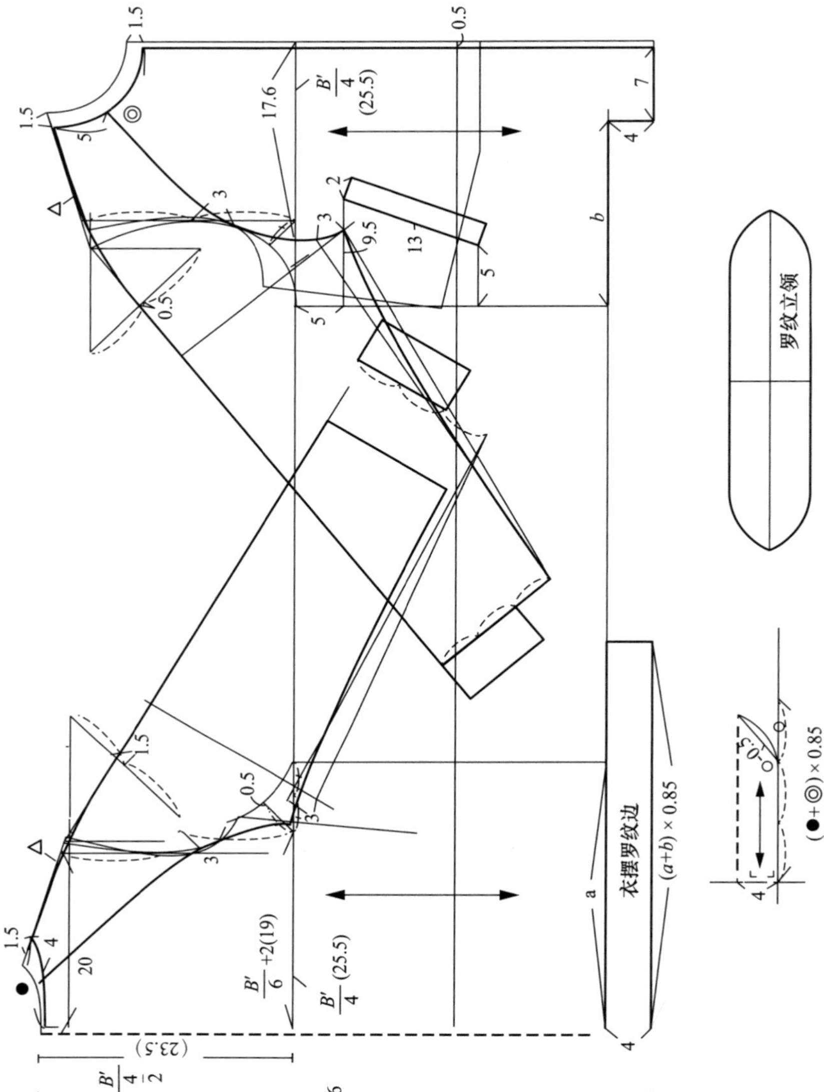

图 10–4 宽松插肩袖夹克

表 10-4　覆肩结构风衣成品规格表　　单位：cm

号型	部位名称	后中长	胸围	臀围	腰围	肩宽	袖长	袖口
160/84A	净尺寸	84	84	90	68	38	56	26
	加放尺寸	0	16	12	16	0	0	—
	损耗	—	4	—	—	—	—	—
	成品尺寸	84	96	102	84	38	56	26

（1）衣身样板。

①衣身轮廓。以半合体上衣基本型绘制，臀围松量 12cm，腋下省取 2m，后中线取衣长 84cm，侧缝外延尺寸为 3cm。按比例公式重新绘制结构线，袖窿深线为 23.5cm，前胸围为 25.5cm，后胸围为 24.5cm，背宽为 18.9cm，胸宽为 17.5cm，$\frac{肩宽}{2}$为 19cm，后肩线处设 1cm 肩胛省，肩点补出 1cm，重新绘制袖窿曲线。领开宽 1cm，前颈点开深 1cm，重新绘制领口线。

②分割线与褶。后片育克位置在后中线从后颈点向下取 16cm 定点，在袖窿处从肩点向下取 7cm 定点，连接两点画分割线。刀背缝设置在腰线中点向右偏移 2cm 处。后腰线成品腰围为 20.5cm，剩余为省量，分配在分割线中。后中线处加出 5cm 褶量，后中为虚线。前片刀背缝设置在腰围线上距离侧缝 8cm 处，成品腰围尺寸 21．5cm，剩余为省量，腋下省被分割，腋下裁片合并，刀背缝的省量转移至偏下的省位。

③下摆。后片分割线下摆交叠 6cm，前片分割线交叠 3cm，前、后侧缝各加摆量 3cm。

④双排扣。第一粒扣位设置在腰线之上 8cm 处，前中线向右移 7cm 为双排扣与搭门量，并向下延长 1.5cm，画 19cm 水平线，并与侧缝连顺。右扣位距离边缘 2.5cm，以前中为中轴线，左边找到对称位置为左扣位，每排扣位相隔 12cm，共三排扣。

（2）领子。驳领部分是过颈肩点将肩线延长 2cm，与第一粒扣位搭门量处相连，串口线在前领口水平线上抬 1cm，驳领宽 11cm。领为分体企领，领座高 3.5cm，上翘 1.5cm；翻领面下弯值为 4cm，翻领面宽 6cm，翻领面前端在下弯线底点垂直向上取 11.5cm，外领口线延长 7cm，连接前领宽线，驳领和翻领领尖都抹成圆角。

（3）覆肩结构。领口线距离翻折线 1.5cm 处向下作垂线，至袖窿深点向下 2cm 为止，裁片修 2 cm 圆角。

（4）过面与贴边。肩线取 4cm，后中线从后劲点向下取 6cm，画贴边点划线。前片距前中线 6cm，画过面点划线。

（5）腰带。宽 3.5cm，总长 168cm，下角一边缩进 2.5cm 成斜角。穿带襻的位置距侧腰 2.5cm 处，带襻宽 1cm，长 4.5cm。

（6）袖子。量取袖窿曲线长度，袖山高取$\frac{AH}{3}$，重新绘制袖片原型，按照两片袖绘制袖片，后片 a、b、c 取值为 2.5cm、1.5cm、1cm。

2. **宽松连帽风衣**

宽松连帽风衣款式简洁，前、后有育克结构，门襟拉链有搭门，连帽设计，衣摆抽带收

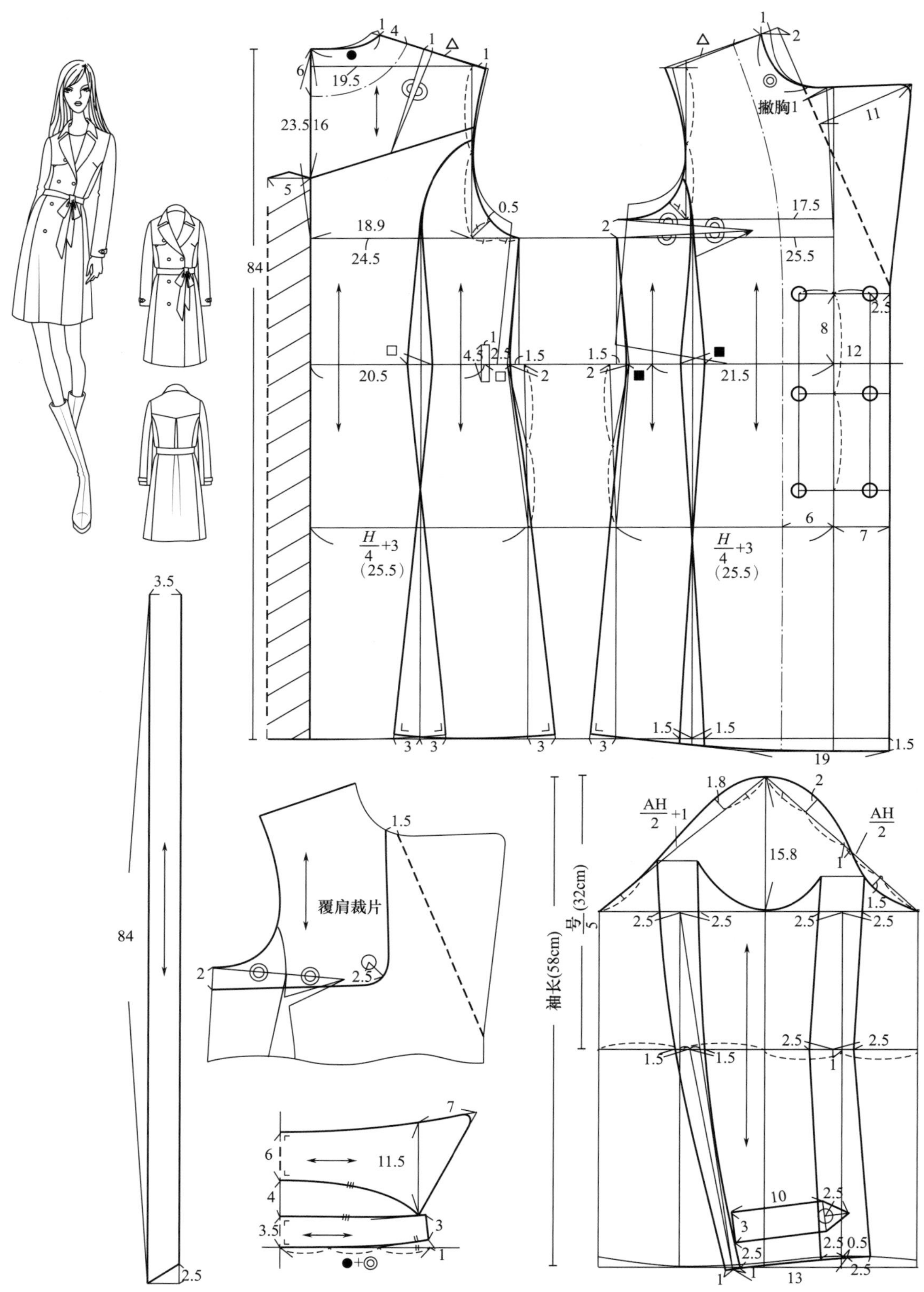

图 10-5 覆肩结构风衣

口，袖口缩褶收口。采用宽松基本型制板，衣型为 H 型。宽松连帽风衣成品规格见表 10–5，具体绘制方法如下（图 10–6）。

表 10–5 宽松连帽风衣成品规格

单位：cm

号型	部位名称	后中长	胸围	肩宽	袖长	袖口
160/84A	净尺寸	78	84	38	52	26
	加放尺寸	0	20	4	0	—
	损耗	—	0	—	—	—
	成品尺寸	78	104	42	52	26

（1）衣身样板。

①衣身轮廓。以宽松上衣基本型绘制，臀围不计，后中取衣长 78cm。按比例公式重新绘制结构线，袖窿深为 24.5cm，前、后胸围为 26cm，背宽为$\frac{B'}{6}$+2.4cm（19.7cm），胸宽为 18.3cm，$\frac{肩宽}{2}$为 21cm，重新绘制袖窿曲线。领开宽 1cm，前颈点开深 1cm，重新绘制领口线。侧缝是从前、后袖窿深点开始向下作竖直线与衣摆线相交。前中为容纳拉链宽度缩进 0.5cm。

②育克。后片育克位置在后中线从后颈点向下取 12cm 处，前片育克设置在前颈点向下取 8cm 处。该育克结构还需要留 3cm 边缘，因此，育克裁片分割线下留出 6cm 边。

③衣摆。衣摆在侧缝处打气眼，用于穿带。

④门襟。在前中线处加出 4.5cm 搭门量，为独立双层裁片。

（2）袖子。量取袖窿曲线长度，袖山高取$\frac{AH}{6}$，重新绘制袖片原型，袖口缝制宽 2cm 的松紧带，长度为腕围 +2cm（18cm），袖口线长为 26cm。

（3）领子与连帽。领子为立领，领高为 5cm，上翘值为 1.5cm。连帽为领子外面另附的形式，前领口线长度量至距前颈点 5cm 处。按照两片连帽的形式绘制，领底水平辅助线设置在侧颈点，帽高 33cm，帽宽 22cm，帽顶线下落 1cm，延伸出 3.5cm，前长并与帽端点连线垂直，帽边缘车缝 1.5cm 明线，中间穿带。

三、大衣设计

1. 分割结构合体大衣

分割结构合体大衣为长款大衣，军装风格，育克结构之下多片分割设计，腰身、臀部都合体，立领设计，纽扣装饰。分割结构大衣成品规格见表 10–6，具体绘制方法如下（图 10–7）。

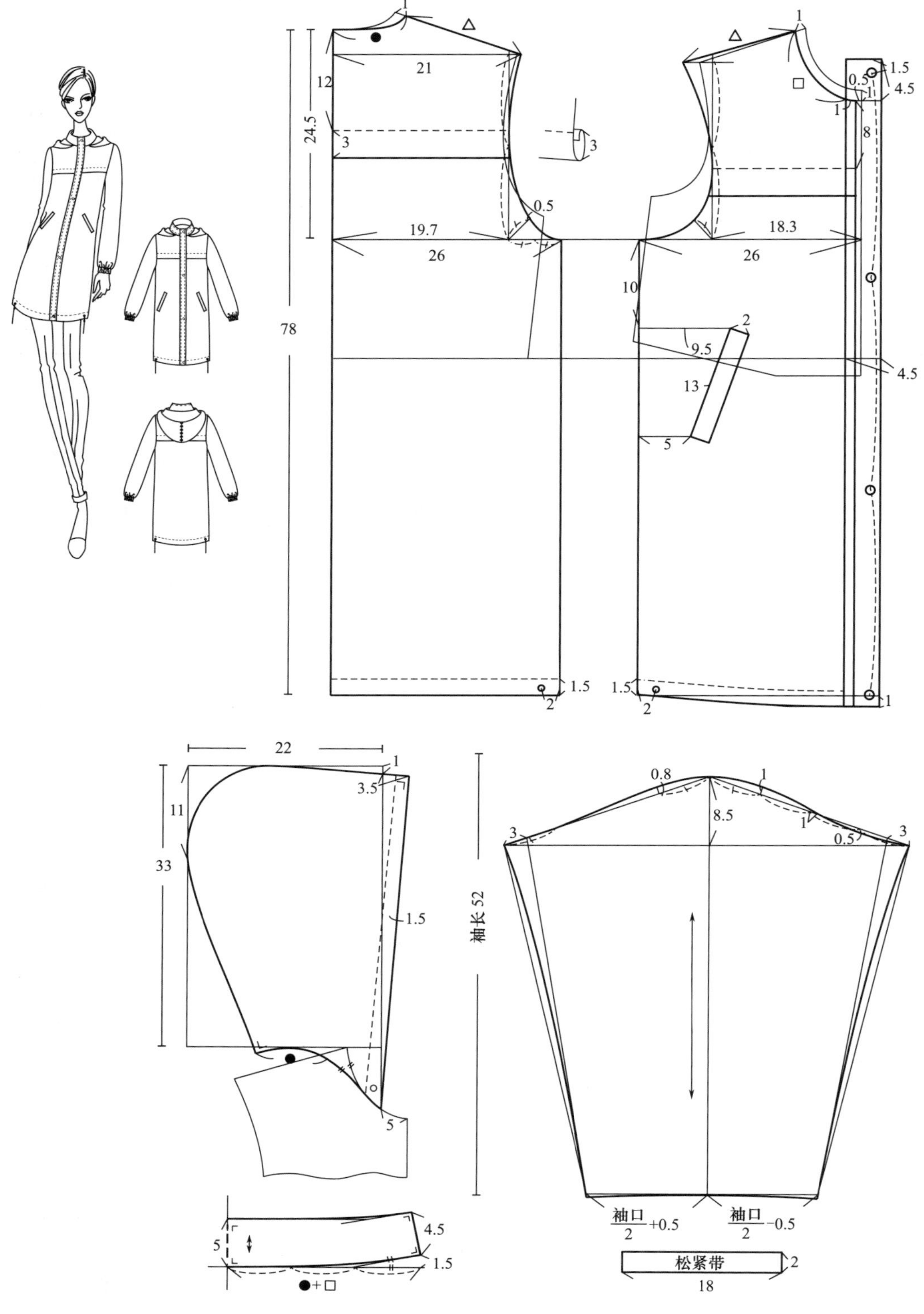

1
△
21
12
24.5
3
3
0.5
19.7
26
78
1.5
2
△
1
□
1.5
0.5
1
4.5
1
8
18.3
26
10
2
9.5
4.5
13
5
1.5
2
1
22
1
3.5
11
33
1.5
5
袖长 52
0.8
1
8.5
3
1
0.5
3
袖口/2 +0.5
袖口/2 −0.5
4.5
5
1.5
●+□
松紧带
2
18

图 10-6　宽松连帽风衣

表 10-6　分割结构大衣成品规格表

单位：cm

号型	部位名称	后中长	胸围	臀围	腰围	肩宽	袖长	袖口
160/84A	净尺寸	100	84	90	68	38	58	26
	加放尺寸	0	14	12	12	0	—	—
	损耗	—	4	—	—	—	—	—
	成品尺寸	100	94	102	80	38	58	26

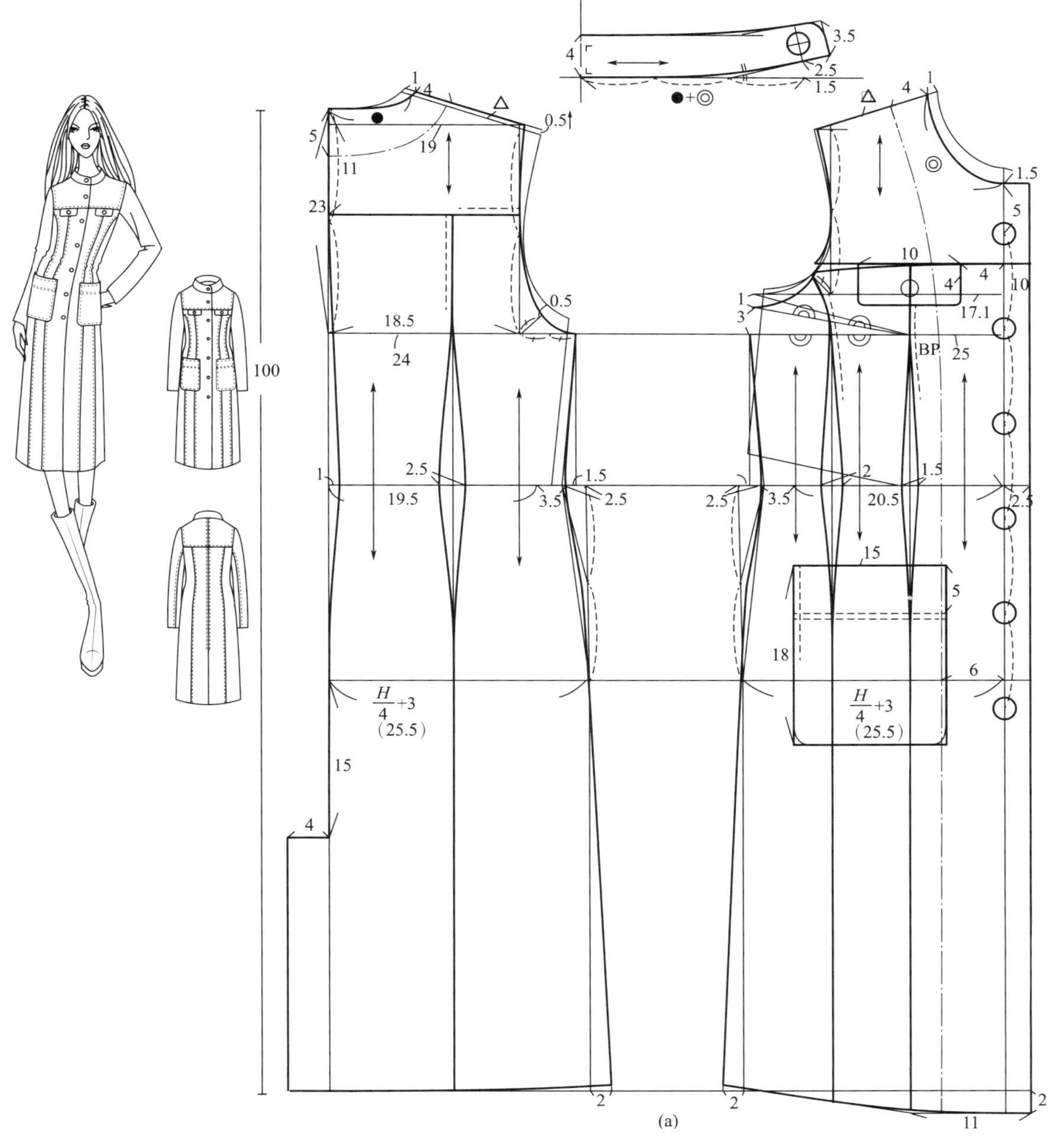

图 10-7

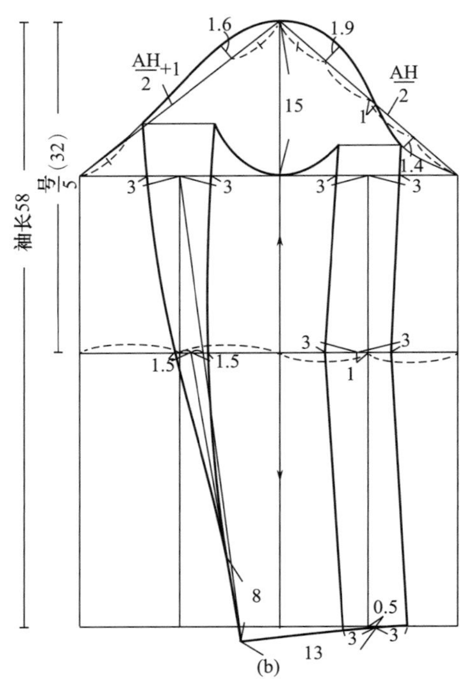

图 10–7　分割结构大衣

（1）衣身样板。

①衣身轮廓。以合体上衣基本型绘制，臀围松量 12cm，后中线取衣长 100cm。按比例公式重新绘制结构线，袖窿深为 23cm，前胸围为 25cm，后胸围为 24cm，背宽为 18.5cm，胸宽为 17.1cm，$\frac{1}{2}$肩宽为 19cm，重新绘制袖窿曲线。领开宽 1cm，前颈点开深 1.5cm，重新绘制领口线。前中线处加 2.5cm 搭门量。

②分割线。后中线从后颈点向下取 11cm 作育克分割线，后腰线成品腰围为 19.5cm，剩余为省量。后中分配 1cm 省，剩余分配至腰线中点的分割线处，臀围线向下 15cm 设置后中开衩。前片从前中线前颈点向下取 8cm 作横向分割线，从腋下省分配 1cm 省量给育克结构。前腰线成品腰围为 20.5cm，剩余量为省量。分割线一条过 BP 点，分配 1.5cm 省，一条过剩余腰围的中点，分配 2cm 省。腋下省合并。省长与基本型一致。侧缝衣摆加 2cm 摆量。

③扣位。距离前颈点 5cm 为一个扣位，扣位之间相隔 10cm，一共 7 粒扣。

④口袋。育克位置有装饰性口袋盖，在公主线与育克交点两端各取 5cm 定口袋位，口袋盖长 10cm，宽 4cm，为圆角，中间有钉扣装饰。腰线之下有大明贴袋，距腰线 8cm，距前中线 6cm 定口袋右边缘线，口袋宽 15cm，长 18cm。

⑤明线。分割线、大明贴袋缉 0.5cm 明线，大明贴袋距上口线 5cm 缉两条明线，相距 0.5cm。

（2）领子。按照立领方式绘制。

（3）袖子。量取袖窿曲线长度，袖山高取$\frac{AH}{3}$，重新绘制袖片原型，按照经典两片袖绘制袖片。

2. **达夫尔外套**

达夫尔外套为宽松型大衣，覆肩结构、绳结扣、明贴袋、明线装饰。其板型采用宽松基本型，其袖片、帽子的板型比较特殊，有自身特点。达夫尔外套成品规格见表 10–8，具体绘制方法如下（图 10–7）。

表 10–7　达夫尔外套成品规格表　　单位：cm

号型	部位名称	后中长	胸围	臀围	腰围	肩宽	袖长
160/84A	净尺寸	80	84	90	68	38	54
	加放尺寸	0	22	不计	不计	4	0
	损耗	—	0	—	—	—	—
	成品尺寸	80	106	不计	不计	42	54

（1）衣身样板。

①衣身轮廓。采用宽松上衣基本型，将前、后片侧缝合并绘制，臀围不计，后中线取衣长 80cm。按比例公式重新绘制结构线，袖窿深为$\frac{B'}{4}$ –2cm（24.5cm），前、后胸围为 26.5cm，背宽为$\frac{B'}{6}$ +2cm（19.7cm），胸宽为 18.3cm，后肩线水平上抬 1cm，前肩线水平上抬 0.5cm，$\frac{1}{2}$肩宽为 21cm，重新绘制袖窿曲线。袖窿深点开始沿袖窿曲线向后取 2cm，以此点向下作竖直线，为侧缝线。领开宽 0.5cm，前颈点开深 2cm，重新绘制领口线。前中线加出 4cm 为绳结扣搭门量，前中线最低点向下延长 1.5cm，画 12cm 水平线，后与侧缝低点相连。

②覆肩结构。后片后中线从后颈点向下取 20cm 定点，过该点作水平线，距离肩点 2.5cm 处至，过至点作袖窿曲线相似的平行弧线，下角呈圆角。前片前中线缩进 1cm，从前颈点向下取 13cm 作水平线，距离肩点 2.5cm 处至，过至点作袖窿曲线相似的平行弧线，下角呈圆角。

（2）口袋。距离腰围线 6cm，距前中线 8cm，画口袋宽 15cm，长 18cm，装饰口袋盖宽 6cm，抹圆角。

（3）明线。覆肩结构、口袋缉 1cm 明线，侧缝处开衩 14cm，缉 1cm 明线，距离前中线 1cm 门襟处缉明线，距离衣摆 4cm 处缉明线。

（4）绳结扣。第一粒扣位置距前颈点 6cm，距前覆肩裁片 0.5cm，包裹绳结的裁片为 3cm 的弧边三角形。每粒扣相隔 12cm，共 4 个扣位。

（5）袖子。达夫尔外套的袖子是有后袖弯、无前袖弯的独特袖型。量取袖窿曲线长度，袖山高取$\frac{AH}{3}$，重新绘制袖片原型。前袖口中点左右各取 15cm，为袖口宽，后袖片袖口端点与后落山线中点相连，连线与肘线交点至肘线中点的线段，取中点 A，过 A 点重新连接两端，并延长至袖山曲线，为袖底缝。以前袖片中线为中轴线，将后袖底缝在右侧找到对称形。袖山曲线补全，袖口与袖底缝呈直角。袖底缝上 6cm 处画袖襻，长 11cm，宽 5cm，距袖襻边缘

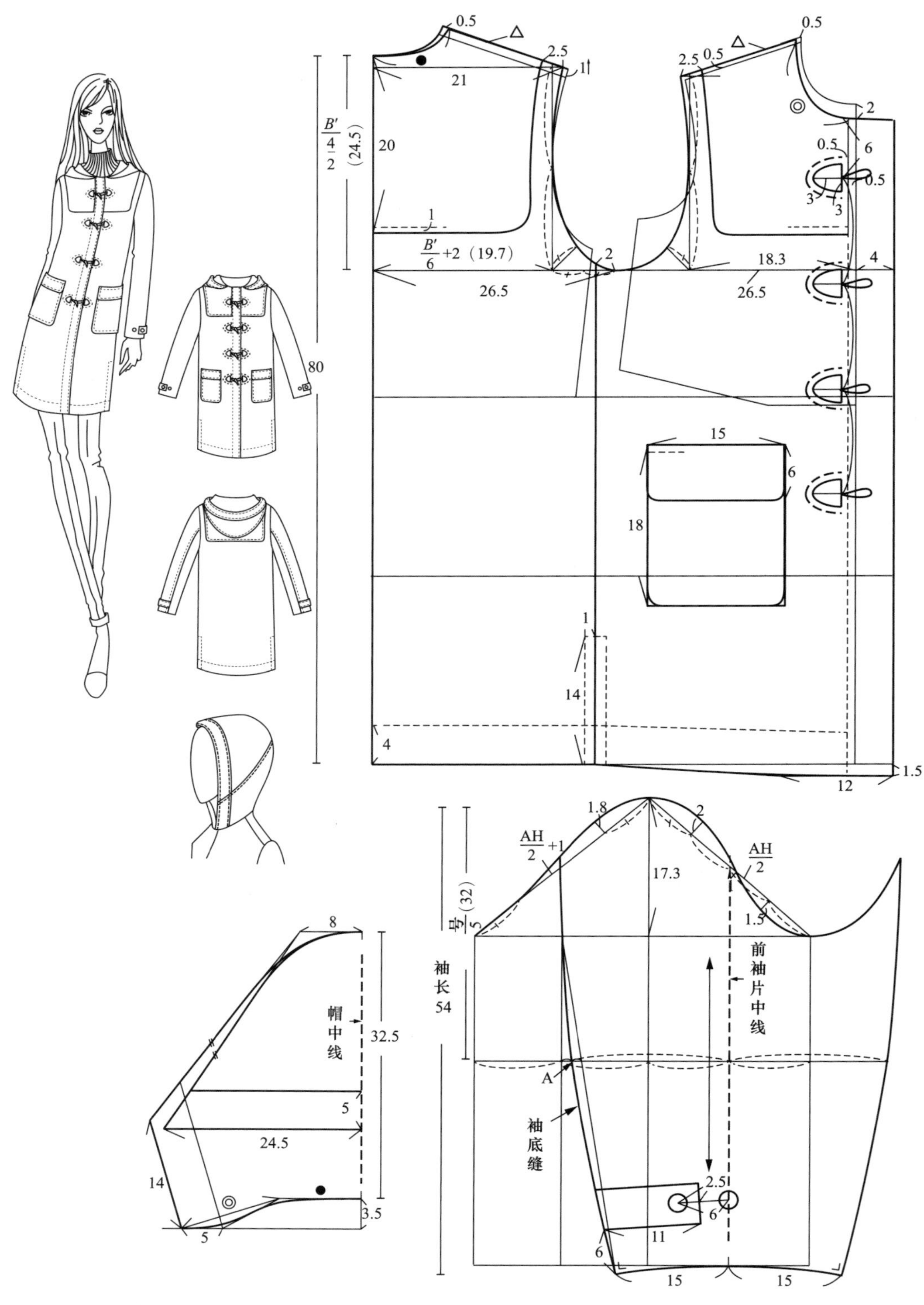

0.5
21
20
1
2.5
11
26.5
2
18.3
80
15
6
18
14
4
1.5
12
1.8
17.3
1.5
前袖片中线
袖长 54
帽中线
32.5
8
5
24.5
14
3.5
A
袖底缝
2.5
6
11
15

图 10-8　达夫尔外套

2.5cm为扣位。

（6）帽子。达夫尔帽是多裁片的帽型，分割线从帽边缘的一侧，经过后脑至另一侧，并有拼接帽边。首先，量取下弯值3.5cm，并作后领口长度“●”，再画前领口长度“◎”并与横坐标轴相交，作“◎”的垂线，取长14cm定点。在下弯值之上量取32.5cm，再作水平线8cm，并与14cm点相连，连线长“‖”，过8cm点画长度为“‖”，并与帽中线水平长度为24.5cm，帽中线为虚线表示连裁。在横坐标上，从前中量取5cm，并连接前后领口线交点，修顺帽底线为曲线。帽沿宽边的宽度为5cm。

3. **茧型大衣**

茧型大衣款式简洁，是宽松型大衣，大翻驳领，落肩袖。挖口袋，有口袋盖。采用宽松基本型，胸围松量大，衣摆收口，茧型大衣成品规格见表10–8，具体绘制方法如下（图10–9）。

表10–8　茧型大衣成品规格表　　单位：cm

号型	部位名称	后中长	胸围	衣摆围	肩宽	袖长	袖口
160/84A	净尺寸	88	84	102	38	54	28
	加放尺寸	0	32	—	6	–6	—
	损耗	—	0	—	—	—	—
	成品尺寸	88	116	102	44	48	28

（1）衣片样板。采用宽松上衣基本型，后中线取衣长88cm。后侧颈点上移1cm，肩点抬高2cm，前肩线平行上移0.5cm。袖窿深线为$\frac{B'}{4}$–2cm（27cm），前、后胸围为29cm，背宽为$\frac{B'}{6}$+2cm（21.3cm），胸宽为19.9cm，1/2肩宽为22cm，重新绘制袖窿曲线。领开宽0.5cm。侧缝从袖窿深点画竖直线至衣摆。画后片、前片肩点直角三角形并作直角平分线，后片肩点直角平分线上抬1.5cm，前片肩点直角平分线上抬1cm，连接袖中线。在袖中线上量取落肩量6cm，前、后腋点水平外移5cm，重新画落肩前、后袖窿曲线。前、后侧缝收衣摆量3.5cm，后中收1.5cm，连接臀围线，并画顺后中线与侧缝。前中加搭门量2.5cm，领开深在腰围线之上5cm。衣摆前门襟处延长1.5cm，并与侧缝相连。

（2）袖子。袖山高取$\frac{AH}{4}$–落肩量（8.9cm），作落山线垂直于袖中线，画袖窿曲线。袖长48cm，画袖口线14cm，连接袖底缝。前、后袖片合并袖中线为一片袖。

（3）领子。按照切展法画西服领，在前片画出领外形，以翻折线为中心画出对称形，成品的外领口线长度与实际长度之差为切展量，从肩线处切展，得到肩领最终裁片。

4. **披肩外套**

披肩外套为插肩款式，在分割线上开口，手臂可以伸出，双排扣、立领，肩部有肩章。采用宽松基本型，由于是包肩结构，胸围较大，肩部较宽，衣摆很大。披肩外套成品规格见表10–9，具体绘制方法如下（图10–10）。

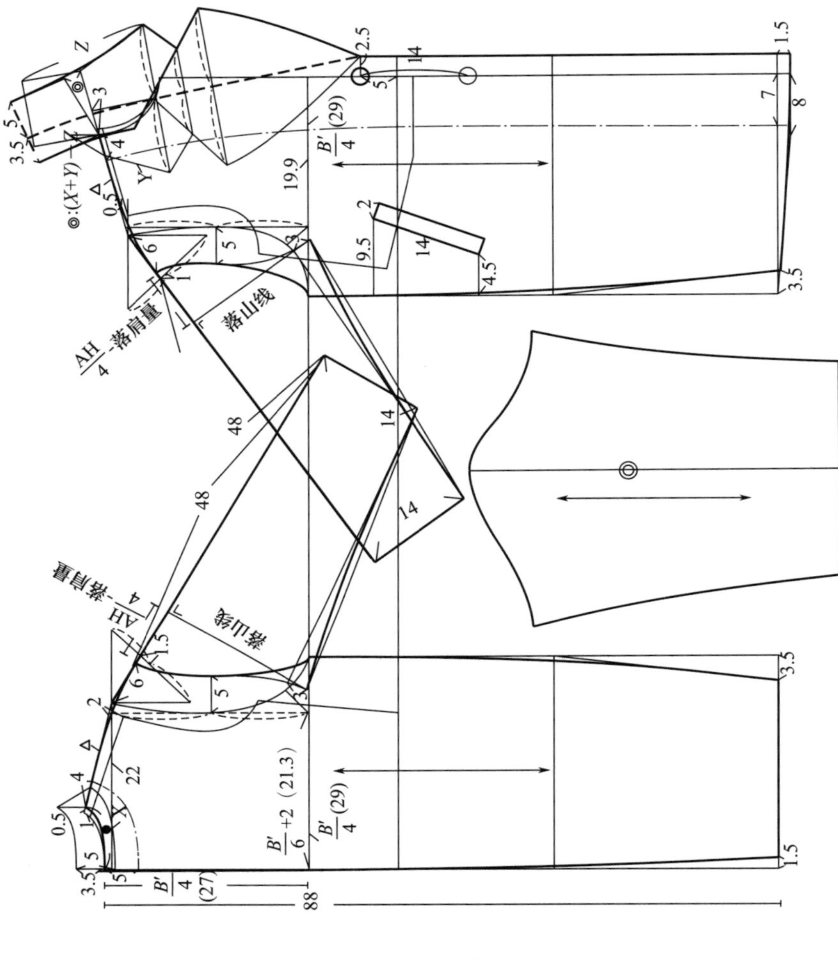
落山线
落山线
AH/4-落肩量
AH/4-落肩量
⊚:(X+Y)
B'/4 (27)
B'/6+2 (21.3)
B'/4 (29)
B'/4 (29)
88
48
48
14
14
14
19.9
9.5
4.5
3.5
1.5
2.5

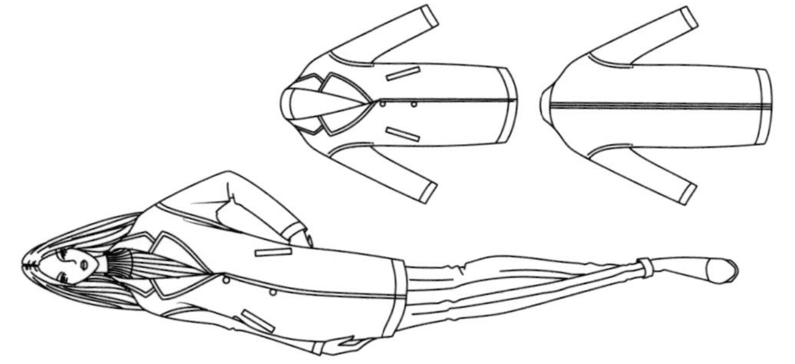

图10-9 茧型大衣

表 10-9　披肩外套成品规格表　　单位：cm

号型	部位名称	后中长	胸围	肩宽
160/84A	净尺寸	85	84	38
	加放尺寸	0	30	8
	损耗	—	0	—
	成品尺寸	85	114	46

（1）衣片样板。

①衣身轮廓。采用宽松上衣基本型，在腰线处进行对位，后中线取衣长 85cm。后侧颈点上移 1cm，后肩点上抬 2cm，前肩线平行上移 0.5cm。袖窿深线为 $\frac{B'}{4}-2$cm（26.5cm），前、后胸围为 28.5cm，背宽为 $\frac{B'}{6}+2$cm（21cm），胸宽为 19.6cm，1/2 肩宽为 23cm。画肩点直角三角形，将直角三角形斜边三等分，后片取斜边三分之一点，前片取三分之一点下落 0.5cm，连接侧缝，长度约为后中长。前中线处加双排扣量 7cm，衣摆在前门襟处延长 1.5cm，并与侧缝相连，衣摆与前门襟垂直。

②分割线。后片领口在颈肩点处取 3cm 定点，转折点取后腋点向下移 3cm 并外移 1.5cm，连接领口点并向下延至衣摆线，分割线交叠 12cm。前片领口在颈肩点处取 5cm，转折点取值与后片一致，连接分割线至衣摆，交叠 8cm。

（2）领子。立领前中有间隔，间隔量为 3cm。从前颈点缩进 1.5cm，量取前领口与后领口线长度。立领高 5cm，上翘值为 2cm。

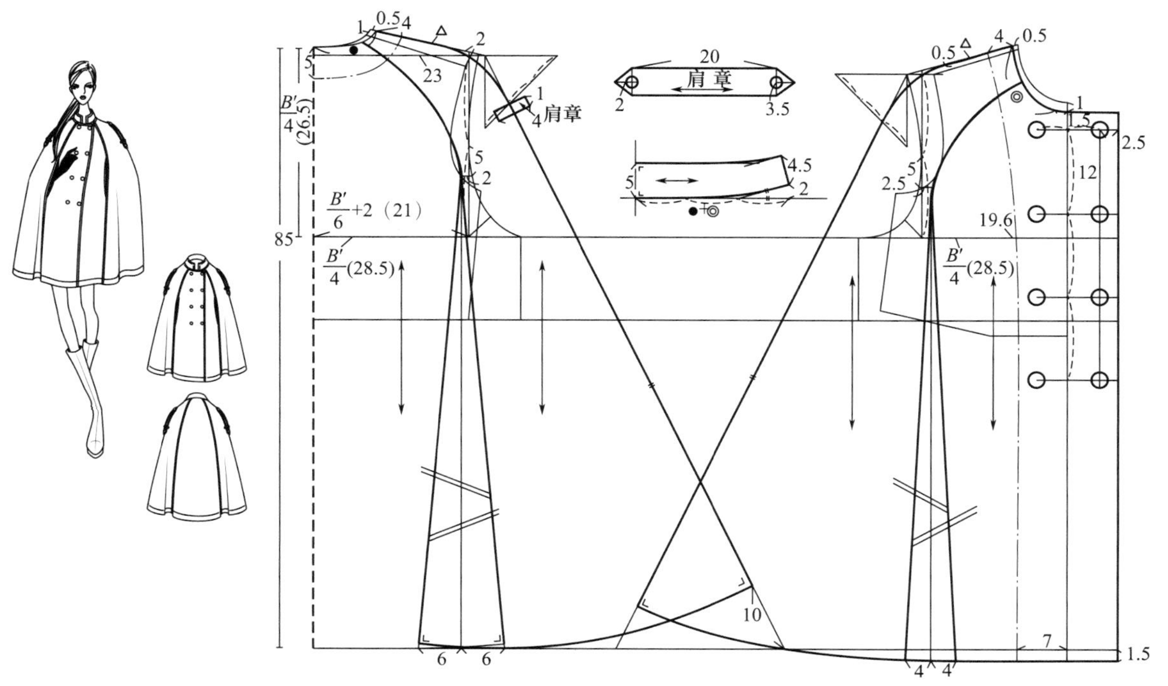

图 10-10　披肩大衣

参考文献

[1] 刘瑞璞，刘维和.女装纸样设计原理与技巧［M］. 2版. 北京：中国纺织出版社，2002.

[2] 章永红. 女装结构设计. ［M］. 杭州：浙江大学出版社，2005.

[3] 安平. 女装结构设计与样板：日本新文化原型应用与设计［M］.北京：中国轻工业出版社，2014.

[4] 三吉满智子. 服装造型学——理论篇［M］.郑嵘，张浩，韩洁羽，译. 北京：中国纺织出版社，2006.

[5] 中屋典子，三吉满智子. 服装造型学——技术篇Ⅰ［M］.孙兆全，刘美华，金鲜英，译. 北京：中国纺织出版社，2004.

[6] 中屋典子，三吉满智子. 服装造型学——技术篇Ⅱ［M］. 刘美华，孙兆全，译.北京：中国纺织出版社，2004.

[7] 中屋典子，三吉满智子. 服装造型学——礼服篇［M］. 刘美华，金鲜英，金玉顺，译. 北京：中国纺织出版社，2006.